动力电池[illegible]抗谱：原理、获取及应用

戴海峰　王学远　朱建功　著

科学出版社

北　京

内 容 简 介

本书结合作者十余年科学研究和实践，以新能源汽车用锂离子电池为对象，系统阐述了动力电池电化学阻抗技术原理、模型描述、获取方法、测量系统及其在锂离子电池状态估计、预测和诊断中的应用研究。本书面向电池管理技术领域，突破电化学阻抗技术的实验室应用局限性，可用于指导电化学阻抗技术的工程应用和实践。

本书可作为化学电源管理与控制（特别是电池管理）相关领域的工程技术人员、科研人员、研究生的参考用书，也可作为高等院校学生的专业课教科书。

图书在版编目（CIP）数据

动力电池电化学阻抗谱：原理、获取及应用／戴海峰，王学远，朱建功著. —北京：科学出版社，2023.9

ISBN 978-7-03-069841-4

Ⅰ. ①动…　Ⅱ. ①戴…　②王…　③朱…　Ⅲ. ①电化学过程-阻抗-研究　Ⅳ. ①TF111.52

中国版本图书馆CIP数据核字（2021）第191906号

责任编辑：周　炜　纪四稳／责任校对：任苗苗
责任印制：吴兆东／封面设计：陈　敬

科学出版社 出版
北京东黄城根北街 16 号
邮政编码：100717
http://www.sciencep.com
北京凌奇印刷有限责任公司印刷
科学出版社发行　各地新华书店经销
*
2023 年 9 月第　一　版　开本：720 × 1000　1/16
2024 年 4 月第三次印刷　印张：16 3/4
字数：338 000

定价：128.00 元

（如有印装质量问题，我社负责调换）

序　一

大力发展新能源汽车已成为国内外的共识。我国在新能源汽车方面布局较早，科技部在 2001 年便启动了“电动汽车重大科技专项”，后来经过“十城千辆”等示范工程的促进，我国新能源汽车产业技术水平显著提升，产业体系日趋完善，企业竞争力大幅增强。截至 2021 年底，我国新能源汽车已取得喜人成绩，保有量达 784 万辆，占我国汽车总量的 2.60%。由于新能源汽车是交通工具、储能装置和智能终端三位一体的产品，它既可以消纳可再生能源，也能储存上不了网的可再生能源，因此新能源汽车的快速发展，将为我国实现从化石能源为主导向可再生能源为主导转型创造关键条件。

以锂离子电池为代表的动力电池是新能源汽车的关键部件，也是新能源汽车的核心技术之一。在我国“三纵三横”研发布局下，二十余年来，经过产学研用的协同攻关，动力电池技术已取得显著进展，在能量密度、使用寿命、安全性等方面基本满足新能源汽车的应用需求。然而，由于动力电池本质上是一类电化学储能系统，受当前材料体系、生产工艺、质量控制等技术条件限制，在实际应用中，电池组内各单体电池会产生性能衰退、失效等问题，甚至可能引发安全事故。为了避免上述问题或降低上述问题带来的危害，新能源汽车的动力电池系统中往往还需配备电池管理系统。

电池管理系统是连接车载动力电池和整车动力系统的重要纽带，其基本原理是在检测电池端电压、工作电流及温度等物理参数的基础上，实现电池状态估计、在线诊断与预警、充放电与预充控制、均衡管理和热管理等功能。理论上，通过电池管理技术可以提高电池的利用率，延长电池的使用寿命，并避免电池被滥用引发安全事故。然而，在实际新能源汽车应用中，仍然存在电池系统非预期失效现象，这类现象产生的重要原因之一就是电池管理系统的功能和性能仍不够完善。究其深层次的原因，则是电池内部状态与电池外部可直接测量物理量(电压、电流和温度)之间的关联较弱，导致当前电池管理系统中低精度、低速度获取的电池端电压、工作电流、表面温度等低维度物理信息越来越不能满足面向长寿命、高安全电池管理的新需求。因此，电池管理技术面临新的挑战。

电化学阻抗谱是一种无损的参数测定和有效的电池动力学行为表征方法，可广泛应用于电池正负极材料分析、锂离子脱嵌动力学特性研究、界面反应动力学特性研究等。从 19 世纪末开始，交流阻抗技术在电化学体系上的理论和应用一直在创新进化。近年来，针对电化学阻抗谱在电池管理中的应用开始逐渐得到关注：

由于其与电池内部状态之间存在着强烈的对应关系，能为电池状态估计及预测提供另一个维度的信息，为电池管理开辟了一个新思路。但是，一直以来电化学阻抗谱只是作为实验室内的一种进行电池特性研究和表征的分析手段，在面对新能源汽车动力电池管理这一特殊的应用场景时，仍受到来自获取、解析和应用等多方面的限制。

《动力电池电化学阻抗谱：原理、获取及应用》作者研究团队为工作在一线的高校学者，通过十余年深耕，对电化学阻抗谱在动力电池管理应用中所面临的关键问题进行了研究攻关，提出了基于电化学阻抗技术的电池管理思路。该书系统地介绍了作者研究团队相关研究成果，总结了面向电池管理的电化学阻抗谱原理、获取、解析和应用相关的研究成果及工程实践。该书是面向动力电池管理应用的电化学阻抗谱专著，期望实现电化学阻抗谱在新型电池管理系统工程实际应用这一强约束条件下的技术突破，具有很强的理论意义和工程应用价值。

希望该书能够给开发新型先进电池管理技术的更多工程技术人员和科研工作者以借鉴和启发，共同推动我国新能源汽车产业迈向更加辉煌的明天。

中国科学院院士

2023 年 1 月

序　二

早在 2001 年，我国就启动了“十五”国家高技术研究发展计划“电动汽车重大科技专项”，经过 20 多年的艰苦工作，截至 2021 年底，我国新能源汽车已取得可喜的成绩，保有量达到 784 万辆，占我国汽车总量的 2.60%。电动汽车自主品牌和造车新势力异军突起，我国自主掌控的电动汽车全技术链和全产业链初步形成。我国的汽车行业也从国外技术和品牌主导过渡到国内外百花齐放的全面竞争局面。依托电动汽车的技术革命，我国的汽车行业完成了产业革命，也初步完成了弯道超车的战略使命。

在“十五”国家高技术研究发展计划“电动汽车重大科技专项”中，专家组组长、同济大学的万钢教授确定了“纯电动、混合动力、燃料电池”三纵及“电池、电机、电控”三横的电动汽车技术路线框架，电池及其管理技术是三横之一，是电动汽车的共性关键技术。

不同于汽车产业发达国家循序渐进的技术路径，我国的电动汽车用电池技术几乎在一开始就选择了颠覆性的技术路线。在同济大学负责的科研项目中率先尝试采用锂离子动力电池，由中国科学院物理研究所负责动力电池技术，同济大学负责电池管理技术。因此，电动汽车中的电池管理技术和锂离子动力电池技术是同步发展起来的。在此后的 20 多年中，同济大学的科研团队对电池管理技术进行了持续性攻关，取得了一系列卓有成效的科研成果，持续地推动了电池管理技术的进步。

电池管理的基础是对真实信息的全面掌握，而真实信息的全面掌握又取决于对其观察视角、认知框架及形式化模型。

在锂离子动力电池应用早期，存在大量基础性的问题，如安全性问题、寿命问题非常突出，人们将其总结为“安全焦虑”“续航焦虑”。在这个阶段，电池管理的主要任务是解决动力电池在电动汽车上的可用性问题，重点是确定电池的电压安全边界、温度安全边界，实现较为准确的荷电状态估计等基础问题。

随着锂离子动力电池单体及系统的逐渐成熟和电动汽车使用范围的逐步推广，“安全焦虑”“续航焦虑”等问题逐渐缓解，但“寿命焦虑”“低温焦虑”“充电焦虑”等问题接踵而至，因此对电池管理问题的技术需求也逐步提高：一方面，需要持续提升传统电池管理技术中对电压、电流、温度测量的精度和荷电状态估计的精度；另一方面，更需要从新的视角建立对电池新的认知模型，以实现对电池更多层次、更多维度的认知，也就是说，电池管理需要体系性突破。

电池内部的化学物理过程包括电子在固相中的传导过程，离子在固液相中的传导和扩散过程、在固液相界面上的传荷过程以及在固液相界面等效膜上的充放电过程，这些过程发生的难易和快慢是不同的，主导着电池在不同频率范围的阻抗特性，因此电化学阻抗谱也包含着丰富的信息。

从 19 世纪末开始，交流阻抗技术就应用在电化学体系中，逐渐成为电池等电化学体系的重要分析工具。但长期以来，阻抗谱技术受到因果性、线性、稳定性等条件的严格制约，其应用主要针对单体电池，在稳态条件下进行小信号激励，并进行宽频带、高精度阻抗测量，其技术的表现形式为昂贵的电化学工作站，即作为电化学实验室内的一种辅助研究手段，对电池特性和电极过程进行表征。在电动汽车中，电池组是由数百节动力电池串联、并联而成的，直流电压高达 300～800V、交变电流可达±400A，温度范围横跨–30～50℃，且电池管理系统作为车载部件，需要高可靠、低成本的量产产品实现。传统电化学阻抗谱技术受制于强约束条件及高成本实现，并不适应于电动汽车电池管理。

《动力电池电化学阻抗谱：原理、获取及应用》作者研究团队创造性地将传统电化学交流阻抗谱的基本原理、锂离子动力电池的特性和电动汽车应用场景的特征相结合。在对象分析上，抓住了锂离子动力电池阻抗小、线性范围大的特性；在应用场景上，抓住了电动汽车存在静态搁置、直流充电、城市运行工况交变充放电和高速工况近稳态放电等特征，确定了不同工况下的应用边界。以此为基础，开发了锂离子动力电池交流阻抗宽频建模、高精度同步测量、高鲁棒多参数估计等基础方法，并将其与动力电池的状态估计、故障诊断、寿命估计等电动汽车功能需求有机集成，实现了电池管理在工程可实际应用这一强约束条件下的技术突破。这些技术突破对开发新型电池管理系统产品，以满足高性能电池、高性能电动汽车的需求具有重要意义。

该书是作者研究团队在前期电池交流阻抗谱领域研究基础上的总结，是针对动力电池交流阻抗谱的原理、获取方法及车载应用的一个全景式的阐述，是面向电池管理应用的交流阻抗专著，具有很强的理论意义和工程应用价值。目前该书所介绍的技术已经在电池管理中得到了广泛应用和验证，取得了良好的效果，并得到了省部级科技奖项的肯定。

希望该书能够给开发先进电池管理技术的工程技术人员和科研工作者以借鉴和启发，并希望在此基础上，实现电池管理技术更进一步的突破，为电池在汽车行业和储能行业实现全生命周期、全温度范围的安全应用奠定坚实的基础，共同推动我国电动汽车产业迈向更加辉煌的明天。

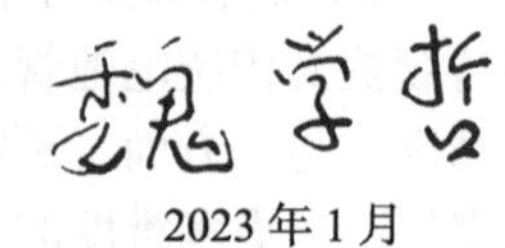

2023 年 1 月

前　言

经过二十余年的发展，我国新能源汽车行业经历了从无到有、由弱变强的蜕变。2021 年，我国新能源汽车销售完成 352.1 万辆，同比增长 1.6 倍，连续 7 年位居全球第一。截至 2021 年底，全国新能源汽车保有量达 784 万辆，占我国汽车总量的 2.60%。我国已拥有了全世界最大规模的新能源汽车市场，新能源汽车技术快速更迭、快速发展。

作为"三纵三横"产业布局所关注的关键零部件之一，动力电池系统对新能源汽车的重要性不言而喻，直接决定着整车安全性、耐久性、可靠性、动力性等性能指标。动力电池特性的强时变和非线性无疑为其在全寿命周期过程中安全高效使用带来了挑战，先进电池管理技术已成为国内外产业界、学术界的研发热点。

长期以来，动力电池管理依赖于低采样频率和低精度获取的温度、电压、电流数据，并在这些"粗糙"的数据上演绎复杂的算法，实现涉及安全、老化这些关键问题的推演和决策，这种看似不合理的技术方案其实也是过去对技术能力、产业水平的无奈妥协。伴随着更高性能的模拟前端、更强算力的边缘计算以及网罗汇通万千车辆信息的云端平台的支持，电池管理技术随之改变、推陈出新。而这其中一个重要的趋势便是所获取的电池信息维度、精度和速度都在不断提升，从而为安全风险预警、老化状态评估、故障诊断等提供更为坚实的支撑。

作为一个用于储能的电化学器件，动力电池不同频率下的电化学阻抗谱与其内部电极过程紧密相关。不同频率下的阻抗对应着其内部不同的电极过程动力学特性，可为电池的状态评估和诊断提供依据。从 19 世纪末开始，电化学阻抗谱技术逐渐成为实验室中最为常用的电化学分析方法之一。随着车载条件下对动力电池内部特性越来越急迫的感知需要，该技术得到越来越广泛的关注和越来越深入的研究。但是，在面向电池管理应用时，该技术却面临着获取方法和系统、解析及应用上的难题。

本书结合作者十余年针对上述难题的科研与实践工作，详细论述面向电池管理的电池电化学阻抗谱技术。第 1 章系统介绍电化学阻抗谱技术的相关背景和现状，分析现有技术在面向动力电池管理上存在的问题。第 2 章从电池电极过程机理出发分析电化学阻抗谱的基本特性及其与电池内部过程的对应关系。第 3 章和第 4 章阐述面向电池管理应用的动力电池电化学阻抗谱在线获取方法，以及获取时的工况对电池阻抗的影响规律。第 5 章介绍动力电池电化学阻抗谱的模型及参数在线辨识方法。第 6～9 章分别论述电化学阻抗谱在动力电池老化模式量化识别、健康状态估计、寿命预测及内部温度估计中的应用方法和实施效果。第 10 章为总结与展望。本书力求理论与实际相结合、数据翔实、图表清晰准确、技术先进，为相关领域工程技术人员和科研工作者提供借鉴和启发。

在本书撰写过程中，魏学哲教授给予了悉心指导，同济大学新能源汽车工程中心对相关工作给予了大力支持。王晓曼、杨博健、徐旭东、李日康、高倩、史高雅、张鲁宁、李嘉伟等研究生参与了本书相关资料的整理和撰写。在此一并表示衷心的感谢。

限于作者水平，书中难免存在疏漏和不妥之处，欢迎读者提出意见和建议，共同推动电池管理技术革新，为我国新能源汽车产业发展做出贡献。

作　者

2023 年 1 月

目　录

第1章 绪　　论

1.1 电化学阻抗谱的基本概念及背景

通常情况下，通过对电化学系统施加不同频率的小幅值交流激励(电压或电流信号)，测量随频率变化的交流响应(电流或电压信号)，两者的比值即系统的阻抗或导纳。如图 1.1 所示，对于稳定的线性系统，如果将角频率为 ω 的正弦电信号 $X(\omega)$ 作为系统的输入，则相应的输出信号是相同频率的正弦电信号 $Y(\omega)$。若输入信号 X 为电流，Y 为电压，则将 $G(\omega)$ 称为该稳定系统的阻抗；反之，若 $X(\omega)$ 为电压，$Y(\omega)$ 为电流，则 $G(\omega)$ 称为导纳。Y 与 X 之间的关系可以表示为

$$Y(\omega)=G(\omega)X(\omega) \tag{1.1}$$

式中，$G(\omega)$ 为含有实部和虚部的复数。当 $G(\omega)$ 表示电化学阻抗时，根据其频率由高到低的顺序，将其实部和虚部逐点绘制在复平面坐标系中便可得到电化学阻抗谱(electrochemical impedance spectroscopy，EIS)。

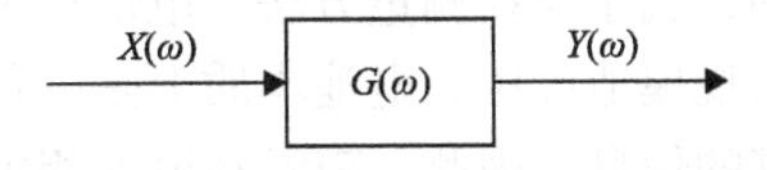

图 1.1 电化学阻抗谱的基本原理示意图

19 世纪末，英国物理学家 Heaviside 第一次阐明了阻抗的概念，并将拉普拉斯变换应用到电子电路的瞬态响应分析中，为包括电化学阻抗在内的阻抗理论发展奠定了基础[1]。随后，借助于 Wheatstone[2]发明的电桥，实现了电化学系统的阻抗测量。Wheatstone 电桥也是最早被采用的阻抗测量电路，可以通过调整电阻、电容实现不同频率下的电化学阻抗测量。Nernst[3]在 1894 年利用该装置测量了电解质水溶液和其他有机液体的介电常数，标志着电化学阻抗技术应用的开端。同样基于该装置，Ayres[4]进行了伏打电池内阻的测试。1899 年，Warburg[5]研究了电活性物质扩散至电极表面所呈现出的阻抗，并得到了扩散阻抗随频率的变化关系。这一发现是在电极动力学理论成熟之前做出的，具有重要意义[6]，为了纪念他，人们将半无限扩散条件下的扩散阻抗称为 Warburg 阻抗。

从 20 世纪 20 年代起，电化学阻抗被广泛应用于生物细胞研究中。在此阶段，Cole[7]发现了细胞膜的电容随频率发生变化，Fricke[8]总结了阻抗的频率指数和常相角的关系。随后，Cole 兄弟将 Cole-Cole 图引入阻抗分析中并定义了常相位元

件[9]。在此期间，Kramers-Kronig 关系也被提出以实现阻抗数据的可靠性检验[10-12]。

20 世纪 40 年代，Frumkin[13]、Grahame[14]在对汞电极的研究过程中提出并发展了电双层的概念。同时期，Dolin 和 Ershler[15]首次将等效电路的概念应用到电极动力学分析研究中。Randles[16]针对具有快速传荷反应的圆盘汞电极提出了等效电路描述方法，即后来著名的 Randles 电路。在这一时期，恒电位仪也被发明出来，并且随着频率响应分析仪的发展，低于 1mHz 的阻抗也可以被稳定准确地测量出来。20 世纪 50 年代开始，阻抗被应用于更复杂的反应体系中，此时，de Levie 为多孔粗糙电极的阻抗响应建立了传输线模型[17]。

20 世纪 70 年代，复数域的非线性回归方法被提出，MacDonald 等[18,19]和 Boukamp[20]将该方法应用于阻抗数据处理。自此，基于等效电路模型（equivalent circuit model，ECM）对 EIS 进行解析成为阻抗分析的主流方法。在随后的发展中，更多的电化学阻抗研究新方法、新技术被提出。

如今，经过一百余年的发展，EIS 已经成为电化学分析中最常用、最有效的分析工具之一。通过 EIS 可以对电化学系统中电化学和物理过程的基本特性进行描述，其已被广泛地应用在化工、腐蚀、材料、生物等不同领域[21]。目前，EIS 已经成为研究复杂化学系统和电化学过程的有力工具，其应用在复杂的系统中具有诸多优点，包括：①EIS 测试的频率范围很宽，测量得到的阻抗能够反映多种复杂的电化学性能，如物质转移、速率常数、扩散系数和介电常数等；②EIS 测试对电池不产生破坏作用，属于无损测量方法。电池作为常见的储能载体，在电动汽车等领域被越来越大规模地应用。电池本质上是一种电化学系统，EIS 能够为分析电池特性提供丰富的信息。因此，EIS 在电池相关研究中具有巨大的应用潜力，近些年被频繁报道[22,23]。

1.2　电化学阻抗谱的测量

1.2.1　电化学阻抗谱测量原理

测量是实现 EIS 应用的基础。根据 1.1 节的描述，动力电池 EIS 的测量可采用电压或电流激励两种模式。由于动力电池的阻抗往往非常小，测量时多采用电流激励形式，以避免电压激励操作不当而导致设备过流[24]。图 1.2 显示了电池 EIS 测量的基本原理，其中，激励装置、信号测量装置和阻抗计算方法是动力电池 EIS 测量中的关键环节。

不失一般性，假设激励电流为 $i=I\sin(\omega t+\varphi_i)$，在测量得到激励响应信号 $u=U\sin(\omega t+\varphi_u)$ 后，频域下的阻抗计算如式（1.2）所示[25]。相应地，电池的阻抗模 $|z|$ 和阻抗相角 φ 可以分别根据式（1.3）和式（1.4）计算得到：

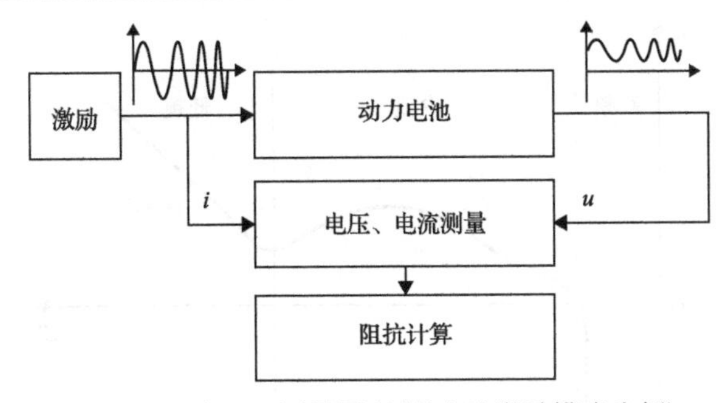

图 1.2 电池 EIS 测量原理(以电流激励模式为例)

$$z = \frac{u}{i} = \frac{U\sin(\omega t + \varphi_u)}{I\sin(\omega t + \varphi_i)} \tag{1.2}$$

$$|z| = \frac{U}{I} \tag{1.3}$$

$$\varphi = \varphi_u - \varphi_i \tag{1.4}$$

同时，阻抗也可以用式(1.5)所示的带有实部和虚部的复数形式来表达，实部 Z' 和虚部 Z'' 的计算式分别如式(1.6)和式(1.7)所示：

$$z = Z' + \mathrm{j}Z'' \tag{1.5}$$

$$Z' = |z|\cos\varphi \tag{1.6}$$

$$Z'' = |z|\sin\varphi \tag{1.7}$$

电化学阻抗有两种主要图形表达方式，即 Nyquist 图和 Bode 图。在 Nyquist 图中，阻抗的实部(Z')作为 X 轴，虚部(Z'')作为 Y 轴，强调实部与虚部的关系。从 Nyquist 图中可以比较清楚地观察出各个过程所对应的阻抗特征，并便于对不同频率的阻抗进行拟合、分析，如图 1.3 所示。在 Bode 图中，频率作为横坐标，纵坐标可以是 Z'、Z''、阻抗模($|z|$)和阻抗相角(φ)，用于研究这些物理量随频率的变化规律。

上述测得的 EIS 中呈现的信息可以反映带电粒子(如锂离子、电子等)在电池内部进行不同电极过程时所受到的“阻力”。不同电极过程的不同物理化学特性以及等效电容、电感的综合影响，使得不同频率的阻抗区别较大，其 Nyquist 图上体现为多条曲线段，这些线段彼此相连形成了完整的 EIS。以锂离子电池为例，其典型的 EIS 通常包括以下三部分：

(1)高频部分。该部分反映的是锂离子和电子通过电解液、多孔材料、活性材料颗粒、导线、集流体等运输过程的欧姆电阻，以及由导线等引起的感抗。其中，EIS 与实轴的交点为欧姆电阻，感抗主要体现在实轴以下。

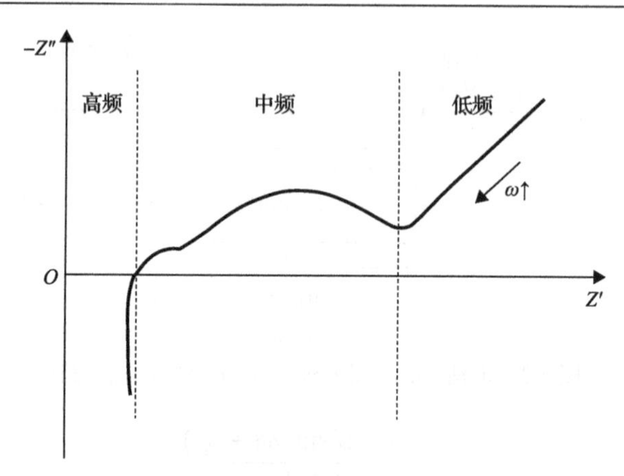

图 1.3 典型的电池 EIS 示意图

(2) 中频部分。该部分表现为一个或多个不完整的弧形，也称为容抗弧。这一部分表征锂离子电池中的电子及锂离子参与电荷转移过程。由图 1.3 中 EIS 在中频区域表现的特征可知，容抗弧往往会出现被压扁的现象，由后文分析可知，这是由粗糙不平的电极界面带来的弥散效应所致。

(3) 低频部分。该部分可认为是一条斜率近似不变的斜线，也可以近似认为是一条曲率很小的曲线，其主要表征锂离子在活性材料颗粒内部的扩散行为。

需要注意的是，电池实际是一个非线性和时变的电化学系统，前述 EIS 测量原理则针对稳定线性系统而言。为了使得测量得到的 EIS 具有简单且直接的物理意义，在 EIS 的测量中，应尽量满足因果性、线性和稳定性条件[6]。因果性要求电池只对所施加的激励信号有响应，即激励和响应信号之间要有直接的因果对应关系，尽量减小噪声的影响。线性是指激励信号应该足够小，以确保原本为非线性的电化学系统的响应可以被近似认为在某工作点的线性区间内。稳定性是指在激励信号作用后，电化学系统要能够恢复到最初的状态，而不因激励信号的作用造成工作点不可恢复地偏移。

对于电池这一类电化学系统，在进行测试前，需要提前将电池充分静置使其达到平稳状态。只有当扰动幅度较小且直流偏置为零时，该电化学系统可以在扰动停止后恢复初始状态，此时才可以近似认为该系统满足稳定性、线性条件。上述条件对电池 EIS 的测量获取提出了基本要求。

1.2.2 实验室条件下的电化学阻抗谱测量

目前，实验室实现 EIS 测量可以借助各种商业化的测量装置和设备，如国外的 Ametek(包括 Solartron)、Metrohm、Gamry、Zahner、Bio-Logic 等和国内的辰华、东华等推出的产品。通常，这些设备还具有除 EIS 测量之外的功能，如伏安扫描等，从而形成集多功能于一体的电化学工作站。下面对本书后续实验中使用到的 EIS 测量系统和分析软件进行简单介绍。

1. Solartron 电化学综合测试系统

Solartron 电化学综合测试系统由 Solartron 1287A/1255B 及 TOYO PBi 250-10 组成。其中，Solartron 1287A 是具有高精度、宽带宽的恒电位仪/恒电流仪，当与频率响应分析仪(Solartron 1255B)一同使用时拥有完整的交流/直流测试能力。考虑到电池的内阻较小，可以配备电流放大器以提升信噪比，如本书研究中配置的 TOYO PBi 250-10 等。该系统基本参数见表 1.1。

表 1.1 Solartron 电化学综合测试系统基本参数

关键性能指标	指标数值	实物图片
通道数	1	
频率范围	10μHz～1MHz(不使用放大器) DC～300kHz(使用放大器)	
电压范围	±14.5V(不使用放大器)，±10V(使用放大器)	
电流范围	±2A(不使用放大器)，最大分辨率 100pA ±25A(使用放大器)	

2. TOYO 电池模组电化学阻抗测试系统

TOYO 电池模组电化学阻抗测试系统(TOYO BA500-100EIS/DC)可实现串联电池组中的各个电池单体充放电和 EIS 测试，从而提高电池组 EIS 测试的效率。该系统基本参数见表 1.2。

表 1.2 TOYO 电池模组电化学阻抗测试系统基本参数

关键性能指标	指标数值	实物图片
通道数	20	
频率范围	10mHz～10kHz	
电压范围	0～100V	
电流范围	-5～5A	
每通道阻抗测试范围	700μΩ～10Ω	

3. 电化学阻抗谱分析软件 ZView

ZView 软件是美国 Scribner 推出的一款专业的 EIS 处理软件，可方便地与 Scribner 的其他测试软件集成，并支持 Solartron 等硬件设备。利用该软件可实现 EIS 查看、等效电路拟合/分析(如 Kramers-Kronig 变换)等功能。

1.2.3 非实验室条件下的电化学阻抗谱测量

相比于实验室测量，在车载条件下动力电池的 EIS 测量有独特需求，上述昂贵、高精密、体积庞大的通用测试设备无法直接应用。此时，需要提出更低成本且具有针对性的 EIS 在线测量方案。

按照电池阻抗测量的系统拓扑形式，EIS 测量可分为集中激励+单独测量、单独激励+单独测量两种，如图 1.4 所示。

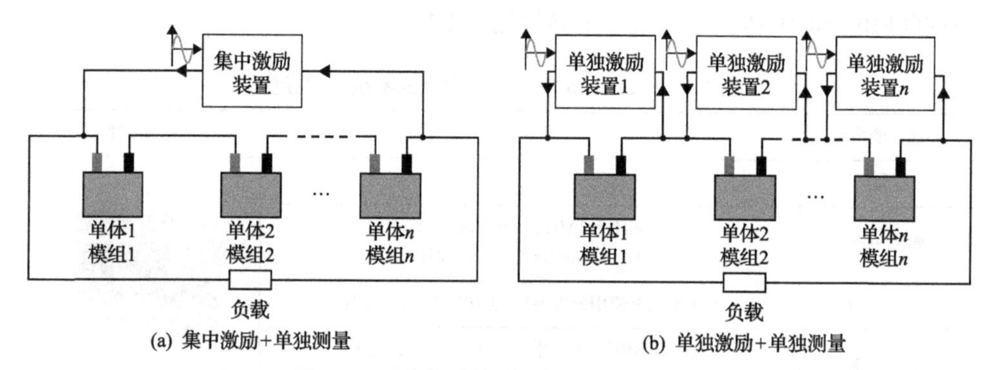

图 1.4 两种典型的 EIS 测量系统示意图

目前，文献报道了多种形式的用于阻抗测量的激励装置，如图 1.5 所示。Huang 等[26-28]设计了基于 Buck-Boost 拓扑结构的 DC-DC 变换器(图 1.5(a))来对一个 2.6Ah 的 18650 型单体电池的放电电流进行控制，在原本为直流的放电电流上控制产生了频率为 100Hz～10kHz 的正弦激励信号。Nguyen 等[29]设计了如图 1.5(b)所示的铅酸电池充电器，能够在电池充电时实现 0.1Hz～1kHz 的电池阻抗测量。Lee 等[30]设计了如图 1.5(c)所示的基于移相全桥变换器的阻抗测量装置，能够实现在充电电流上施加 0.1～100Hz 的弱激励并实现电池的阻抗测量。Dam 和 John[31]设计了如图 1.5(d)所示的基于大功率充电器的阻抗测量装置，能够在电池充放电时在电流直流分量上叠加弱激励进而实现 0.1～100Hz 的电池阻抗测量。除了设计大功率的整组激励装置，Din 等[32]提出了如图 1.5(e)所示的基于开关电感网络的单体电池阻抗测量装置。另外，Raijmakers 等[33]利用恩智浦(NXP)公司研发的一款集成于单片的解决方案实现了对单体电池的阻抗测量。

另外，按照阻抗测量所采用的激励信号的形式，EIS 测量方法可分为两类，即基于单频率正弦信号的扫描测量方法和基于多频率谐波信号的快速测量方法。

1)基于单频率正弦信号的扫描测量方法

基于单频率正弦信号的扫描测量方法是将不同频率成分的激励信号依次注入电池中以完成不同频率下阻抗的测量。单频率阻抗测量直接借鉴电化学工作站的

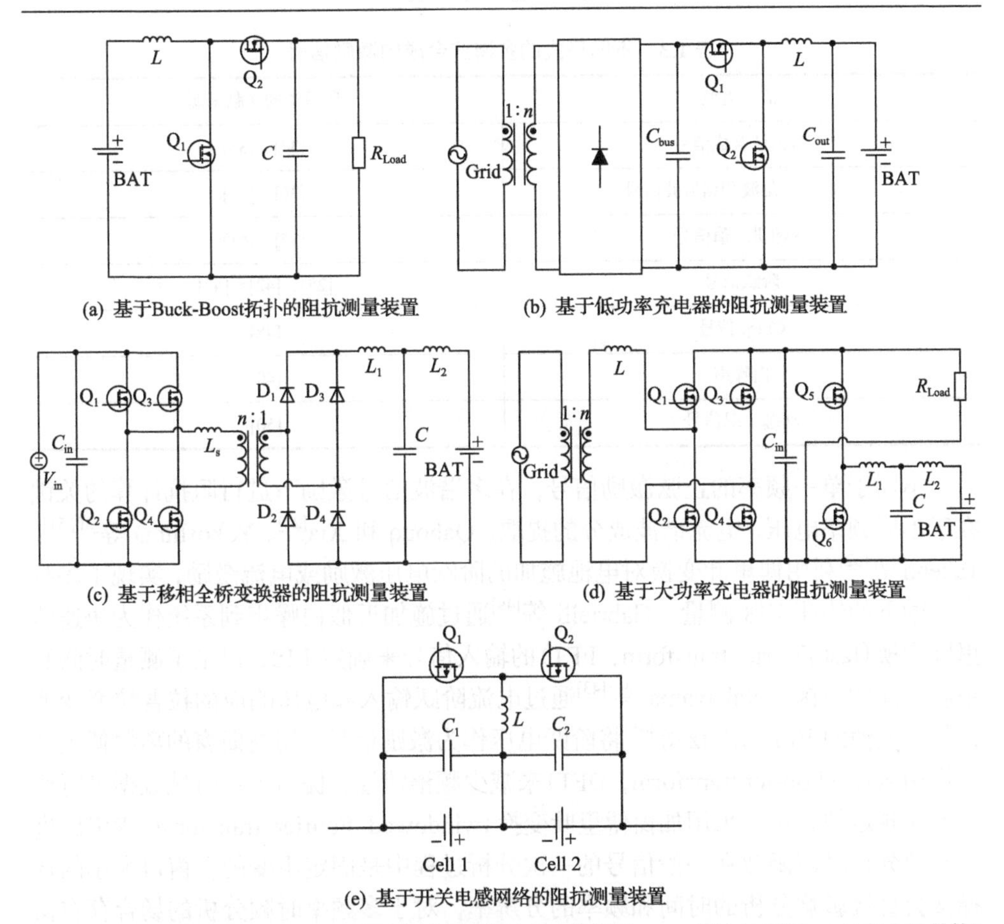

(a) 基于Buck-Boost拓扑的阻抗测量装置

(b) 基于低功率充电器的阻抗测量装置

(c) 基于移相全桥变换器的阻抗测量装置

(d) 基于大功率充电器的阻抗测量装置

(e) 基于开关电感网络的阻抗测量装置

图 1.5 几种电池阻抗测量装置的硬件电路原理图(Grid 指电网，BAT 指电池模组，Cell 指电池单体)

测量方法，能够保证不同频率激励和响应信号的信噪比，具有测量精度高的优点。由于需要不同频率激励信号逐次注入，在测量较宽频率范围内的电池阻抗时耗时较长，特别是对于低频区域的阻抗测量，测量时间更长。例如，在每 10 倍频程取 10 个测量频率完成 10kHz～0.01Hz 内的阻抗测量通常需要 9～45min。该方法主要适用于实时性要求较低或频率范围不宽的阻抗测量场合。

2)基于多频率谐波信号的快速测量方法

由于采用单频率信号扫描方法的测量时间长，一方面可能无法满足在线测量的时间要求，另一方面，长测量时间无法适应电池状态的快速演变，为实现瞬态宽频阻抗测量，需要进行阻抗快速测量。此时，采用包括主动生成的以及电池实际充放电过程中产生的多谐波合成信号作为激励进行阻抗快速测量也得到广泛研究。不同形式的多谐波合成的激励信号见表 1.3。

表 1.3　不同形式的多谐波合成的激励信号

信号类型	所报道的文献来源
多正弦合成信号	[34]、[35]
方波、三角波和锯齿波信号	[36]、[37]
伪随机二值信号	[37]～[41]
阶跃信号	[28]、[42]～[47]
Chirp 信号	[48]
白噪声	[49]
动态工况信号	[50]

不同于单一频率的正弦激励信号，在多谐波信号激励下进行阻抗计算的关键在于不同频率电压、电流谐波成分的提取。Qahouq 和 Xia[28]、Yokoshima 等[36, 51]、Takeno 等[52]利用傅里叶变换对电池施加的阶跃电压激励或电流激励，实现了多频率激励下的快速 EIS 测量。Gabrielli 等[49]通过施加近似白噪声到系统作为快速傅里叶变换(fast Fourier transform，FFT)的输入信号来确定 EIS，讨论了测量时间和精度之间的平衡。Nakayama 等[43]通过电流阶跃输入和电压响应的拉普拉斯变换计算了电池的 EIS。Klotz 等[45]将阶跃电压作为激励信号，用高斯窗的离散傅里叶变换(discrete Fourier transform，DFT)来减少频谱泄漏，提出了从时域数据进行快速 EIS 测定的方法。采用加窗傅里叶变换(windowed Fourier transform，WFT)进行时频分析时窗函数在一段信号的一次分析过程中是固定不变的，窗口大小的选择又会直接影响分析的时间和频率的分辨率，对于多频率时频分析的场合存在窗口选择效率低的问题。作为一种替代方法，Hoshi 等[46,47]使用小波变换(wavelet transform，WT)来对非平稳信号做时频分析以计算电池阻抗，通过对阶跃信号的处理，采用小波变换可得到电池在 0.1～100Hz 内的阻抗。

1.2.4　面向车载应用的电化学阻抗谱测量

1. 激励装置

在车载应用中，电池系统是由多个电池单体串联而成的，且以模组为单位进行管控，这仍然是目前主流的技术方案。因为“集中激励+单独测量”方案中所有电池共享一套激励装置，单体电压和激励电流的测量可以兼容现有的电池管理系统架构，从而能最大限度地降低成本、提高可靠性。考虑成本和易集成性，激励装置的实现受到现有硬件能力和功能的限制，特别是对现有的电压、电流测量电路提出了很高的要求(具体见本节后面的相关分析)。图 1.5(a)、(b)和(d)所示的拓扑结构难以与现有的车载充电机进行拓扑共用而达到降低成本的目的。考虑到动力电池单体的阻抗越来越小，如图 1.5(c)所示的装置能提供比较大的激励电流，从而提升信噪比，利于阻抗测量精度的提高。但是由于无法实现零直流偏置的交流激励，无法满足传统的阻抗测量条件，为所获取的阻抗分析带来了挑战。

2. 信号测量

随着电动汽车规模化发展，对于电池组电流、单体电压、温度等模拟信号采样的集成化解决方案越来越多，性能也越来越强。以 Linear Technology(现并入 Analog Devices，ADI)生产的 12 通道电压监控器 LTC68xx 系列为例，至今已更新多代，其采样精度和速度都得到很大提升，见表 1.4。

表 1.4 四代 LTC68xx 系列的模拟信号采样性能对比

型号	模数(A/D)转换位数/bit	所有通道电压最大总测量误差(25℃)/mV	所有通道测量时间(不含校准时间)
LTC6802	12	4.3(每通道电压 3.6V)	13ms
LTC6803	12	4.3(每通道电压 3.6V)	13ms
LTC6804	16	1.2(每通道电压 3.3V)	290μs
LTC6811	16	1.2(每通道电压 3.3V)	290μs

但由于设计之初的目的不同，现有的电池电压测量模拟前端在采样速度和精度上都较难达到阻抗测量的要求。表 1.5 列出了目前现有的电池管理芯片在信号采样方面的性能。其中 NXP MC33771 的电压测量精度已经非常高，非常适用于放电曲线平台区较平的电池电压测量，如磷酸铁锂电池。但是，这类芯片无法兼顾采样速度和精度。以 ADI LTC6811 为例，其最快 27kHz 测量模式测量总误差为 4.7mV，且为了保证精度，LTC6811 需要对采集到的信号进行校准。在 27kHz 模式下，12 个通道的采样和校准总时间为 1564μs，采用 1Mbit/s 串行通信数据传输时间为 192μs，所以对应采样频率为 569Hz。为了能够比较准确地计算出阻抗，采

表 1.5 常用电池管理芯片性能比较(根据数据手册计算得到，非实测)

芯片型号(厂商)	A/D 位数/bit	通道数	通信速率/(Mbit/s)	A/D 采样精度(各通道总误差)	所有通道从转换开始至结果可读耗时/μs	所有通道数据传输时间/μs	最大采样频率/Hz
MAX14920 (Maxim)	16	16	1	1.6mV(f≤285Hz) 1.6V(f≥1kHz)	8000 (含校准时间)	256	121
LTC6811 (ADI)	16	12	1	1.2mV(f≤7kHz) 4.7mV(f≥14kHz)	1564 (含校准时间)	192	569
MC33771 (NXP)	16	14	4	0.8mV(最佳精度，最低采样速度)	520	56	1736

样频率宜与激励信号频率呈多倍关系，因此采用 LTC6811 能测量的激励信号频率有限，尤其是在测量高频信号时，如测量 500Hz 的信号，考虑到采样频率要为信号频率的 5～10 倍以获取更好的测量精度，至少需要 2.5kHz 的采样频率，现有的电池管理监控芯片已经不能满足该需求。

另外，电池管理系统广泛使用基于总线的分布式拓扑结构，如图 1.6 所示。由多个采集单体电池电压的电池模块控制器或本地控制器(local electronic control unit，LECU)以及一个采集电池包电压和电流的电池包控制器或中央控制器(central electronic control unit，CECU)组成。LECU 和 CECU 之间的通信采用控制器局域网络(controller area network，CAN)总线方式[53]。为了计算阻抗，需要在电压、电流信号测量开始前进行信号同步，测量结束后结合 CECU 采集得到的电池电流和 LECU 采集得到的单体电池电压进行阻抗的测量计算。

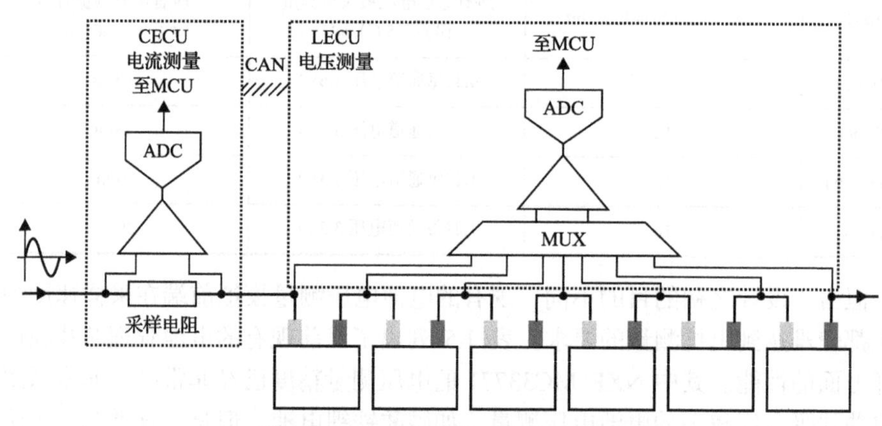

图 1.6　分布式电池管理系统结构框图

MCU 指微控制器，ADC 指模数转换器，MUX 指多路复用器

综上所述，为了实现车载条件下的电池 EIS 测量，在单频率扫描测量方法方面，需要设计一套集成于车载充电机的用于电池 EIS 测量的交流激励装置；在多频率叠加测量方法方面，需要提出一种非稳态工况下的电池阻抗在线快速计算方法；在面向 EIS 测量的信号测量方法方面，需要设计一套高速率、高精度、分布式信号测量装置。

1.3　电化学阻抗谱的分析

电化学阻抗随着频率变化，同时也随着电池状态发生变化。宽频率的 EIS 包含了丰富的信息，对获取的 EIS 进行分析是非常重要的环节。在 EIS 技术的发展过程中，基于几何特征和基于模型是两种常用的分析手段。相比较而言，基于模型的分析方法更易得到定量化且具有实际物理含义的分析结果，因此得到更加广泛的应用。

1.3.1　基于模型的电化学阻抗谱分析原理

1. 基于电化学机理的动力电池电化学阻抗模型分析

Newman 和 Tiedemann 提出的多孔电极理论被广泛应用于动力电池电极过程研究[54]，如图 1.7 所示。基于多孔电极理论可建立一些简化的电池电化学机理模型，如伪二维(pseudo two-dimensional，P2D)模型和单颗粒(single particle，SP)模型[55-58]。在 P2D 模型中，正负极的活性颗粒被等效为粒径按照一定的统计学规律分布的球形颗粒，电极过程发生在两个空间维度上，即粒径方向和电极厚度方向[59]。P2D 模型包含了固液相中存在的主要电极过程，被证明能够在较宽的工作范围内对锂离子电池的特性进行比较准确的描述。相比于 P2D 模型，SP 模型更加简化，它忽略了电池内部的离子和电子传导过程以及液相的离子扩散过程，而仅考虑了电极界面过程和固相扩散过程。该模型中的电解液浓度分布假设是均匀的，正负极分别被等效成一个球形颗粒。在 P2D 模型中被忽略的正负极集流体电

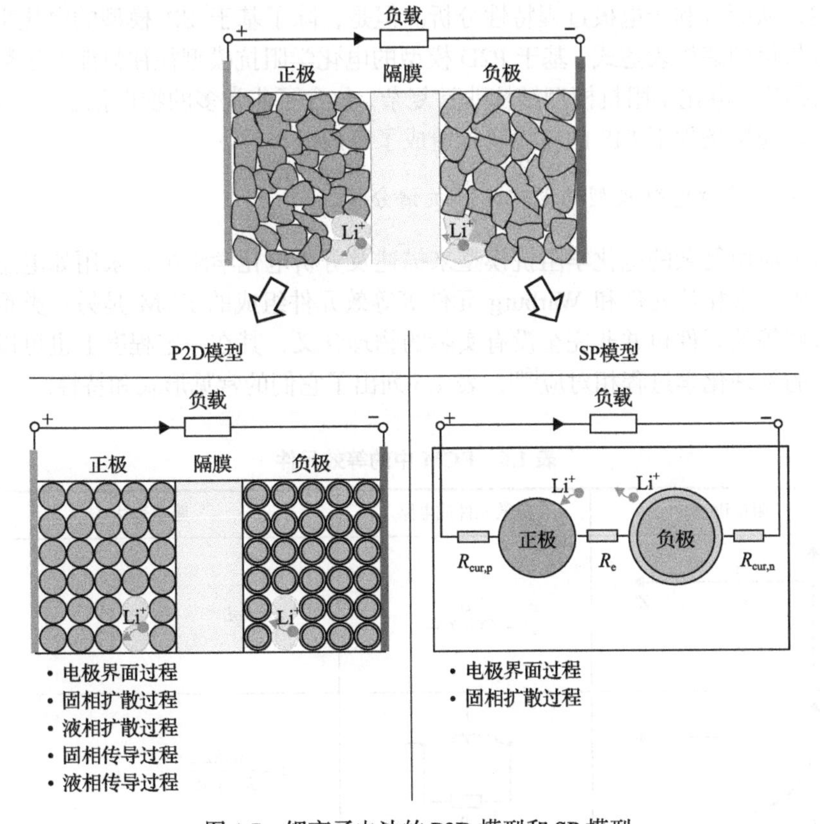

图 1.7　锂离子电池的 P2D 模型和 SP 模型

子传导过程引起的阻抗，在 SP 模型中可以分别用 $R_{cur,p}$、$R_{cur,n}$ 表示，电解液中离子传导过程阻抗用 R_e 来描述。

电池的电化学机理模型可用于推导电化学阻抗模型。Meyers 等[60]基于 SP 模型最早推导了电池的电化学阻抗模型，类似的还有 Li 等[61]的研究。在他们所提出的电化学阻抗模型中没有考虑液相浓度分布。为了使得模型更准确，Sikha 和 White[62]将液相锂离子的浓度梯度引入 SP 模型中，从而得到了更加准确的电化学阻抗模型。另外一些学者在 P2D 模型上进行了电化学阻抗模型研究，如 Xiao 和 Choe[63]优化了固液相界面的结构，从而使得所建立的模型能更加准确地描述高频下的阻抗。Xie 等[64]考虑产热和老化时固体电解质(solid electrolyte interphase，SEI)膜的增长，建立了能够准确描述不同温度和健康状态(state of health，SOH)下的电化学阻抗模型。除了基于 SP 模型和 P2D 模型进行电池的电化学阻抗建模，Huang 等[65]认为二次颗粒在描述电池电化学阻抗中也非常重要，他们从二次颗粒建模开始推导建立了团聚物阻抗模型。

可以看出，在充分描述电极过程机理的基础上，电化学阻抗模型可以对不同温度、荷电状态(state of charge，SOC)和健康状态下的电池电化学阻抗进行准确的描述，从而有利于电极过程特性分析。但是，除了基于 SP 模型的电化学阻抗模型容易得到解析表达式，基于 P2D 模型的电化学阻抗模型往往只能通过数值仿真进行研究。电化学阻抗模型结构非常复杂，包含了非常多的物理化学过程参数，这为实际应用条件下 EIS 的在线解析造成了障碍。

2. 基于等效电路模型的电化学阻抗谱分析

除了应用复杂的电化学阻抗模型来描述及分析电化学阻抗，采用如电感、电容、电阻、常相位元件和 Warburg 元件等等效元件组成的 ECM 是另一类重要模型。这些等效元件也并非完全没有实际的物理含义，其在一定程度上也可以与电池内部的物理化学过程相对应[66]，表 1.6 列出了它们的常见形式和特性。

表 1.6　ECM 中的等效元件

阻抗谱	等效元件或电路	阻抗表达式
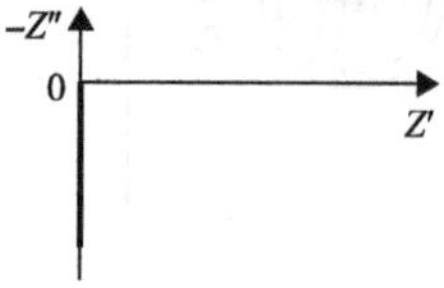 $-Z''$ 0 Z'	 L	$z = \mathrm{j}\omega L$ (1.8)
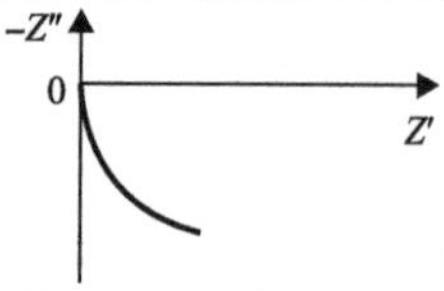 $-Z''$ 0 Z'	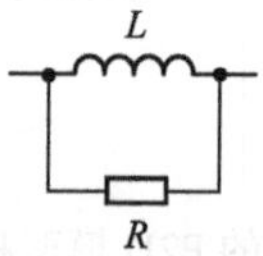 L R	$z = \dfrac{\mathrm{j}\omega RL}{R + \mathrm{j}\omega L}$ (1.9)

续表

阻抗谱	等效元件或电路	阻抗表达式
$-Z''$, 0, Z'	C, R	$z=\dfrac{R}{1+\mathrm{j}\omega RC}$ (1.10)
$-Z''$, 0, Z'	CPE, R	$z=\dfrac{R}{1+(\mathrm{j}\omega)^{p}RQ}$ (1.11) $z=\dfrac{R}{1+(\mathrm{j}\omega Q)^{n}R}$ (1.12)
$-Z''$, 0, Z'	W	$z=\dfrac{R_{\mathrm{W}}}{(\mathrm{j}\omega)^{0.5}}$ (1.13)
$-Z''$, 0, Z'	W_{s}	$z=R_{\mathrm{W}}\dfrac{\tanh\left[(\mathrm{j}\omega T_{\mathrm{W}})^{p_{\mathrm{W}}}\right]}{(\mathrm{j}\omega T_{\mathrm{W}})^{p_{\mathrm{W}}}}$ (1.14)
$-Z''$, 0, Z'	W_{O}	$z=R_{\mathrm{W}}\dfrac{\coth\left[(\mathrm{j}\omega T_{\mathrm{W}})^{p_{\mathrm{W}}}\right]}{(\mathrm{j}\omega T_{\mathrm{W}})^{p_{\mathrm{W}}}}$ (1.15)

除了基本的电感、电容和电阻元件外，比较特殊的是常相位元件和 Warburg 元件。电极界面上存在等效电容，由于电极表面粗糙带来的弥散效应，该等效电容与理想电容呈现不同的阻抗特征[67]。常相位元件具有两种形式，分别如式(1.11)和式(1.12)所示[68]。锂离子在固相或液相中的扩散过程引起的阻抗采用 Warburg 元件描述。Warburg 元件根据不同扩散边界条件也有三种表达形式[69-71]。式(1.13)描述的是无限扩散长度下的阻抗，它能够解释为什么 EIS 在低频区域会是一条与实轴夹角近 45°的直线。但是这种条件下的扩散对于电池并不适用。因此，Warburg 元件的另外两种形式更加常见。式(1.14)是在有限扩散长度且非阻挡情况下获取的，而式(1.15)是在有限扩散长度且有阻挡条件下得到的。

由于不同频率范围的电化学阻抗与不同电极过程是对应的且可被电化学阻抗法解耦，ECM 的形式非常多样。从 Dolin 和 Ershler[15]及 Randles[16]较早地使用 ECM 来分析电化学阻抗至今，已经出现了多种 ECM，部分见表 1.7。在应用 ECM 分析电化学阻抗时应根据需要进行选择或构建。

表 1.7 用于分析 EIS 的 ECM

形式	文献	形式	文献
	[72]、[73]		[94]～[98]
	[74]		[99]、[100]
	[16]、[75]、[76]		[101]～[103]
	[77]		[104]、[105]
	[78]		[106]～[108]
	[79]、[80]		[109]
	[81]～[87]		[110]
	[88]、[89]		[111]
	[90]～[92]		[112]
	[93]、[38]		

1.3.2 电化学阻抗谱分析模型的参数辨识

在确定了电池电化学阻抗模型类型和结构后，确定阻抗模型参数是电化学阻抗分析的另一个必备环节。以上述 ECM 为例，在实验室条件下，依赖于 ZView 等软件可实现该模型参数的优化辨识。但在实际应用时需要进行电池阻抗模型参数辨识优化方法的研究。

Stroe 等[93]和 Risse 等[113]利用非线性最小二乘法对电池的电化学阻抗模型参数进行了优化辨识。由于电化学阻抗模型具有参数多且结构非线性的特点，需要在预先给定的合理参数初始值的情况下进行参数辨识，否则容易在使用 Levenberg-Marquardt 法或其他类非线性最小二乘法求解过程中陷入局部最优[114]。实际上，随着电池健康恶化，这些参数初值的给定是比较困难的。相比于 Levenberg-Marquardt 法，包括粒子群优化(particle swarm optimization，PSO)算法、遗传算法(genetic algorithm，GA)和差分进化(differential evolution，DE)算法等智能优化算法则无须给定初值，对模型结构没有特殊要求，成为另一种阻抗模型参数优化辨识的常用方法。例如，Troltzsch 等[99]采用进化策略和 Levenberg-Marquardt 法相结合的混合参数优化方法对所建立的电化学阻抗模型中的 13 个参数进行了辨识；Rahman 等[115]利用 PSO 算法对钴酸锂电池的电化学模型参数进行了辨识；Hu 等[116]和卞景季[117]采用 PSO 算法对电池阻抗模型参数进行了优化求解；Li 等[118]利用 GA 对电池电热耦合模型的参数进行了优化；Wu 等[119]的研究结果表明，DE 算法比 PSO 算法和 GA 在全局最优和寻优速度上都有更好的效果；Deb 等[120]通过 PSO 算法、GA 和 DE 算法的优化效果进行对比，也显示 DE 算法比前两者性能更优越。上述方法为离线场景下进行参数辨识奠定了基础。

在某些应用场合下需要实时在线地进行参数辨识。例如，Wei 等[121]提出了一种基于偏差补偿的递归最小二乘算法，该算法将基于 Frisch 方案的偏差补偿递归最小二乘算法与 SOC 估计算法相结合，以增强模型参数识别和 SOC 估计的精度，通过在线估计噪声统计量补偿噪声的影响，实现了模型参数的无偏估计。Rahimian 等[122]使用非线性最小二乘法对 ECM 和 SP 模型进行了参数辨识。Zhang 等[123]提出了一种解耦加权递归最小二乘算法，分别对电池的快、慢动态参数进行估计，并在此基础上实现了电池的 SOC 估计，该算法避免了使用额外的观测器，从而降低了计算的复杂程度。董喜乐[124]分别采用扩展卡尔曼滤波(extended Kalman filter, EKF)算法和递归最小二乘算法进行在线参数辨识，并将两种算法的辨识结果进行对比，得出结论，EKF 在线辨识方法的精度优于递归最小二乘算法。

1.4 电化学阻抗谱的应用

1.4.1 电化学阻抗谱应用于电化学动力学反应机理分析

EIS 可以在宽频率范围反映各电极过程阻抗，从而应用于对电池的电化学反应机理的研究。Aurbach 等[125]应用 EIS 方法研究了锂离子嵌入和脱出时材料的表面行为，并基于 ECM 分析了不同电极电位下电解液中传荷电阻和 SEI 膜电阻的变化规律。Zheng 等[126]获取了较宽温度范围内的 EIS，确定了与 SEI 膜中锂离子扩散和电荷转移过程相对应的活化能。

1.4.2 电化学阻抗谱应用于动力电池的老化模式分析

锂离子电池的寿命衰减主要由正极、负极、电解液和隔膜四个方面的衰减引起。正极和负极衰减包括固液界面钝化、活性物质损失、导电物质和黏结剂脱落以及集流体腐蚀等；电解液衰减包括分解、干涸等；隔膜衰减包括褶皱、穿孔等。电池内部包含了不同时间常数的基本物理和化学动态过程，如扩散过程、法拉第过程、非法拉第过程和传导过程等，EIS 丰富的信息内涵可以直接反映这些过程特性。电池老化过程中这些特性变化也可以从 EIS 进行精细的观察。许多学者如 Galeotti 等[102]、Mingant 等[127]利用 EIS 来研究电池老化过程中的欧姆电阻、传荷电阻、SEI 膜电阻等变化规律。其中，Troltzsch 等[99]、Stroe 等[93]建立起了电池各阻抗成分与电池老化模式之间的对应关系，为实现基于电化学阻抗的电池老化模式分析奠定了基础。

1.4.3 电化学阻抗谱应用于动力电池的健康状态估计与寿命预测

动力电池使用过程中寿命不断衰减，性能逐渐下降。实现电池全生命周期的维护、退役和残值评估需要对电池的健康状态进行估计。除了采用容量对电池老化过程中电荷存储能力进行表征，研究阻抗参数在寿命衰减过程中的变化也是实现健康状态估计的一种方法。Stroe 等[93]研究了 2.5Ah 的 $LiFePO_4$ 电池在不同循环次数下的阻抗变化规律，并采用 ECM 对 EIS 进行拟合，分析了等效电阻 R_s、R_1 和 R_2 以及等效电容 CPE_1 和 CPE_2 随循环次数变化的规律，建立了等效电阻 R_s、R_2 与循环次数的关系，如图 1.8 所示。Galeotti 等[102]研究了不同循环阶段的 EIS 变化规律，并利用 ECM 对 EIS 进行拟合，研究了各等效参数随健康状态的变化规律，并最终选择欧姆电阻和容量共同描述电池的健康状态。Eddahech 等[128]研究了高功率型三元锂离子电池欧姆电阻随着循环次数的增长规律，并利用人工神经网络对增长规律进行了学习和预测。Yuan 和 Dung[129]研究了通过脉冲充电提取得到电池极化电阻随老化的变化规律，利用该电阻对电池的健康状态进行了估计。

1.4.4 电化学阻抗谱应用于动力电池的内部温度估计

温度不仅影响着电池的使用性能和寿命，而且在低温下充电或极端高温下工作极易导致安全问题，对电池的温度监控尤为重要。通过温度传感器（如热电偶等）进行单体电池的温度测量是最直接的。但是，考虑到电池包内部大量的单体电池，

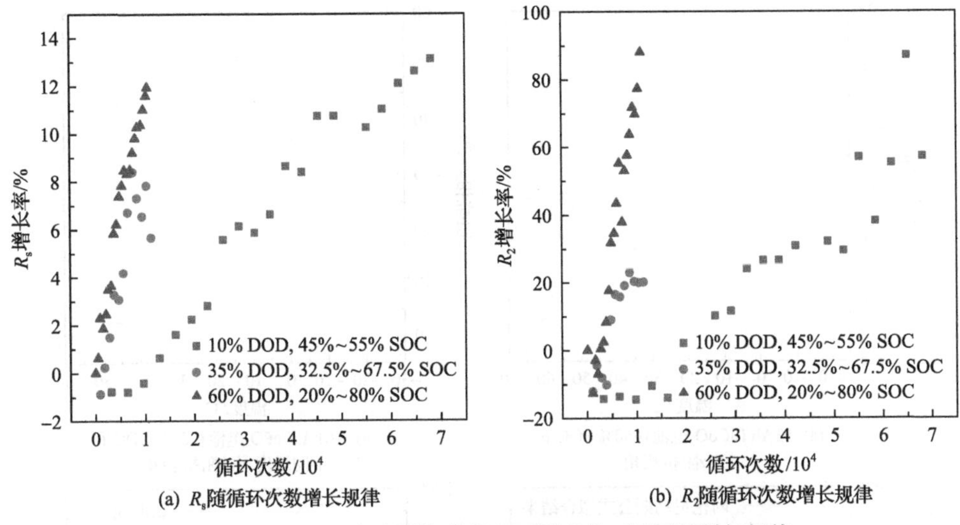

(a) R_s随循环次数增长规律 (b) R_2随循环次数增长规律

图 1.8 $LiFePO_4$电池阻抗成分在不同老化工况下的增长规律

DOD 指放电深度

全面且低成本的温度监控成为一个关键问题。其中，无温度传感器的电池温度估计便是一种低成本的解决思路。该方法主要有热模型法和阻抗法。阻抗法由于具有无须获取电池的热参数、可实时监控的特点而得到广泛研究。

Srinivasan 等[130,131]分别对 53Ah 的钴酸锂($LiCoO_2$)电池、2.3Ah 的 $LiFePO_4$ 电池和 4.4Ah 的未知材料体系的电池研究了其 40～100Hz 阻抗相角与温度的关系，发现温度−20～66℃内这种关系均是单调的，如图 1.9(a)所示，且温度越高，阻抗相角绝对值越小，并在此基础上提出了基于阻抗相角的电池温度估计方法。Zhu 等[132,133]得出了与之类似的结论，如图 1.9(b)所示。在进一步对一个 8Ah 的方形 $LiFePO_4$ 电池的阻抗相角与温度的关系进行研究时发现，SOC 和健康状态对该关系的影响在某些频率段内可忽略，并最终分别利用 1Hz、5Hz、10Hz、50Hz 和 100Hz 下的阻抗相角对电池温度进行了估计。Schmidt 等[134]研究了一个 2Ah 的 $LiCoO_2$ 和 $LiNi_{0.8}Co_{0.15}Al_{0.05}O_2$ 混合正极材料的软包电池在不同频率下的电池阻抗模与温度的对应关系，如图 1.9(c)所示，并提出了基于 10.3kHz 的阻抗模进行电池平均温度估计方法，且在已知 SOC 情况下其温度估计误差可达到±0.7℃，在未知 SOC 下，也可达到±2.5℃。Raijmakers 等[135]分别研究了 2.3Ah 的 $LiFePO_4$ 电池和 7.5Ah 的三元锂离子电池在不同温度下的 EIS，得到了阻抗相角为零时对应的频率(即实轴“穿越频率”)与电池温度的对应关系，如图 1.9(d)所示，并在不同 SOC 和循环健康状态下验证了这种关系，提出了基于“穿越频率”的电池平均温度估计方法。Spinner 等[136]研究了 18650 型 $LiCoO_2$ 电池在 300Hz 下的阻抗虚部与电池温度的关系，如图 1.9(e)所示，并将前人提出的阻抗与温度的对应关系

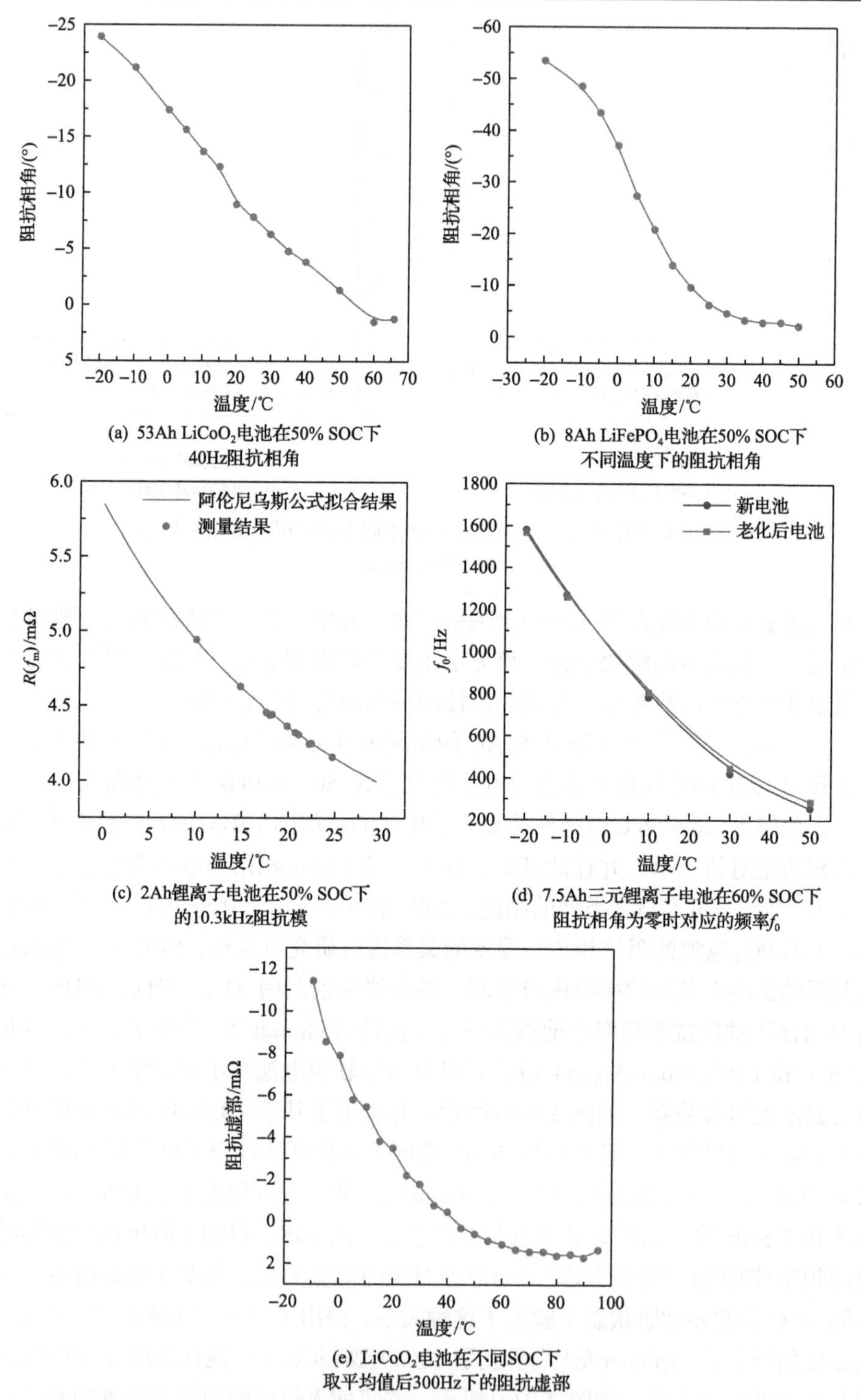

图 1.9　几种锂离子电池不同阻抗特征与温度的关系

适用温度上限由50～65℃提高至95℃,为利用阻抗在热滥用下进行电池温度估计奠定了基础。Beelen等[137]总结了上述提及的几种经典的温度估计方法，分析了各方法在利用阻抗进行温度估计过程中的关系确定和温度估计两个环节所引入的误差，并提出了综合的温度估计方法，在40Ah $LiFePO_4$电池的SOC未知的情况下温度估计平均误差小于0.4℃。

综上所述，EIS可以在电池老化模式分析、健康状态估计、寿命预测以及温度估计中得到应用。由于车载工况的复杂性，为了实现车载条件下的基于EIS的多种应用，需要在进行基于EIS的健康状态估计和预测时，考虑温度和SOC的影响；在进行基于阻抗的温度在线估计时，排除工况对阻抗的影响。

1.5 本书的研究内容

本书以实现高性能动力电池管理为背景，针对目前EIS在实车应用时面临的困难进行了相应研究。

首先，从锂离子电池基本原理出发，通过梳理内部电极过程基本控制方程建立电池电化学机理模型并进行验证，在此基础上实现基于机理模型的电化学阻抗的仿真。

其次，以车载应用为约束条件，分别提出交流激励下的电池EIS测量装置和方法；同时针对某些应用场合实时计算电化学阻抗的需要，提出动态工况下电池EIS快速计算方法；通过实验研究了获取方式的改变对所得阻抗的影响，为EIS的车载应用提供测量基础。

再次，针对所得到的宽频EIS提出相应的分析及建模方法，提出ECM参数辨识方法，为实际应用中的EIS分析提供了基本方法。

最后，分别围绕基于EIS的电池健康诊断、健康状态估计、寿命预测和温度估计四大应用开展研究。

通过这些内容的介绍，显示EIS在车载电池管理中的特点和巨大的应用潜力，为欲采用EIS进行电池管理的科研人员和工程师等提供了参考。

本书各个章节具有一定的独立性，但也是EIS应用必不可少的组成部分，具有一定专业基础的读者可以根据自己的需要进行阅读。

第2章 基于电化学机理电极过程模型的动力电池电化学阻抗谱分析

2.1 引 言

动力电池 EIS 在不同频率区间的变化体现了电池内部不同电极过程的特征。本章以常见的锂离子电池为研究对象，从描述电池电极过程的机理模型出发，研究不同的电极过程与电化学阻抗的对应关系，从而为 EIS 的分析奠定基础；同时，也将从机理出发分析探讨不同工作条件对电池阻抗的影响和规律。为此，本章首先基于电化学理论，建立锂离子电池的 P2D 模型，对电池放电过程中的锂离子浓度、电压分布进行研究；然后对比锂离子电池的两种机理模型，即 P2D 模型和简化后的 SP 模型，并在 SP 模型的基础上建立可用于电池阻抗谱分析的基本机理模型；最后在上述基本模型的基础上，进一步探讨温度、SOC 及工况对阻抗的影响。

2.2 锂离子电池电化学机理模型

锂离子电池由负极、隔膜、正极及电解液等构成。在充电时锂离子不断地从正极活性材料脱出并迁移传输至负极，并在负极界面处发生反应后再嵌入负极材料；放电过程中的锂离子迁移运动则与上述充电过程相反。锂离子在正负极之间迁移的过程中，主要经历了在正负极活性材料颗粒内的固相扩散过程、电极固液相界面的传荷过程、液相扩散过程以及隔膜的扩散过程。除了上述提及的四个基本过程之外，锂离子也作为导电离子参与固相颗粒表面的等效膜电容的充放电过程。上述过程可通过电化学机理模型描述，下面以 P2D 模型为例进行阐述。

2.2.1 锂离子电池的伪二维电化学机理模型

以电池放电过程为例，图 2.1 为锂离子在电池内部的迁移运输过程示意图。图中正极、负极和隔膜区域的厚度分别为 L_p、L_n 和 L_s，$C_{dl,p}$、$C_{dl,n}$ 分别为电极表面的电双层电容，C_{film} 为负极表面的 SEI 膜的等效电容，R_{film} 为 SEI 膜的等效电阻。

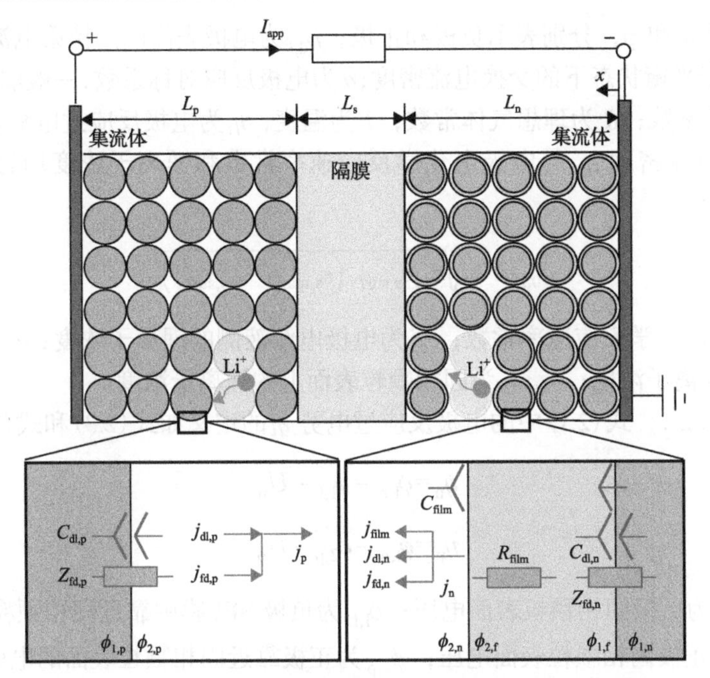

图 2.1　锂离子电池内部锂离子迁移运输过程(以放电为例)

在锂离子定向移动过程中，电池内部形成了电流，这种电流在正负极界面、电解液和隔膜区域都存在。其中，在正负极界面上参与电化学反应的锂离子形成的电流称为法拉第电流；正负极界面上的等效电容充放电引起的电流不参与电化学反应，称为非法拉第电流。无论是法拉第电流还是非法拉第电流，在正负极区域，其正方向均定义为由固相颗粒表面指向电解液。同时，在电池内部也由于存在着电压的分布差异而形成了电压，在电极界面和正负极区域，电压正方向与电流相同。

锂离子在电池内部的移动和分布由不同过程的不同控制方程决定。下面主要分析电极界面的法拉第过程、非法拉第过程、扩散过程和电荷守恒以对电池内部的电化学和物理过程进行建模。

1. 法拉第过程

锂离子在活性材料中的嵌入或者脱出反应，即电极上的还原或者氧化反应总是看作是在正负电极的固相和液相界面上进行的，且只要有反应电流，必然存在着过电势，存在着电极电化学极化现象。Butler-Volmer 方程描述了过电势与法拉第电流之间的关系。考虑电池在正负极颗粒表面的反应，如式(2.1)所示：

$$j_{fd,i} = j_{0,i}\left\{\exp\left(\frac{\alpha F}{RT}\eta_i\right) - \exp\left[\frac{-(1-\alpha)F}{RT}\eta_i\right]\right\},\quad i = \mathrm{n,p} \tag{2.1}$$

式中，i 取 n 和 p，分别表示负极和正极；$j_{fd,i}$ 为电极表面的法拉第电流密度；$j_{0,i}$ 为电极处于平衡状态下的交换电流密度；α 为电极反应对称系数，一般取 $\alpha=0.5$[138]；F 为法拉第常数；R 为理想气体常数；T 为温度；η_i 为电极反应过电势。

交换电流密度 $j_{0,i}$ 与电极电化学反应速率常数和锂离子浓度均有关系，如式(2.2)所示：

$$j_{0,i}=Fk_i\sqrt{c_{e,i}c_{s,surf,i}\left(c_{s,max,i}-c_{s,surf,i}\right)} \tag{2.2}$$

式中，k_i 为电化学反应速率常数；$c_{e,i}$ 为电极电解液侧的锂离子浓度；$c_{s,max,i}$ 为固相颗粒最大锂离子浓度；$c_{s,surf,i}$ 为固相颗粒表面上的锂离子浓度。

参照图 2.1，式(2.1)中的电极反应过电势 η_i 的定义如式(2.3)和式(2.4)所示：

$$\eta_n=\phi_{1,n}-\phi_{1,f}-U_n \tag{2.3}$$

$$\eta_p=\phi_{1,p}-\phi_{2,p}-U_p \tag{2.4}$$

式中，$\phi_{1,n}$ 为负极固相颗粒表面电压；$\phi_{1,f}$ 为负极 SEI 膜中靠近固相颗粒表面的电压；$\phi_{1,p}$ 为正极固相颗粒表面电压；$\phi_{2,p}$ 为正极靠近固相颗粒表面的电解液电压；U_n 和 U_p 分别为负极和正极的开路电压。

电极的开路电压 U_i 和稳定状态下电极的荷电状态 θ_i(即固相颗粒中锂离子平均浓度 $c_{s,i}$ 与最大锂离子浓度 $c_{s,max,i}$ 之比)有关。如对于正极材料为 $LiFePO_4$ 的电极，其开路电压 U_p 与 θ_p 的关系如式(2.5)所示[139]：

$$U_p=\frac{327.6\theta_p^3-658.7\theta_p^2+331\theta_p+0.3257}{\theta_p^4+94.2\theta_p^3-192.2\theta_p^2+97.05\theta_p+0.08695} \tag{2.5}$$

相应地，石墨负极的开路电压 U_n 与 θ_n 的关系如式(2.6)所示[140]：

$$U_n=\frac{-2137\theta_n^3+1841\theta_n^2+107.44\theta_n+12.85}{\theta_n^4-15113\theta_n^3+16128\theta_n^2+436.68\theta_n+10.71} \tag{2.6}$$

2. 非法拉第过程

电极的表面除了存在电化学反应的法拉第过程，还有非法拉第过程，即电极界面上的电双层电容(图 2.1 的 $C_{dl,p}$、$C_{dl,n}$)和 SEI 膜电容(图 2.1 的 C_{film})的充放电过程。式(2.7)和式(2.8)分别描述了正负极界面上的电双层电容的充放电电流 $j_{dl,p}$ 和 $j_{dl,n}$ 与电压之间的关系：

$$j_{dl,p}=C_{dl,p}\frac{\partial}{\partial t}\left(\phi_{1,p}-\phi_{2,p}\right) \tag{2.7}$$

$$j_{\mathrm{dl,n}}=C_{\mathrm{dl,n}}\frac{\mathrm{d}}{\mathrm{d}t}\left(\phi_{1,\mathrm{n}}-\phi_{1,\mathrm{f}}\right) \tag{2.8}$$

负极 SEI 膜等效电阻 R_{film} 的存在，会导致膜内表面靠近电解液一侧的电压 $\phi_{2,\mathrm{f}}$ 满足式(2.9)所示关系：

$$\phi_{1,\mathrm{f}}=\phi_{2,\mathrm{f}}+R_{\mathrm{film}}\left(j_{\mathrm{dl,n}}+j_{\mathrm{fd,n}}\right) \tag{2.9}$$

SEI 膜外表面接近电解液一侧的电压 $\phi_{2,\mathrm{n}}$ 与内表面电压相等，即满足：

$$\phi_{2,\mathrm{n}}=\phi_{2,\mathrm{f}} \tag{2.10}$$

3. 固相扩散过程

在充放电过程中，锂离子在固相颗粒表面和内部的浓度不断发生变化。浓度差异是锂离子在固相颗粒内部扩散的原因，且此扩散过程是非稳态的扩散过程，即锂离子的浓度与所处位置和时间都有关系。正负极的固相颗粒内部的锂离子浓度 $c_{\mathrm{s},i}$ 在空间和时间上的分布变化规律可由 Fick 第二扩散定律进行描述。同时，考虑到 P2D 模型中将固相颗粒简化为球形颗粒，则相应的扩散控制方程如式(2.11)所示：

$$\frac{\partial c_{\mathrm{s},i}\left(r_i,t\right)}{\partial t}=\frac{D_{\mathrm{s},i}}{r_i^2}\frac{\partial}{\partial r_i}\left(r_i^2\frac{\partial c_{\mathrm{s},i}\left(r_i,t\right)}{\partial r_i}\right),\quad i=\mathrm{n,p} \tag{2.11}$$

对于正极、负极固相颗粒内的固相扩散，相应的边界条件为

$$\begin{cases}\left.\dfrac{\partial c_{\mathrm{s},i}\left(r_i,t\right)}{\partial r_i}\right|_{r_i=0}=0\\ \left.c_{\mathrm{s},i}\left(r_i,t\right)\right|_{t=0}=c_{\mathrm{s},0,i}\\ \left.D_{\mathrm{s},i}\dfrac{\partial c_{\mathrm{s},i}\left(r_i,t\right)}{\partial r_i}\right|_{r_i=R_i}=-\dfrac{j_{\mathrm{fd},i}(x,t)}{F}\end{cases} \tag{2.12}$$

式中，$D_{\mathrm{s},i}$ 为锂离子在固相颗粒中的扩散系数；$c_{\mathrm{s},0,i}$ 为初始时刻固相锂离子浓度；r_i 为如图 2.1 所示的球形颗粒的半径坐标。

4. 液相扩散过程

锂离子在电解液中也存在扩散过程。锂离子的液相扩散过程同时发生在正极、

负极和隔膜区域。另外，液相扩散也需要考虑锂离子的电迁移效应，且考虑到隔膜只能允许锂离子通过，锂离子在隔膜中的扩散与液相相同。锂离子在液相中的扩散控制方程如式(2.13)所示：

$$\varepsilon_{1,i}\frac{\partial c_{e,i}(x,t)}{\partial t}=\frac{\partial}{\partial x}\left(D_{\mathrm{eff},e,i}\frac{\partial c_{e,i}(x,t)}{\partial x}\right)+\frac{1-t_{+}}{F}j_{\mathrm{tot},i}(x,t),\quad i=\mathrm{n,s,p} \tag{2.13}$$

式中，i 取下标 s 表示隔膜区域；$\varepsilon_{1,i}$ 为电极中电解液的有效体积分数；t_{+} 为锂离子传递数。相应的边界条件如式(2.14)所示：

$$\begin{cases}\left.\dfrac{\partial c_{e,n}(x,t)}{\partial x}\right|_{x=0}=0\\ \left.\dfrac{\partial c_{e,p}(x,t)}{\partial x}\right|_{x=L_n+L_s+L_p}=0\\ \left.c_{e,n}(x,t)\right|_{x=L_n}=\left.c_{e,s}(x,t)\right|_{x=L_n}\\ \left.-D_{\mathrm{eff},e,n}\dfrac{\partial c_{e,n}(x,t)}{\partial x}\right|_{x=L_n}=\left.-D_{\mathrm{eff},e,s}\dfrac{\partial c_{e,s}(x,t)}{\partial x}\right|_{x=L_n}\\ \left.c_{e,p}(x,t)\right|_{x=L_n+L_s}=\left.c_{e,s}(x,t)\right|_{x=L_n+L_s}\\ \left.-D_{\mathrm{eff},e,p}\dfrac{\partial c_{e,p}(x,t)}{\partial x}\right|_{x=L_n+L_s}=\left.-D_{\mathrm{eff},e,s}\dfrac{\partial c_{e,s}(x,t)}{\partial x}\right|_{x=L_n+L_s}\\ \left.c_{e,i}(x,t)\right|_{t=0}=c_{e,0,i}\end{cases} \tag{2.14}$$

式中，$D_{\mathrm{eff},e,i}$ 为锂离子在液相中的有效扩散系数；$c_{e,i}$ 为液相锂离子浓度；$c_{e,0,i}$ 为初始时刻的液相锂离子浓度。

5. 固相电荷传导过程

由于锂离子带有一个单位正电荷，包括锂离子在内的带电粒子的固相差异分布会导致固相各点电压 $\phi_{s,i}$ 的差异。电池固相电压分布采用欧姆定律进行描述，如式(2.15)所示：

$$\frac{\partial}{\partial x}\left(\sigma_i\frac{\partial}{\partial x}\phi_{s,i}(x,t)\right)=j_{\mathrm{fd},i},\quad i=\mathrm{n,p} \tag{2.15}$$

式(2.15)相应的边界条件如式(2.16)所示：

$$
\begin{cases}
-\sigma_{\mathrm{n}} \left.\dfrac{\partial \phi_{\mathrm{s,n}}(x,t)}{\partial x}\right|_{x=0} = 0 \\
-\sigma_{\mathrm{p}} \left.\dfrac{\partial \phi_{\mathrm{s,p}}(x,t)}{\partial x}\right|_{x=L_{\mathrm{p}}+L_{\mathrm{s}}+L_{\mathrm{n}}} = 0 \\
\left.\dfrac{\partial \phi_{\mathrm{s,n}}(x,t)}{\partial x}\right|_{x=L_{\mathrm{n}}} = \left.\dfrac{\partial \phi_{\mathrm{s,p}}(x,t)}{\partial x}\right|_{x=L_{\mathrm{s}}+L_{\mathrm{n}}} = 0
\end{cases} \tag{2.16}
$$

式中，σ_i 为固相电导率。

6. 液相电荷传导过程

电池液相电压分布 $\phi_{\mathrm{e},i}$ 也采用欧姆定律进行描述。正负极和隔膜区域的欧姆定律如式(2.17)所示：

$$
-\kappa_{\mathrm{eff},i} \frac{\partial^2 \phi_{\mathrm{e},i}(x,t)}{\partial x^2} + \frac{2RT\kappa_{\mathrm{eff},i}}{F}(1-t_+)\frac{\partial^2 \ln \phi_{\mathrm{e},i}(x,t)}{\partial x^2} = j_{\mathrm{tot},i}(x,t), \quad i=\mathrm{n,p} \tag{2.17}
$$

以上方程相应的边界条件如式(2.18)所示：

$$
\begin{cases}
-\kappa_{\mathrm{eff,n}} \left.\dfrac{\partial \phi_{\mathrm{e,n}}(x,t)}{\partial x}\right|_{x=0} = 0 \\
-\kappa_{\mathrm{eff,p}} \left.\dfrac{\partial \phi_{\mathrm{e,p}}(x,t)}{\partial x}\right|_{x=L_{\mathrm{p}}+L_{\mathrm{s}}+L_{\mathrm{n}}} = 0 \\
-\kappa_{\mathrm{eff,n}} \left.\dfrac{\partial \phi_{\mathrm{e,n}}(x,t)}{\partial x}\right|_{x=L_{\mathrm{n}}} = -\kappa_{\mathrm{eff,s}} \left.\dfrac{\partial \phi_{\mathrm{e,s}}(x,t)}{\partial x}\right|_{x=L_{\mathrm{n}}} \\
-\kappa_{\mathrm{eff,p}} \left.\dfrac{\partial \phi_{\mathrm{e,p}}(x,t)}{\partial x}\right|_{x=L_{\mathrm{n}}+L_{\mathrm{s}}} = -\kappa_{\mathrm{eff,s}} \left.\dfrac{\partial \phi_{\mathrm{e,s}}(x,t)}{\partial x}\right|_{x=L_{\mathrm{n}}+L_{\mathrm{s}}} \\
\left.\phi_{\mathrm{e,p}}(x,t)\right|_{x=L_{\mathrm{n}}+L_{\mathrm{s}}} = \left.\phi_{\mathrm{e,s}}(x,t)\right|_{x=L_{\mathrm{n}}+L_{\mathrm{s}}} \\
\left.\phi_{\mathrm{e,n}}(x,t)\right|_{x=L_{\mathrm{n}}} = \left.\phi_{\mathrm{e,s}}(x,t)\right|_{x=L_{\mathrm{n}}}
\end{cases} \tag{2.18}
$$

式中，$\kappa_{\mathrm{eff},i}$ 为电解液有效离子电导率。

7. 电荷守恒

由基尔霍夫定律可以得出，通过锂离子电池厚度方向上每一界面的电流总数都相等，并且总和等于作用在电池端口上的电流激励。因此，正负极的总电流密

度 $j_{\mathrm{tot},i}$ 如式(2.19)所示：

$$j_{\mathrm{tot},i} = j_{\mathrm{dl},i} + j_{\mathrm{fd},i}, \quad i = \mathrm{n,s,p} \tag{2.19}$$

根据正负极电流密度正方向的定义，其与电池充放电电流 I_{app} 的关系如式(2.20)所示：

$$j_{\mathrm{tot},i} = \frac{I_{\mathrm{app}}}{SL_i}, \quad i = \mathrm{n,s,p} \tag{2.20}$$

式中，S 为电极截面积。

上述多个方程描述的在电池内部发生的电化学和物理过程具有电极厚度和颗粒径向两个维度，因此上述模型称为电池的 P2D 模型[141]。可以看到，该模型涉及的电池内部过程明确具体，因此可比较精确地描述电池的外特性以及内部过程[142-144]。通过对 P2D 模型的仿真，将有助于研究电池在充放电过程中锂离子浓度和电压的分布规律，从而为电池阻抗的机理分析提供指导。

2.2.2　伪二维模型仿真结果分析

在不考虑电极界面非法拉第过程的情况下，可以采用 COMSOL Multiphysics 对 2.2.1 节描述的电池 P2D 模型进行建模和求解。在以下案例中，所建立的模型用来描述一个正极为磷酸铁锂($LiFePO_4$)、负极为石墨(C)的电池(记为 $LiFePO_4$-C 电池)的充放电过程，模型中所采用的参数见表 2.1。需要说明的是，所采用的模型参数一部分是依据电池材料特性和对电极内部过程的常规认识而总结或估计得到的，部分参数的来源也列于表中。

表 2.1　$LiFePO_4$-C 电池的相关物理、化学特性参数

符号	数值	单位	描述
$c_{\mathrm{s,max,n}}$	18000	$\mathrm{mol/m^3}$	负极固相颗粒最大锂离子浓度
$c_{\mathrm{s,max,p}}$	15000	$\mathrm{mol/m^3}$	正极固相颗粒最大锂离子浓度
$c_{\mathrm{e,0}}$	2000	$\mathrm{mol/m^3}$	初始电解液锂离子浓度
$\varepsilon_{\mathrm{s,n}}$	0.47	—	负极活性材料有效体积分数
$\varepsilon_{\mathrm{s,p}}$	0.3	—	正极活性材料有效体积分数
$\varepsilon_{\mathrm{l,n}}$	0.4	—	负极电解液有效体积分数
$\varepsilon_{\mathrm{l,p}}$	0.63	—	正极电解液有效体积分数
k_{neg}	5×10^{-10}	m/s	负极的电化学反应速率常数

续表

符号	数值	单位	描述
k_{pos}	2×10^{-11} [145]	m/s	正极的电化学反应速率常数
$D_{s,n}$	3.9×10^{-14} [57, 64]	m^2/s	负极固相扩散系数
$D_{eff,e}$	7.5×10^{-11} [57]	m^2/s	液相有效扩散系数
$D_{s,p}$	5.6×10^{-17} [139]	m^2/s	正极固相扩散系数
R_n	1.25×10^{-5} [57]	m	负极颗粒半径
R_p	1.0×10^{-6}	m	正极颗粒半径
L_n	1×10^{-4} [64]	m	负极区域厚度
L_s	5×10^{-5} [64]	m	隔膜区域厚度
L_p	2×10^{-4} [64]	m	正极区域厚度
S	1	m^2	电极截面积
$\sigma_{s,n}$	100	S/m	负极固相电导率
$\kappa_{eff,e}$	0.3	S/m	电解液有效电导率
$\sigma_{s,p}$	10 [56]	S/m	正极固相电导率
t_+	0.363	—	离子传递数

下面通过仿真着重研究电池放电过程中的锂离子浓度和电压分布规律，可为电池模型简化和阻抗模型推导提供指导。

1. 锂离子浓度分布

本部分通过模型仿真研究电池 0.5C 放电过程中的锂离子浓度分布变化。在放电电流加载后，随着锂离子在正负极上嵌入和脱出反应的进行，固相颗粒表面锂离子浓度发生了比较大的变化，如图 2.2 中点线图所示。由于电池放电时，锂离子从负极向正极迁移，在 0～100μm 的负极区域内固相表面锂离子浓度随时间增加而降低，而在 150～350μm 的正极区域则是不断增加的。如图 2.2 中散点图所示的固相颗粒中心浓度明显不同于表面浓度。锂离子是从负极表面脱出向正极迁移，这使负极固相颗粒中心浓度比表面浓度稍高，正极固相颗粒中的浓度则相反。整体来看，锂离子浓度随着放电的持续在固相颗粒内不同位置的浓度分布差异非常明显。锂离子在正极材料颗粒中的扩散系数比负极小得多(见表 2.1)，导致锂离子浓度在正极不同位置的分布差异较负极大，锂离子分布更加不均匀。

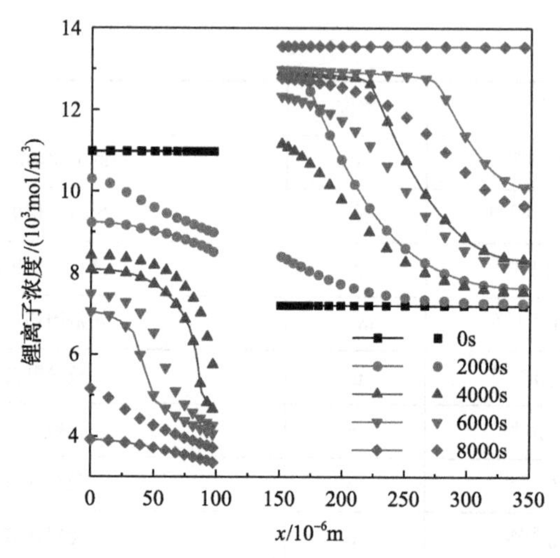

图 2.2　0.5C 放电下电池正负极颗粒中心(散点图)和表面(点线图)锂离子浓度随时间和位置的变化

相反，由于液相扩散系数比固相扩散系数大得多(几个数量级)，锂离子浓度在液相不同位置处的变化并不明显，如图 2.3 所示。在经历 8000s 的放电后，液相中的锂离子浓度并没有太偏离初始浓度。其中，负极区域锂离子浓度差异小于 2.5%，正极区域小于 1%，且负极区域中液相锂离子浓度要高于正极区域，因此锂离子在浓度差异下不断向正极扩散并参与电化学反应。总体来看，电池内部液相中的锂离子浓度差异小于 3.5%。考虑到在一次循环过程中锂离子在嵌入和脱出过程中损失的锂离子可忽略，即充放电效率非常高，也使得液相中的平均锂离子浓度随时间的变化不大，图 2.3 也说明了这一点。

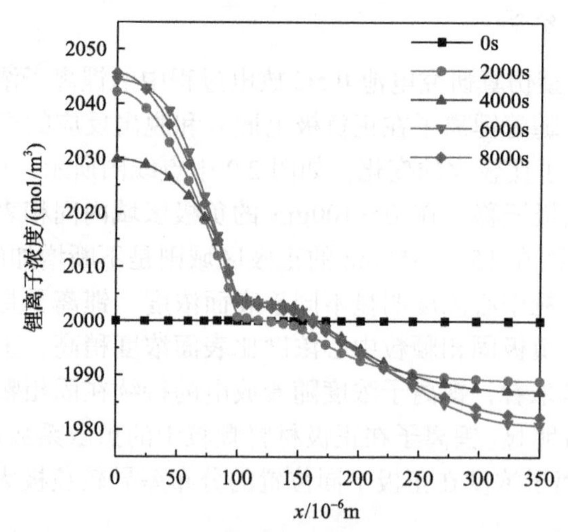

图 2.3　0.5C 放电下电池正极、负极与隔膜区域的液相锂离子浓度随时间和位置的变化

2. 电压分布

本部分通过模型仿真研究电池 0.5C 放电过程中电池内部的电压分布。在液相中的离子迁移运输产生了电压差，如图 2.4 所示，可以看到在电池放电过程中液相中不同位置处的电压存在较小的差异。另外，随着电池的放电，即随着电池 SOC 的降低(放电时长的增加)，不同位置处的差异越来越大。在放电将要结束的 8000s，不同位置处的分布差异在 0.04V 之内。同时可以看到，随着放电的进行，液相电压绝对值增加，这主要是因为随着电池的放电，锂离子从负极固相颗粒中脱出后导致负极固相开路电压升高。

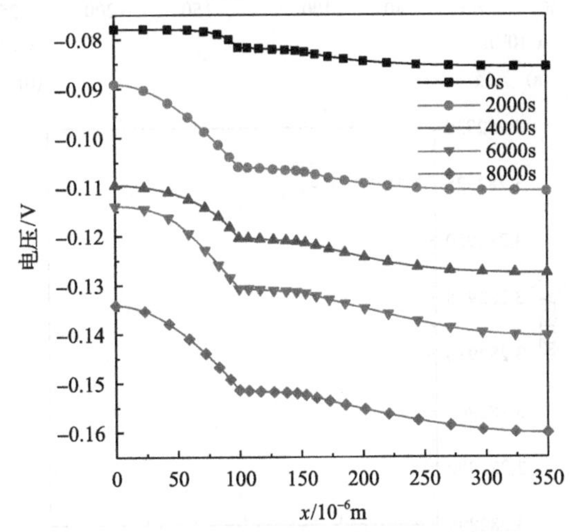

图 2.4　0.5C 放电下电池正极、负极与隔膜区域的液相在不同位置处的电压分布

在电池放电时，正负极固相材料内部的电压分布如图 2.5 所示。6000s 时正极不同位置的电压差异在 5×10^{-5}V 之内(图 2.5(c))，而负极在不同放电时间、不同位置的电压差异更小，在 4×10^{-6}V 之内(图 2.5(a))。相比于液相电压分布，固相电压分布差异要小得多，主要是由于固相电导率远大于液相。通过图 2.5(b)和(a)、(c)对比可知，放电过程中的电池端电压随时间的变化要远远大于正负极固相内的电压分布差异，即在固相上的电压降对电池端电压的影响可基本忽略。

综合以上恒流放电过程中电池内部的锂离子浓度和电压分布的仿真结果，可以得出以下两个结论：①扩散系数直接决定了锂离子浓度分布差异。仿真发现，液相锂离子浓度分布差异在电池放电过程中远小于固相中的浓度分布差异，而固相中浓度分布差异又以正极最为明显，即从扩散角度来看，大倍率放电时，正极的扩散系数对电池性能的影响非常大，故在小倍率分析时，可以不考虑液相扩散以简化分析过程。②不同位置的电压分布差异由电导率决定。在电池放电过

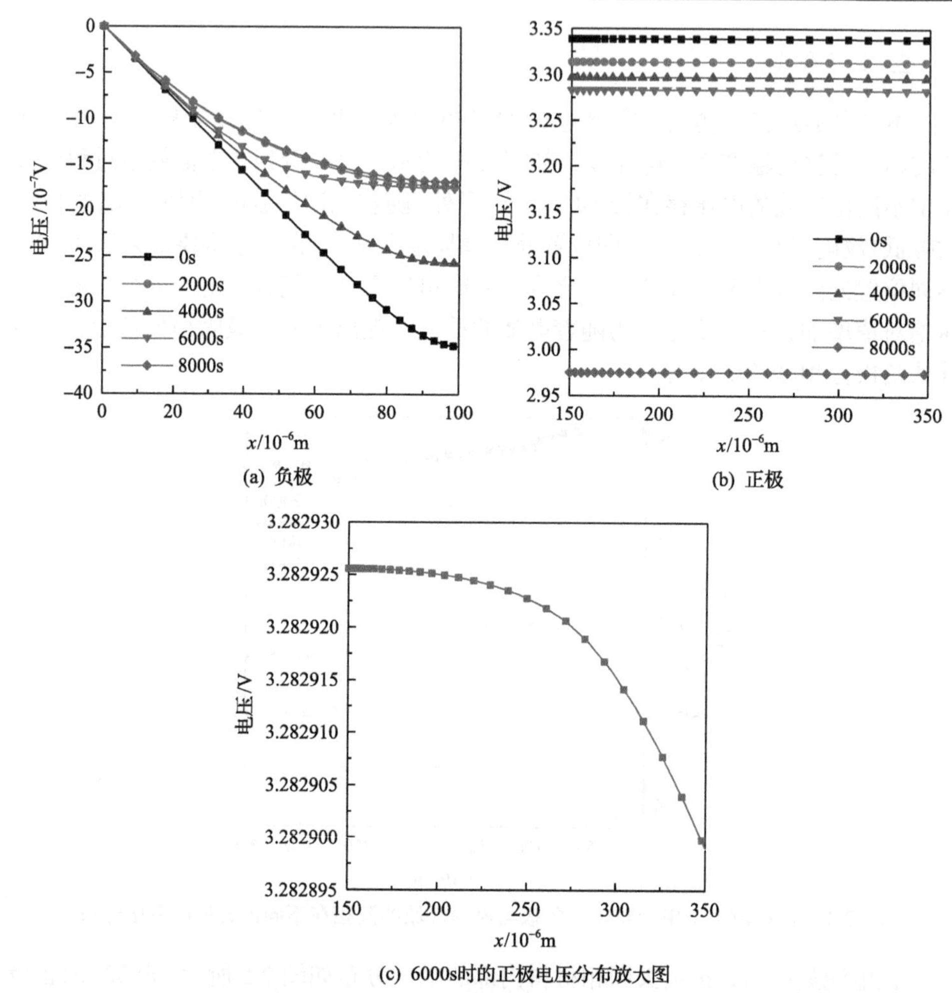

(a) 负极　　(b) 正极

(c) 6000s时的正极电压分布放大图

图 2.5　0.5C 放电下电池正负极固相颗粒的电压分布

程中，具有最高电导率的石墨，其负极不同位置的电压分布差异非常小，正极固相电压差异次之，液相差异最大。总体来看，固、液相电压分布都比较小，在小倍率下可不予考虑，可采用集总参数来描述固、液相引起的电压降以简化分析。特别地，固相内部电压分布差异非常小，也可在小倍率时忽略由于固相上的电压降导致的电池端电压降。

2.2.3　电池单颗粒模型仿真分析

由 2.2.2 节仿真可以看出，锂离子电池的放电过程涉及多个方程描述的物理和化学过程，而这些过程对电池外特性的影响程度是不一样的。小倍率情况下，液相扩散对锂离子浓度差异分布的影响比较小，固、液相的电压在电极不同位置的分布差异也比较小，特别是对固相电压分布可基本忽略差异，可看成等电势体。为了简化计算和方便分析，引入 SP 模型来描述小倍率情况下的电池特性[146,147]。相比于 P2D 模型，两者的区别见表 2.2。在电池的 SP 模型中，进一步做以下简化：①忽略锂离子在电解液中的扩散过程，即液相中锂离子各处浓度相同，因此在正负极中具有相同尺寸的固相颗粒可直接分别等效为一个球体；②忽略了固相和液相上的电压分布，采用集总参数的等效电阻来描述。SP 模型所考虑的电池电极过程只有电极界面上的法拉第过程、非法拉第过程以及固相扩散过程。图 2.6 为锂离子电池 SP 模型的基本原理图，其中，R_e 和 $R_{cur,i}$ 分别为电解液等效电阻和固相等效电阻。

表 2.2　P2D 模型和 SP 模型的区别

电极基本过程	P2D 模型	SP 模型
电极界面过程	○	○
固相扩散过程	○	○
液相扩散过程	○	×
固相电压分布	○	×
液相电压分布	○	×

注：“○”表示在模型中考虑；“×”表示在模型中未考虑。

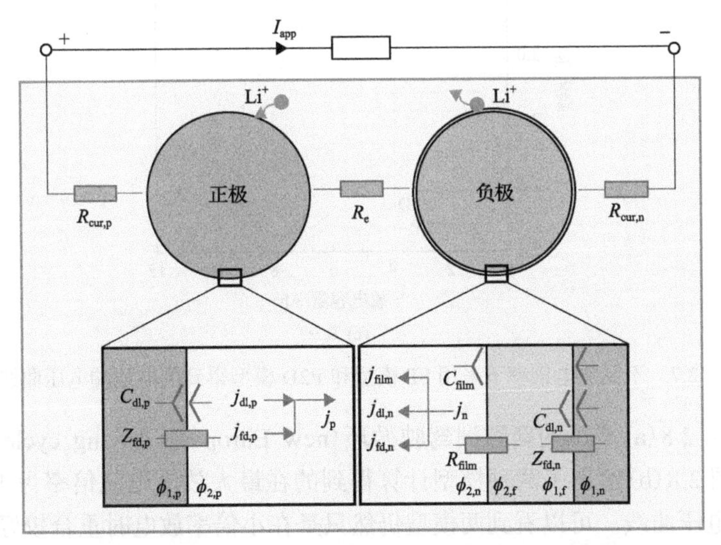

图 2.6　锂离子电池 SP 模型的基本原理图(以放电为例)

为了对比两种模型的区别，研究不同放电倍率下 SP 模型和 P2D 模型的电池端电压变化，仿真结果如图 2.7 所示。可以看出，在 0.1C、0.3C、0.5C 放电倍率下，两种模型的电池端电压拟合结果非常好，区别主要体现在放电初期和末期；

且放电倍率越高，SP 模型的输出与 P2D 模型的输出差别越大。这一结果也是由忽略了液相扩散和固、液相电势分布所致。SP 模型虽然计算简单，但是不能很好地模拟大放电倍率下的充放电[146, 148]。

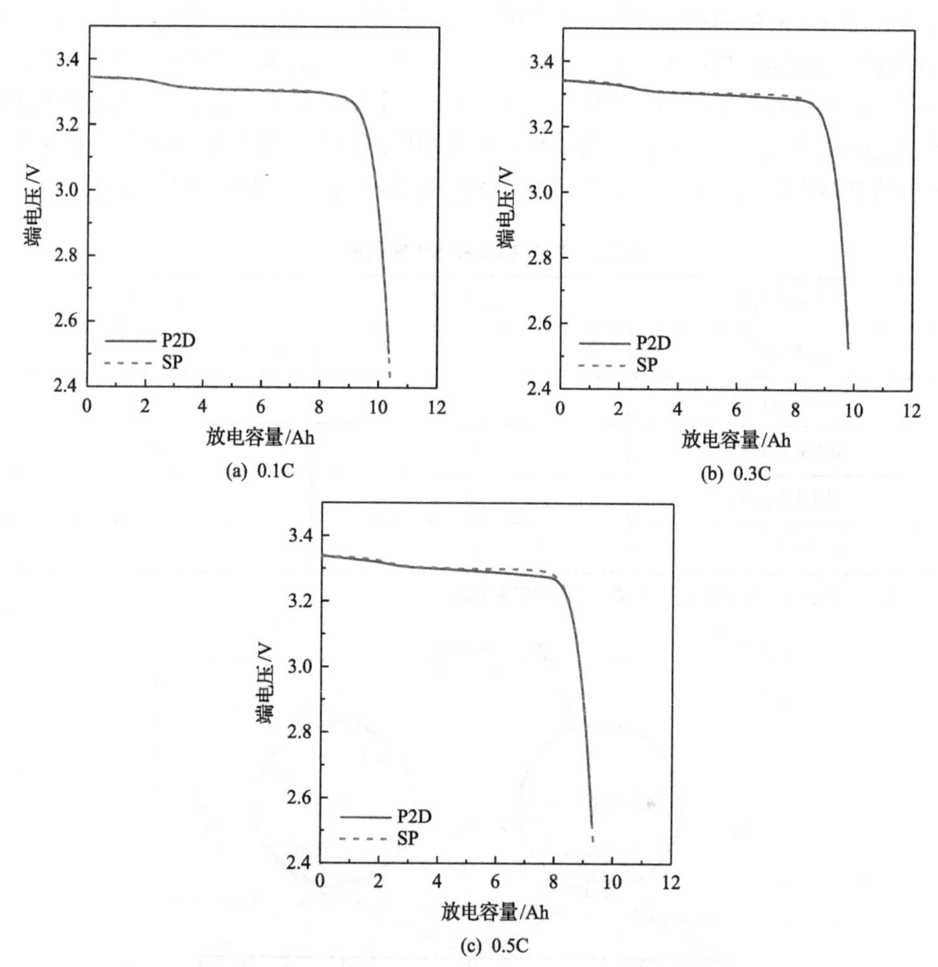

图 2.7　不同放电倍率下采用 SP 模型和 P2D 模型得到的电池端电压曲线

在如图 2.8(a)所示的新欧洲驾驶循环(new European driving cycle，NEDC)工况下，图 2.8(b)给出了两种模型计算得到的在最大放电电流倍率为 1C 情况下的放电端电压曲线。可以看到两模型仍然只是在小倍率放电时重合较好，且在工况运行的后期，随着电池 SOC 的降低，两种模型的输出差别也越来越大。产生上述现象的原因可以从图 2.4 看出，随着放电持续，液相中不同位置电势差异越来越明显，在液相中的总电势降也越来越大，而在 SP 模型中，描述液相电势分布差异的集总电阻 R_e 和 $R_{cur,i}$ 为定值，使得低 SOC 下两种模型输出端电压差异变大。

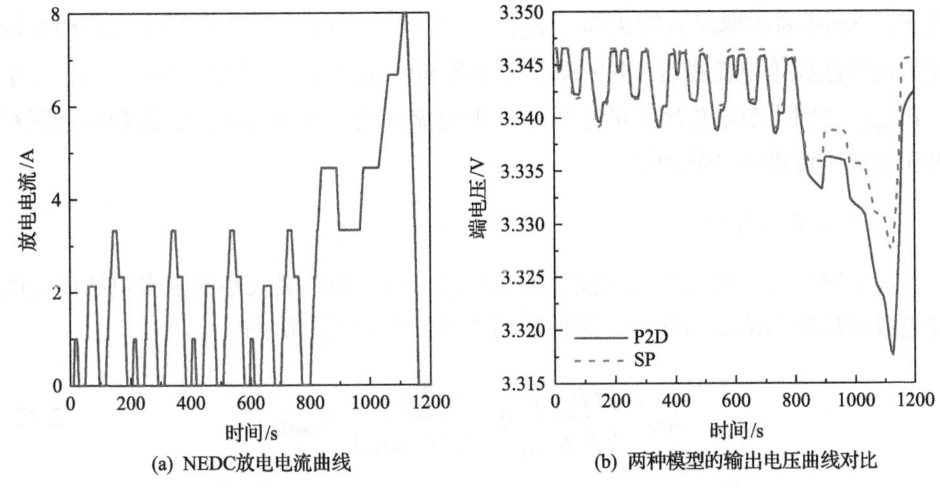

(a) NEDC放电电流曲线　(b) 两种模型的输出电压曲线对比

图 2.8　NEDC 工况下采用 SP 模型和 P2D 模型得到的电池端电压曲线

通过以上分析可知，锂离子电池 SP 模型虽然可以简化分析，但是在大倍率充放电仿真模拟中存在较大的“失真”。然而，考虑在进行电池阻抗推导时多在某一工作点下采用小电流扰动进行，如 EIS 测试，需要采用尽可能小的电流以保证得到可靠的阻抗信息[6, 149, 150]。因此，下面为了分析方便，基于 SP 模型对电池阻抗进行推导建模及分析。

在标准 EIS 测量中，激励信号需要满足一定的要求，从而使得电池可以近似为一个稳定的线性系统。因此，本书将不含直流分量、交流且小幅值的激励称为准稳态激励。与此相对应，将带有直流分量或大幅值的激励称为非稳态激励。后面将基于 SP 模型分别对准稳态和非稳态激励下的阻抗进行推导，以研究相应的阻抗特性。

2.3　准稳态激励下电池电化学阻抗特性分析

2.3.1　准稳态激励下的阻抗求解

在准稳态激励下，施加的激励足够小以使得电池可近似为某工作点附近的线性稳定系统。在此激励的作用下，法拉第电流密度、反应过电势和固相颗粒表面的锂离子浓度的变化如式(2.21)所示：

$$\begin{cases} j_{\text{fd},i} = j_{\text{fd},0,i} + \text{Re}\left\{\tilde{j}_{\text{fd},i}\text{e}^{\text{j}\omega t}\right\} \\ \eta_i = \eta_{0,i} + \text{Re}\left\{\tilde{\eta}_i\text{e}^{\text{j}\omega t}\right\} \\ c_{\text{s,surf},i} = c_{\text{s,surf},0,i} + \text{Re}\left\{\tilde{c}_{\text{s,surf},i}\text{e}^{\text{j}\omega t}\right\} \end{cases}, \quad i = \text{n,p} \tag{2.21}$$

式中，$\mathrm{Re}\{\cdot\}$ 表示取复数的实部；$j_{\mathrm{fd},0,i}$ 、$\eta_{0,i}$ 和 $c_{\mathrm{s,surf},0,i}$ 分别为激励作用前的正极或负极的法拉第电流密度、电极反应过电势和固相颗粒表面锂离子浓度；$\tilde{j}_{\mathrm{fd},i}$ 、$\tilde{\eta}_i$ 和 $\tilde{c}_{\mathrm{s,surf},i}$ 分别为激励作用下的电极法拉第电流密度、电极反应过电势和电极颗粒表面锂离子浓度的变化幅值。

1. 法拉第过程阻抗

对于颗粒表面参与电化学反应的法拉第电流，影响其大小的因素包括反应的过电势和反应物浓度两部分，这种影响关系如式(2.22)所示：

$$\tilde{j}_{\mathrm{fd},i} = \left(\frac{\partial j_{\mathrm{fd},i}}{\partial \eta_i}\right)_{\mathrm{ss}} \tilde{\eta}_i + \left(\frac{\partial j_{\mathrm{fd},i}}{\partial c_{\mathrm{s,surf},i}}\right)_{\mathrm{ss}} \tilde{c}_{\mathrm{s,surf},i} \tag{2.22}$$

式中，下标 ss 表示在稳定状态下，即未施加交流激励前的状态。在式(2.22)等号两边同时除以 $\tilde{\eta}_i$，并且做适当的变形得到式(2.23)：

$$\frac{\tilde{j}_{\mathrm{fd},i}}{\tilde{\eta}_i} = \left(\frac{\partial j_{\mathrm{fd},i}}{\partial \eta_i}\right)_{\mathrm{ss}} + \left(\frac{\partial j_{\mathrm{fd},i}}{\partial c_{\mathrm{s,surf},i}}\right)_{\mathrm{ss}} \frac{\tilde{c}_{\mathrm{s,surf},i}}{\tilde{j}_{\mathrm{fd},i}} \frac{\tilde{j}_{\mathrm{fd},i}}{\tilde{\eta}_i} \tag{2.23}$$

同时，有如式(2.24)和式(2.25)所示的定义：$Z_{\mathrm{fd},i}$ 为法拉第阻抗；$R_{\mathrm{ct},i}$ 为不考虑固相扩散部分的法拉第阻抗，即电化学反应在固相颗粒表面的传荷电阻。

$$Z_{\mathrm{fd},i} = \frac{\tilde{\eta}_i}{\tilde{j}_{\mathrm{fd},i}} \tag{2.24}$$

$$R_{\mathrm{ct},i} = \left(\frac{\partial \eta_i}{\partial j_{\mathrm{fd},i}}\right)_{\mathrm{ss}} \tag{2.25}$$

将式(2.24)和式(2.25)代入式(2.23)，则可以得到如式(2.26)所示的法拉第阻抗：

$$Z_{\mathrm{fd},i} = R_{\mathrm{ct},i} - R_{\mathrm{ct},i} \left(\frac{\partial j_{\mathrm{fd},i}}{\partial c_{\mathrm{s,surf},i}}\right)_{\mathrm{ss}} \frac{\tilde{c}_{\mathrm{s,surf},i}}{\tilde{j}_{\mathrm{fd},i}} \tag{2.26}$$

对于如式(2.1)所示的 Butler-Volmer 方程，此处考虑引入微小扰动，将其进行泰勒级数展开保留 1 次项可以得到

$$j_{\mathrm{fd},i} \approx j_{0,i} \frac{F}{RT} \eta_i \tag{2.27}$$

则可以得到准稳态激励下的传荷电阻表达式：

$$R_{\mathrm{ct},i}=\left(\frac{\partial \eta_i}{\partial j_{\mathrm{fd},i}}\right)_{\mathrm{ss}}=\frac{RT}{Fj_{0,i}} \tag{2.28}$$

同时，将式(2.21)代入式(2.11)中，并利用如式(2.29)所示性质[21]可以得到式(2.30)：

$$\frac{\mathrm{d}}{\mathrm{d}t}\mathrm{Re}\{f(t)\}=\mathrm{Re}\left\{\frac{\mathrm{d}f(t)}{\mathrm{d}t}\right\} \tag{2.29}$$

$$\mathrm{j}\omega\tilde{c}_{\mathrm{s},i}=\frac{D_{\mathrm{s},i}}{r_i^2}\frac{\partial}{\partial r_i}\left(r_i^2\frac{\partial\tilde{c}_{\mathrm{s},i}}{\partial r_i}\right) \tag{2.30}$$

根据式(2.12)所示的边界条件，对式(2.30)进行求解[60]，得到

$$\tilde{c}_{\mathrm{s},i}=\frac{\tilde{j}_{\mathrm{fd},i}R_i}{D_{\mathrm{s},i}F}\frac{1}{\sinh\sqrt{\mathrm{j}\Omega_i}-\sqrt{\mathrm{j}\Omega_i}\cosh\sqrt{\mathrm{j}\Omega_i}}\frac{R_i\sinh\left(\frac{r_i}{R_i}\sqrt{\mathrm{j}\Omega_i}\right)}{r_i} \tag{2.31}$$

式中，$\Omega_i=\omega R_i^2/D_{\mathrm{s},i}$。则固相颗粒表面($r_i$=$R_i$)的锂离子浓度变化如式(2.32)所示，变形后得到式(2.33)：

$$\tilde{c}_{\mathrm{s,surf},i}=\frac{\tilde{j}_{\mathrm{fd},i}R_i}{D_{\mathrm{s},i}F}\frac{\sinh\sqrt{\mathrm{j}\Omega_i}}{\sinh\sqrt{\mathrm{j}\Omega_i}-\sqrt{\mathrm{j}\Omega_i}\cosh\sqrt{\mathrm{j}\Omega_i}} \tag{2.32}$$

$$\frac{\tilde{c}_{\mathrm{s,surf},i}}{\tilde{j}_{\mathrm{fd},i}}=\frac{R_i}{D_{\mathrm{s},i}F}\frac{\sinh\sqrt{\mathrm{j}\Omega_i}}{\sinh\sqrt{\mathrm{j}\Omega_i}-\sqrt{\mathrm{j}\Omega_i}\cosh\sqrt{\mathrm{j}\Omega_i}} \tag{2.33}$$

将式(2.33)代入式(2.26)得到如式(2.34)所示的法拉第阻抗的解析表达式：

$$Z_{\mathrm{fd},i}=R_{\mathrm{ct},i}-R_{\mathrm{ct},i}\left(\frac{\partial j_{\mathrm{fd},i}}{\partial c_{\mathrm{s,surf},i}}\right)_{\mathrm{ss}}\frac{R_i}{D_{\mathrm{s},i}F}\frac{\sinh\sqrt{\mathrm{j}\Omega_i}}{\sinh\sqrt{\mathrm{j}\Omega_i}-\sqrt{\mathrm{j}\Omega_i}\cosh\sqrt{\mathrm{j}\Omega_i}} \tag{2.34}$$

又有如式(2.35)所示的等价关系[151]，由于所计算的阻抗是在电池充分静置后的阻抗，故考虑在未施加交流激励时固相颗粒表面浓度的变化实际上影响的是该电极的开路电压，因此有式(2.36)所述关系成立：

$$\left(\frac{\partial j_{\mathrm{fd},i}}{\partial c_{\mathrm{s,surf},i}}\right)_{\mathrm{ss}}=\left(\frac{\partial j_{\mathrm{fd},i}}{\partial \eta_i}\right)_{\mathrm{ss}}\left(\frac{\partial \eta_i}{\partial c_{\mathrm{s,surf},i}}\right)_{\mathrm{ss}} \tag{2.35}$$

$$\partial\eta_i=-\partial U_i \tag{2.36}$$

结合式(2.34)～式(2.36)得到法拉第阻抗的通用表达形式，即

$$Z_{\mathrm{fd},i}=R_{\mathrm{ct},i}+\frac{\partial U_i}{\partial c_{\mathrm{s,surf},i}}\frac{R_i}{D_{\mathrm{s},i}F}\frac{\sinh\sqrt{\mathrm{j}\Omega_i}}{\sinh\sqrt{\mathrm{j}\Omega_i}-\sqrt{\mathrm{j}\Omega_i}\cosh\sqrt{\mathrm{j}\Omega_i}} \tag{2.37}$$

2. 非法拉第过程阻抗

固相颗粒表面的非法拉第过程包括电双层电容和 SEI 膜等效电容的充放电过程，此处采用相应的等效电容和等效电阻来描述。电双层电容的阻抗如式(2.38)所示：

$$Z_{\mathrm{dl},i}=\frac{1}{C_{\mathrm{dl},i}\mathrm{j}\omega} \tag{2.38}$$

同时，负极表面的 SEI 膜的阻抗包括 SEI 膜电容和电阻的阻抗，如式(2.39)所示：

$$Z_{\mathrm{film}}=\frac{R_{\mathrm{film}}}{R_{\mathrm{film}}C_{\mathrm{film}}\mathrm{j}\omega+1} \tag{2.39}$$

因此，电池正极阻抗 Z_{p} 和负极阻抗 Z_{n} 分别如式(2.40)和式(2.41)所示：

$$Z_{\mathrm{p}}=\frac{Z_{\mathrm{fd,p}}Z_{\mathrm{dl,p}}}{Z_{\mathrm{fd,p}}+Z_{\mathrm{dl,p}}} \tag{2.40}$$

$$Z_{\mathrm{n}}=\frac{R_{\mathrm{film}}}{R_{\mathrm{film}}C_{\mathrm{film}}\mathrm{j}\omega+1}+\frac{Z_{\mathrm{fd,n}}Z_{\mathrm{dl,n}}}{Z_{\mathrm{fd,n}}+Z_{\mathrm{dl,n}}} \tag{2.41}$$

3. 电池的阻抗

除了上述提及的几个重要物理和化学过程的阻抗外，还用集总参数 L_0 表示引线和集流体的等效电感。综合以上结果便可得到电池阻抗 Z_{bat}，如式(2.42)所示：

$$Z_{\mathrm{bat}}=\mathrm{j}\omega L_0+R_0+Z_{\mathrm{p}}+Z_{\mathrm{n}} \tag{2.42}$$

4. 温度和 SOC 对阻抗的影响

1)温度的影响

在 SP 模型中，化学反应速率常数、扩散系数等参数都与温度有很强的依赖关系，温度的变化会导致这些参数也发生变化。这些参数与温度的关系一般可采用

阿伦尼乌斯经验公式来描述[152-154]。式(2.2)中的电化学反应速率常数 k_i 与温度的关系如式(2.43)所示：

$$k_i = k_{\mathrm{ref},i}\exp\left[\frac{E_{\mathrm{a},k,i}}{R}\left(\frac{1}{T_{\mathrm{ref}}}-\frac{1}{T}\right)\right] \tag{2.43}$$

同样，固相扩散系数 $D_{\mathrm{s},i}$ 与温度的关系如式(2.44)所示：

$$D_{\mathrm{s},i} = D_{\mathrm{s,ref},i}\exp\left[\frac{E_{\mathrm{a},D,i}}{R}\left(\frac{1}{T_{\mathrm{ref}}}-\frac{1}{T}\right)\right] \tag{2.44}$$

另外，大量的研究证明电子/离子传导等过程也受温度的影响，且也可以用阿伦尼乌斯经验公式来描述。此处采用欧姆电阻 R_0 来表示电解液和固相等效电阻 R_{e} 及 $R_{\mathrm{cur},i}$，则欧姆电阻 R_0 与膜电阻 R_{film} 受温度的影响分别如式(2.45)和式(2.46)所示：

$$R_0=R_{0,\mathrm{ref}}\exp\left[\frac{E_{\mathrm{a},R0}}{R}\left(\frac{1}{T}-\frac{1}{T_{\mathrm{ref}}}\right)\right] \tag{2.45}$$

$$R_{\mathrm{film}}=R_{\mathrm{film,ref}}\exp\left[\frac{E_{\mathrm{a},R\mathrm{film}}}{R}\left(\frac{1}{T}-\frac{1}{T_{\mathrm{ref}}}\right)\right] \tag{2.46}$$

在式(2.43)～式(2.46)中，$E_{\mathrm{a},k,i}$、$E_{\mathrm{a},D,i}$、$E_{\mathrm{a},R0}$ 和 $E_{\mathrm{a},R\mathrm{film}}$ 分别为 k_i、$D_{\mathrm{s},i}$、R_0 和 R_{film} 受温度影响关系中的活化能；T_{ref} 为参考温度，此处取 298K(25℃)；$k_{\mathrm{ref},i}$、$D_{\mathrm{s,ref},i}$、$R_{0,\mathrm{ref}}$ 和 $R_{\mathrm{film,ref}}$ 分别取 298K 下的值。

2) SOC 的影响

单体电池包含正极和负极，在一次充放电过程中，电池的 SOC 与 θ_i 一一对应。此处，采用如式(2.47)所示的关系来描述电池的 $\mathrm{SOC_{cell}}$ 与 θ_i 的关系：

$$\theta_i=\frac{c_{\mathrm{s,mean},i}}{c_{\mathrm{s,max},i}}=\theta_{i,0\%}+\mathrm{SOC_{cell}}\left(\theta_{i,100\%}-\theta_{i,0\%}\right) \tag{2.47}$$

式中，$c_{\mathrm{s,mean},i}$ 为电极颗粒平均锂离子浓度；$\theta_{i,0\%}$对应于电池放空($\mathrm{SOC_{cell}}$=0%)时正极或负极的 SOC；$\theta_{i,100\%}$对应于电池充满电($\mathrm{SOC_{cell}}$=100%)时正极或负极的 SOC。$\theta_{i,0\%}$和 $\theta_{i,100\%}$的大小决定了电极在电池满充或者满放过程中的工作窗口。参照文献[139]具有如式(2.48)所示的数值：

$$\begin{cases}\theta_{\mathrm{p},0\%}=0.98, & \theta_{\mathrm{p},100\%}=0.48\\ \theta_{\mathrm{n},0\%}=0.07, & \theta_{\mathrm{n},100\%}=0.61\end{cases} \tag{2.48}$$

在准稳态激励下，由于扰动非常小，可以近似认为电极表面锂离子浓度与平均锂离子浓度相同，即满足式(2.49)：

$$c_{\mathrm{s,mean},i}=c_{\mathrm{s,surf},i} \tag{2.49}$$

式(2.2)中所示的交换电流密度 $j_{0,i}$ 便可以写为如式(2.50)所示的形式：

$$j_{0,i}=k_i c_{\mathrm{s,max},i}\sqrt{c_{\mathrm{e},i}\theta_i\left(1-\theta_i\right)} \tag{2.50}$$

电池的 SOC 变化时，交换电流密度也将发生变化，进而影响如式(2.28)所示的传荷电阻。

结合式(2.47)和式(2.49)，观察式(2.37)可以得到式(2.51)：

$$\frac{\partial U_i}{\partial c_{\mathrm{s,surf},i}}=\frac{\partial U_i}{\partial \theta_i}\frac{\partial \theta_i}{\partial c_{\mathrm{s,surf},i}}=\frac{1}{c_{\mathrm{s,max},i}}\frac{\partial U_i}{\partial \theta_i} \tag{2.51}$$

则得到考虑电池 SOC 影响的法拉第阻抗表达形式：

$$Z_{\mathrm{fd},i}=R_{\mathrm{ct},i}+\frac{\partial U_i}{\partial \theta_i}\frac{R_i}{D_{\mathrm{s},i}Fc_{\mathrm{s,max},i}}\frac{\sinh\sqrt{\mathrm{j}\Omega_i}}{\sinh\sqrt{\mathrm{j}\Omega_i}-\sqrt{\mathrm{j}\Omega_i}\cosh\sqrt{\mathrm{j}\Omega_i}} \tag{2.52}$$

2.3.2 准稳态工况下的阻抗仿真分析

除了表 2.1 中所列出的基本参数，用于电池阻抗计算的其他参数见表 2.3。如无特殊说明，正负极的阻抗按照式(2.40)和式(2.41)进行仿真，全电池阻抗按照式(2.42)进行仿真。

表 2.3 用于计算阻抗的其他相关参数

符号	数值	单位	描述
L_0	1×10^{-7}	H	等效电感
$C_{\mathrm{dl,p}}$	0.2	$\mathrm{F/m^2}$	正极单位面积电双层电容
$C_{\mathrm{dl,n}}$	0.2	$\mathrm{F/m^2}$	负极单位面积电双层电容
C_{film}	0.2	$\mathrm{F/m^2}$	负极单位面积固体电解质膜电容
T_{ref}	298	K	参考温度
$R_{\mathrm{film,ref}}$	0.003	$\Omega\cdot\mathrm{m^2}$	负极单位面积固体电解质膜电阻
$E_{\mathrm{a},R\mathrm{film}}$	5×10^4	J/mol	负极固体电解质膜电阻活化能
$R_{0,\mathrm{ref}}$	0.001	$\Omega\cdot\mathrm{m^2}$	单位面积等效欧姆电阻

续表

符号	数值	单位	描述
$E_{a,R0}$	4×10^{3}	J/mol	欧姆电阻活化能
$k_{ref,p}$	2×10^{-11}	m/s	正极电化学反应速率常数参考值
$k_{ref,n}$	5×10^{-10}	m/s	负极电化学反应速率常数参考值
$E_{a,k,p}$	4×10^{4}	J/mol	正极电化学反应速率活化能
$E_{a,k,n}$	4×10^{4}	J/mol	负极电化学反应速率活化能
$D_{ref,p}$	5.6×10^{-17}	m^2/s	正极固相扩散系数参考值
$D_{ref,n}$	3.9×10^{-14}	m^2/s	负极固相扩散系数参考值
$E_{a,D,p}$	1.1×10^{5} [153]	J/mol	正极固相扩散活化能
$E_{a,D,n}$	3.5×10^{4} [154]	J/mol	负极固相扩散活化能

1. 电池阻抗成分分析

所得到的不考虑欧姆电阻和等效电感的全电池阻抗和正负极的 EIS 对比如图 2.9 所示。可以看出：①电池负极阻抗比正极阻抗小得多；②高频阻抗主要由负极提供；③中频圆弧段主要由正极提供；④低频段阻抗主要由正极提供。上述结论与文献的研究结果是类似的[130, 155, 156]。正极的低反应速率常数、扩散系数和小颗粒半径都增大了中低频的阻抗。而在负极，SEI 膜的存在导致在高频段也产生了一个阻抗弧。如图 2.9(b)所示，通过对比负极的 SEI 膜阻抗和非 SEI 膜阻抗可知，SEI 膜阻抗较大，在负极高频阻抗中占主要的贡献。

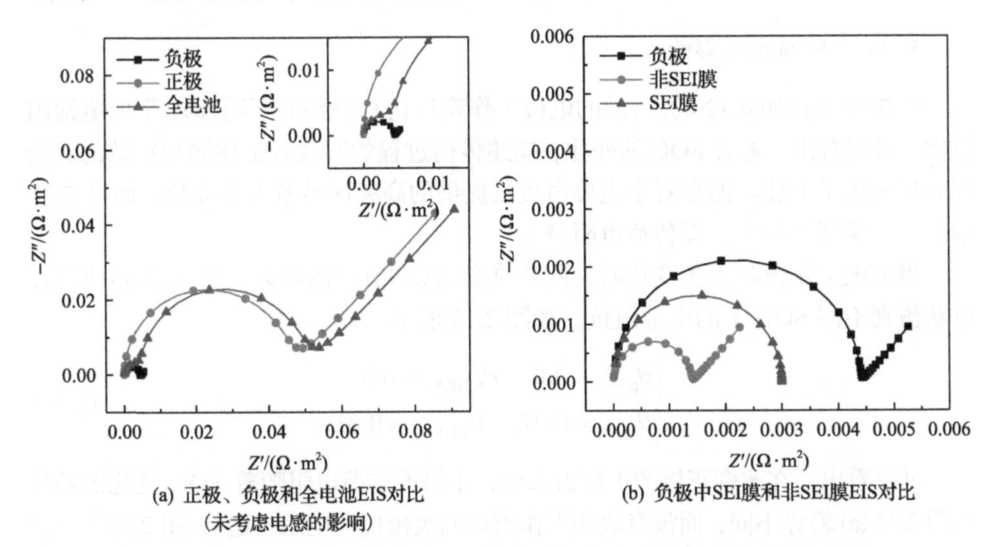

(a) 正极、负极和全电池EIS对比（未考虑电感的影响）　(b) 负极中SEI膜和非SEI膜EIS对比

图 2.9　10kHz～0.01Hz 的电池 EIS 仿真对比(不考虑欧姆电阻和等效电感)

2. 温度对阻抗的影响

图 2.10 为不同温度下的电池 EIS 仿真结果。由图 2.10(a)可以看出，温度对 SEI 膜电阻的影响，导致负极阻抗圆弧的明显变化；温度对电化学反应速率常数的影响导致正极传荷电阻对应的圆弧明显变化；温度的变化对正极的扩散阻抗也同样产生了很大的影响。正负极阻抗的叠加最终得到了如图 2.10(b)所示的全电池的 EIS。可以看出，温度变化对电池在很宽的频率范围内的阻抗都产生了影响，两个圆弧和扩散的直线段都发生了比较显著的变化。

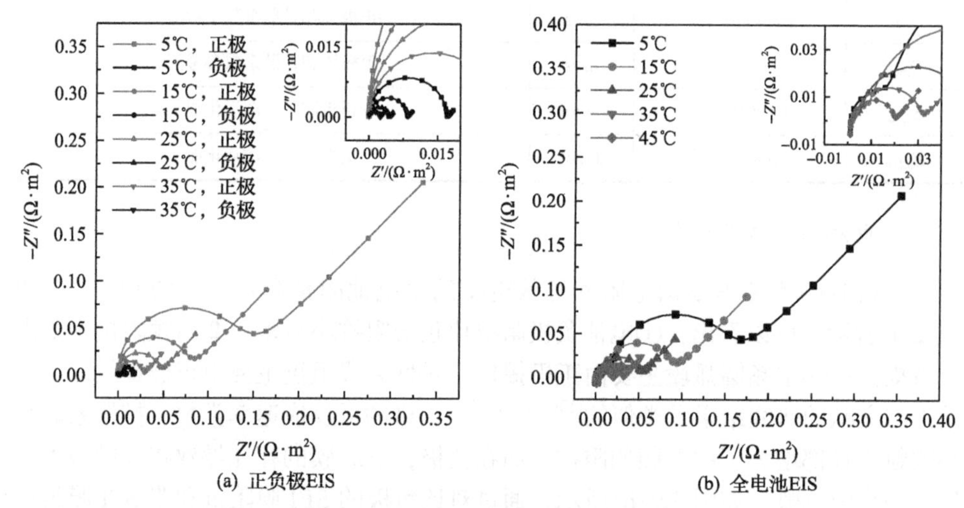

(a) 正负极EIS　　(b) 全电池EIS

图 2.10　50% SOC、不同温度下电池 EIS 的仿真结果

3. SOC 对阻抗的影响

图 2.11 为按照式(2.48)所示的电极工作窗口仿真得到的不同 SOC 下的电池阻抗谱。可以看出，随着 SOC 的变化，描述传荷过程的圆弧和描述固相扩散的直线部分都发生了变化。但是对于主要由负极提供的高频区域基本不变化，而且 SOC 越低，中频圆弧越大，即传荷电阻越大。

当电极工作窗口发生变化时，此处改变式(2.48)中的参数，如式(2.53)所示，重新仿真不同 SOC 下的电池阻抗，如图 2.12 所示。

$$\begin{cases}\theta_{\mathrm{p},0\%}=0.8, & \theta_{\mathrm{p},100\%}=0.3\\ \theta_{\mathrm{n},0\%}=0.07, & \theta_{\mathrm{n},100\%}=0.61\end{cases}\tag{2.53}$$

可以看出，在改变正极的工作窗口后，正极的传荷电阻随着 SOC 变化的趋势与图 2.11(a)趋势不同，而没有改变工作窗口的负极传荷电阻的趋势(图 2.12(b))仍然与图 2.11(b)一致。同时可以看出，改变电极的工作窗口后电池的 EIS 随着

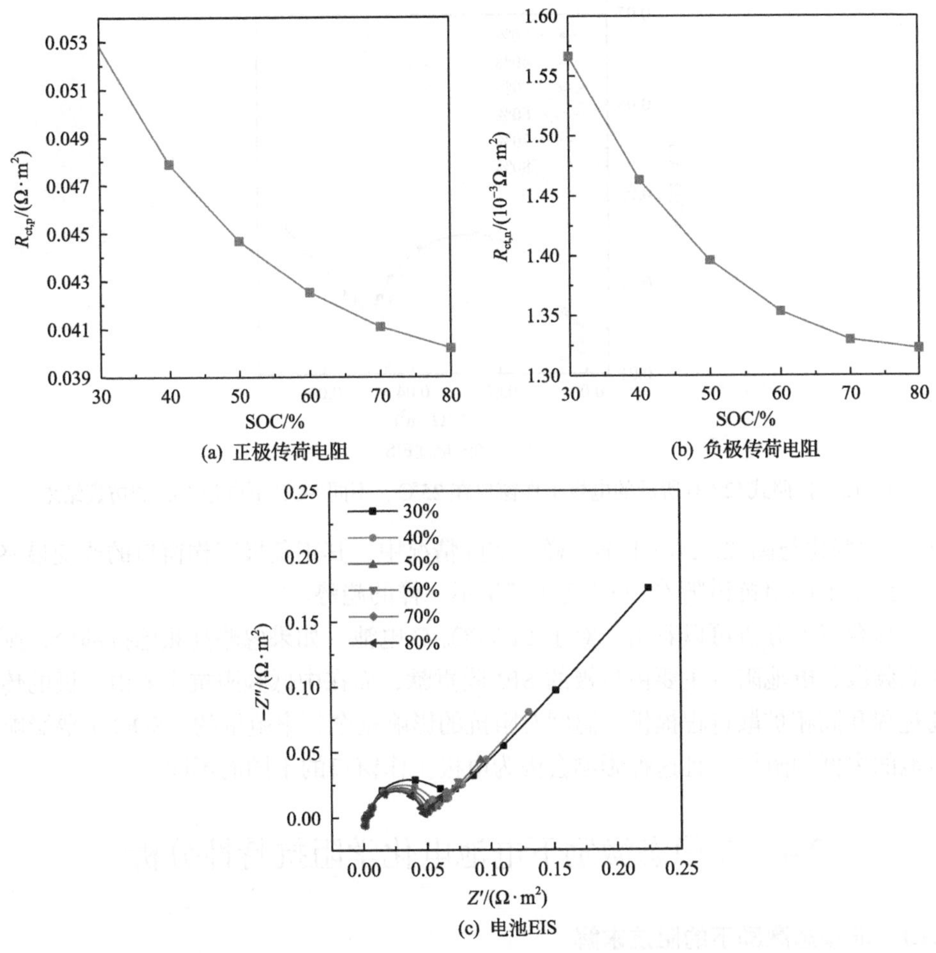

(a) 正极传荷电阻　　(b) 负极传荷电阻

(c) 电池EIS

图 2.11　按照式(2.48)所示的电极工作窗口在 25℃、不同 SOC 下电池 EIS 的仿真结果

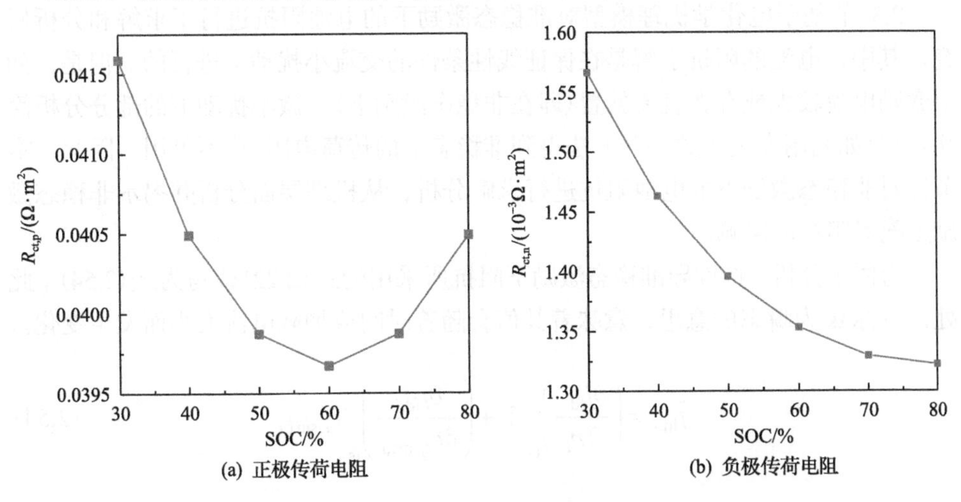

(a) 正极传荷电阻　　(b) 负极传荷电阻

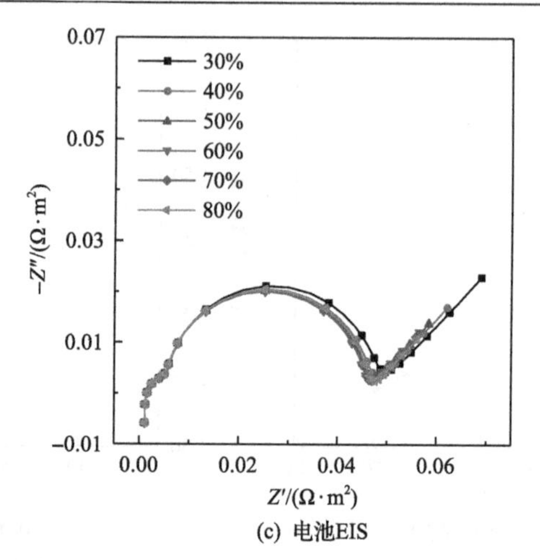

(c) 电池EIS

图 2.12　按照式(2.53)所示的电极工作窗口在 25℃、不同 SOC 下电池 EIS 的仿真结果

SOC 的变化与图 2.11(c)也不一样。实际情况中，其正负极工作窗口的改变最终会导致电池的阻抗谱随着 SOC 变化产生不一样的趋势。

综合以上分析可以看出，对于 $LiFePO_4$-C 电池，如果忽略高频感抗部分，则在高频段，电池阻抗主要由负极的 SEI 膜贡献，而在中低频阻抗主要由正极的传荷过程和固相扩散过程提供。温度对阻抗的影响是全频率范围的，SOC 主要影响电池的中低频阻抗，且这种影响会因为电极工作窗口的不同而不同。

2.4　非稳态激励下电池电化学阻抗特性分析

2.4.1　非稳态激励下的阻抗求解

2.3 节基于电化学机理模型对准稳态激励下的电池阻抗进行了求解和分析研究。其中，电池的阻抗求解是在保证线性条件的交流小扰动下进行的。但是，如果激励电流较大或存在直流偏置(即在非稳态激励下)，微小扰动下的部分分析简化过程(如利用泰勒级数展开方法得到准稳态下的传荷电阻)将不可用。因此，本节针对非稳态激励下的电池阻抗进行求解分析，从机理层面分析并揭示非稳态激励工况对阻抗的影响。

为便于分析，将推导准稳态激励下阻抗所采用的式(2.22)改写为式(2.54)。此处，下标 ts 为瞬态的意思，意味着其值会随着时间或加载电流大小而发生变化。

$$\tilde{j}_{\mathrm{fd},i}=\left(\frac{\partial j_{\mathrm{fd},i}}{\partial \eta_i}\right)_{\mathrm{ts}}\tilde{\eta}_i+\left(\frac{\partial j_{\mathrm{fd},i}}{\partial c_{\mathrm{s,surf},i}}\right)_{\mathrm{ts}}\tilde{c}_{\mathrm{s,surf},i} \tag{2.54}$$

影响非稳态激励时的电池阻抗主要体现在$\left(\partial j_{\text{fd},i}/\partial \eta_i\right)_{\text{ts}}$和$\left(\partial j_{\text{fd},i}/\partial c_{\text{s,surf},i}\right)_{\text{ts}}$两项上。两项分别对应于锂离子在固相颗粒表面的电化学反应过程和固相颗粒中的扩散过程。可见，为计算非稳态激励下的电池阻抗需要分别对上述两项进行重新求解。

相比于准稳态激励下的电池阻抗求解，在对直流电流加载时的电极进行分析时，需要同时考虑电子转移和扩散对反应速度的影响。此时的电极过程是由传荷过程和扩散过程混合控制的[157]。此处定义非稳态激励下的电极传荷电阻如式(2.55)所示。需要说明的是，此时的传荷电阻会随着电流大小和电极表面锂离子浓度的变化而变化。

$$R_{\text{ct,ts},i} = \left(\frac{\partial \eta_i}{\partial j_{\text{fd},i}}\right)_{\text{ts}} \tag{2.55}$$

通过式(2.1)可以求解得到$R_{\text{ct,ts},i}$的值，代入α=0.5并采用双曲函数表达形式，即得到存在直流偏置情况下的传荷电阻瞬态值，如式(2.56)所示：

$$R_{\text{ct,ts},i} = \left(\frac{\partial \eta_i}{\partial j_{\text{fd},i}}\right)_{\text{ts}} = \frac{RT}{F j_{0,i} \cosh\left(\dfrac{F}{2RT}\eta_i\right)} \tag{2.56}$$

由于此处基于电流扰动进行分析，考虑消去过电势η_i。η_i与法拉第电流$j_{\text{fd},i}$的关系满足式(2.57)[105, 158]：

$$\eta_i = \frac{2RT}{F}\operatorname{arcsinh}\left(\frac{j_{\text{fd},i}}{2 j_{0,i}}\right) \tag{2.57}$$

根据式(2.56)和式(2.57)可以得到式(2.58)：

$$R_{\text{ct,ts},i} = \frac{RT}{F j_{0,i} \cosh\left[\operatorname{arcsinh}\left(\dfrac{j_{\text{fd},i}}{2 j_{0,i}}\right)\right]} \tag{2.58}$$

由式(2.58)可以看出，传荷电阻的大小与交换电流密度$j_{0,i}$和法拉第电流$j_{\text{fd},i}$大小均有关系，这一点与准稳态下的传荷电阻(式(2.28))显然不同，而且$j_{0,i}$和$j_{\text{fd},i}$并不是定值。

一方面，在电流加载时，由于固相扩散过程的影响，在固相颗粒内部会形成锂离子的浓度差异。由式(2.2)可以看出，固相颗粒表面锂离子浓度的变化会影响交换电流密度，即 $j_{0,i}$ 会随着电流加载时间的持续而变化。因此，为了得到在电流加载时的 $R_{\mathrm{ct,ts},i}$，需要结合式(2.11)所示的固相扩散规律及其边界条件(2.12)对固相颗粒表面浓度进行求解，进而得到交换电流密度 $j_{0,i}$。参照文献[159]和[160]并进一步推导可以得到电池的固相颗粒表面的锂离子浓度与时间的关系，如式(2.59)所示：

$$c_{\mathrm{s,surf},i}(t)=c_{\mathrm{s},0,i}-\frac{j_{\mathrm{fd},i}R_i}{D_{\mathrm{s},i}F}\left(1.122\frac{\sqrt{D_{\mathrm{s},i}t}}{R_i}+1.25\frac{D_{\mathrm{s},i}}{R_i^2}t\right) \tag{2.59}$$

另一方面，图 2.1 中描述的电双层电容与法拉第阻抗的关系如图 2.13 所示。在电极充放电时，电双层电容也会进行相应的充放电过程，而随着等效的电双层电容的充放电，流经电容的电流 $j_{\mathrm{dl},i}$ 会不断发生变化，在电容充满电时，$j_{\mathrm{dl},i}$ 会接近于零，所有的电极电流 $j_{\mathrm{tot},i}$ 将会参加电化学反应过程，即满足 $j_{\mathrm{fd},i}=j_{\mathrm{tot},i}$。在 2.3.1 节中，由于仅考虑在非常小的交流电流扰动下的阻抗求解，可以近似认为电流对电容的 SOC 影响非常小，在 AB 两端可以得到包括电容和法拉第阻抗在内的阻抗。但是，当在此节分析非稳态工况(如存在直流偏置大电流情况)下的电池阻抗时，随着等效电双层电容的充电，法拉第电流 $j_{\mathrm{fd},i}$ 从 $j_{\mathrm{tot},i}$ 加载瞬间开始不断变化并最终趋于稳定的过程需要予以考虑。根据图 2.13 的描述，有式(2.60)成立：

$$\begin{cases} j_{\mathrm{tot},i}=j_{\mathrm{dl},i}+j_{\mathrm{fd},i} \\ j_{\mathrm{dl},i}=C_{\mathrm{dl},i}\dfrac{\mathrm{d}\eta_i}{\mathrm{d}t} \\ \eta_i=\dfrac{2RT}{F}\operatorname{arcsinh}\left(\dfrac{j_{\mathrm{fd},i}}{2j_{0,i}}\right) \end{cases} \tag{2.60}$$

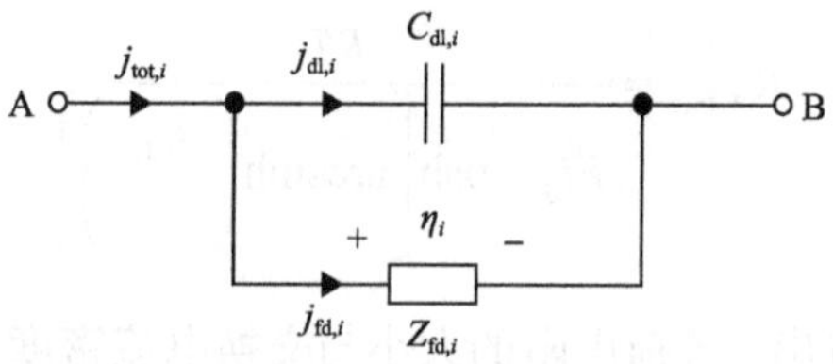

图 2.13　法拉第阻抗和电双层电容等效连接示意图

电极电流 $j_{\mathrm{tot},i}$ 将会分成两部分：一部分为法拉第电流 $j_{\mathrm{fd},i}$；另一部分为电双层电流 $j_{\mathrm{dl},i}$。依据式(2.60)可计算 $j_{\mathrm{fd},i}$，$j_{\mathrm{fd},i}$ 一方面直接影响电池传荷电阻，另一方面通过影响交换电流密度 $j_{0,i}$ 而影响传荷电阻，其中的影响关系如图 2.14 所示。

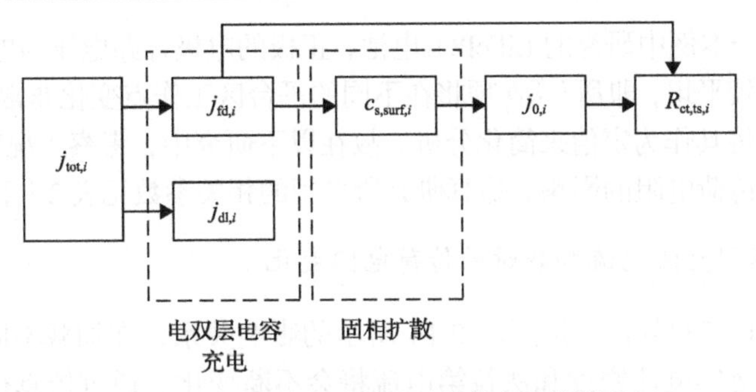

图 2.14　直流电流加载对传荷电阻的影响

参照准稳态下的电池阻抗，即式(2.37)，最终可以得到在非稳态激励下的电池法拉第阻抗如式(2.61)所示：

$$Z_{\text{fd,ts},i} = R_{\text{ct,ts},i} + \frac{\partial U_i}{\partial \theta_i} \frac{R_i}{D_{\text{s},i} F c_{\text{s,max},i}} \frac{\sinh\sqrt{\text{j}\Omega_i}}{\sinh\sqrt{\text{j}\Omega_i} - \sqrt{\text{j}\Omega_i}\cosh\sqrt{\text{j}\Omega_i}} \tag{2.61}$$

相应地，电池正极阻抗 $Z_{\text{p,ts}}$ 和负极阻抗 $Z_{\text{n,ts}}$ 分别如式(2.62)和式(2.63)所示：

$$Z_{\text{p,ts}} = \frac{Z_{\text{fd,ts,p}} Z_{\text{dl,p}}}{Z_{\text{fd,ts,p}} + Z_{\text{dl,p}}} \tag{2.62}$$

$$Z_{\text{n,ts}} = \frac{R_{\text{film}}}{R_{\text{film}} C_{\text{film}} \text{j}\omega + 1} + \frac{Z_{\text{fd,ts,n}} Z_{\text{dl,n}}}{Z_{\text{fd,ts,n}} + Z_{\text{dl,n}}} \tag{2.63}$$

则相应的电池阻抗如式(2.64)所示：

$$Z_{\text{bat,ts}} = \text{j}\omega L_0 + R_0 + Z_{\text{p,ts}} + Z_{\text{n,ts}} \tag{2.64}$$

2.4.2　非稳态激励下的阻抗仿真分析

通过 2.3.2 节分析得到电池的高频阻抗由负极提供，中低频阻抗主要由正极提供。因此，为了简化分析，本节研究只考虑正极的法拉第阻抗、正极的电双层电容阻抗、负极的 SEI 膜阻抗、欧姆电阻和等效电感阻抗。此时电池阻抗的表达式(2.64)可以简化为式(2.65)：

$$Z_{\text{bat,ts}} = \text{j}\omega L_0 + R_0 + Z_{\text{p,ts}} + Z_{\text{SEI}} \tag{2.65}$$

式中，Z_{SEI} 为 SEI 膜阻抗，如式(2.66)所示：

$$Z_{\text{SEI}} = \frac{R_{\text{film}}}{R_{\text{film}} C_{\text{film}} \text{j}\omega + 1} \tag{2.66}$$

另外，对于本例中研究的 $LiFePO_4$ 电池，正极的电极开路电压与电极 SOC 的关系在平台区比较平坦，即 $\partial U_i/\partial\theta_i$ 项将在不同的平台区工作点变化非常小，因此在本节的分析中，将其作为定值来简化分析。故在以下研究中，考察工况对阻抗的影响实质简化为对传荷电阻的影响。仿真研究所采用的相关参数见表 2.1 和表 2.3。

1. 外部不同直流电流加载时的传荷电阻变化

根据 2.4.1 节的分析，按照图 2.14 所示的影响关系，在加载不同的电极电流 $j_{\mathrm{tot,p}}$ 时，电极交换电流密度和法拉第电流将会不断变化。通过仿真得到随着电流加载的持续，法拉第电流密度、交换电流密度和传荷电阻的变化如图 2.15 所示。可以看到，从电极电流 $j_{\mathrm{tot,p}}$ 加载瞬间开始，法拉第电流密度绝对值由 $0\mathrm{A/m^2}$ 增加至 $j_{\mathrm{tot,p}}$(图 2.15(a))，且根据式(2.2)所计算得到的交换电流密度 $j_{0,i}$ 也在增加(图 2.15(b))，最终使得电池正极的传荷电阻减小(图 2.15(c))。

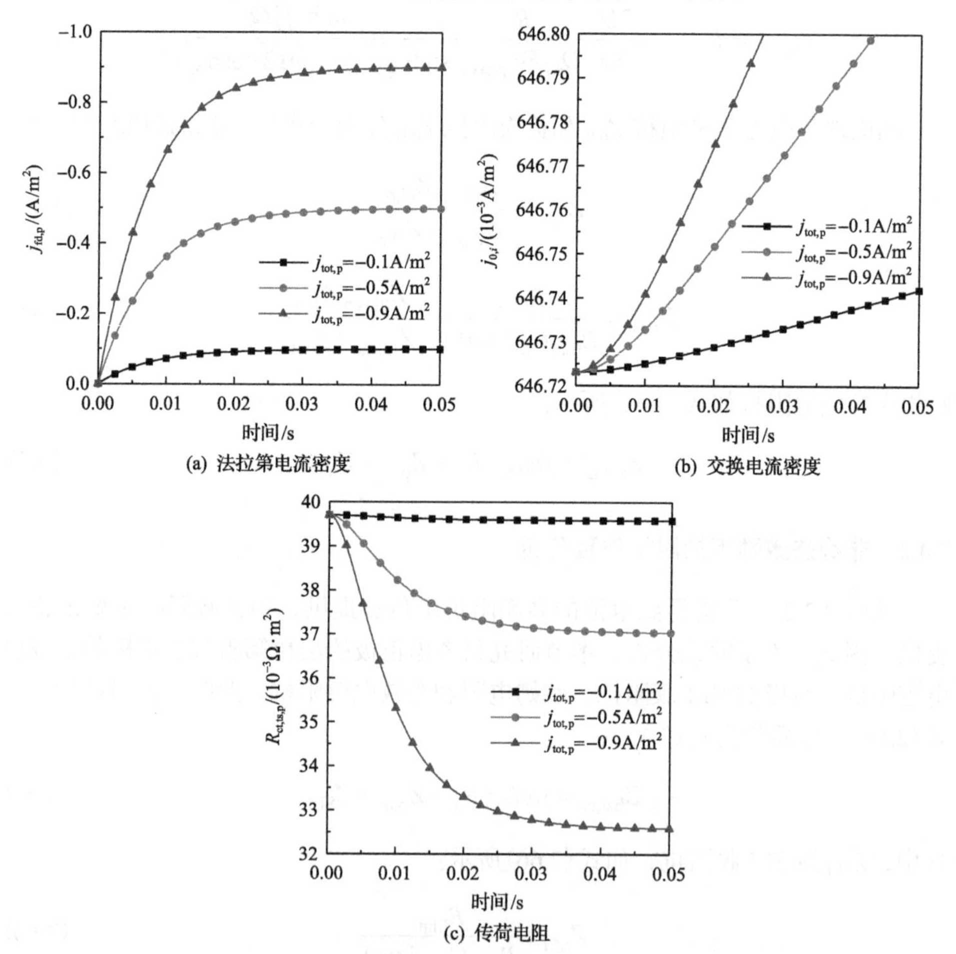

(a) 法拉第电流密度　　(b) 交换电流密度

(c) 传荷电阻

图 2.15　在直流电流加载瞬间仿真得到的电流密度和传荷电阻变化

2. 法拉第电流大小对传荷电阻的影响

此处假设，在电流加载短时间内电极表面的锂离子浓度变化可以忽略，仅研究法拉第电流大小对传荷电阻的影响。如图 2.16(a)所示，可以看出，法拉第电流绝对值增加，电池的传荷电阻减小，且无论充放电都有类似的结论。该结果与 Ray 得出的结果类似[161]，如图 2.16(b)所示。具体体现在电池的 EIS 上即随着法拉第电流密度的增大，中频圆弧逐渐变小，如图 2.16(c)所示。

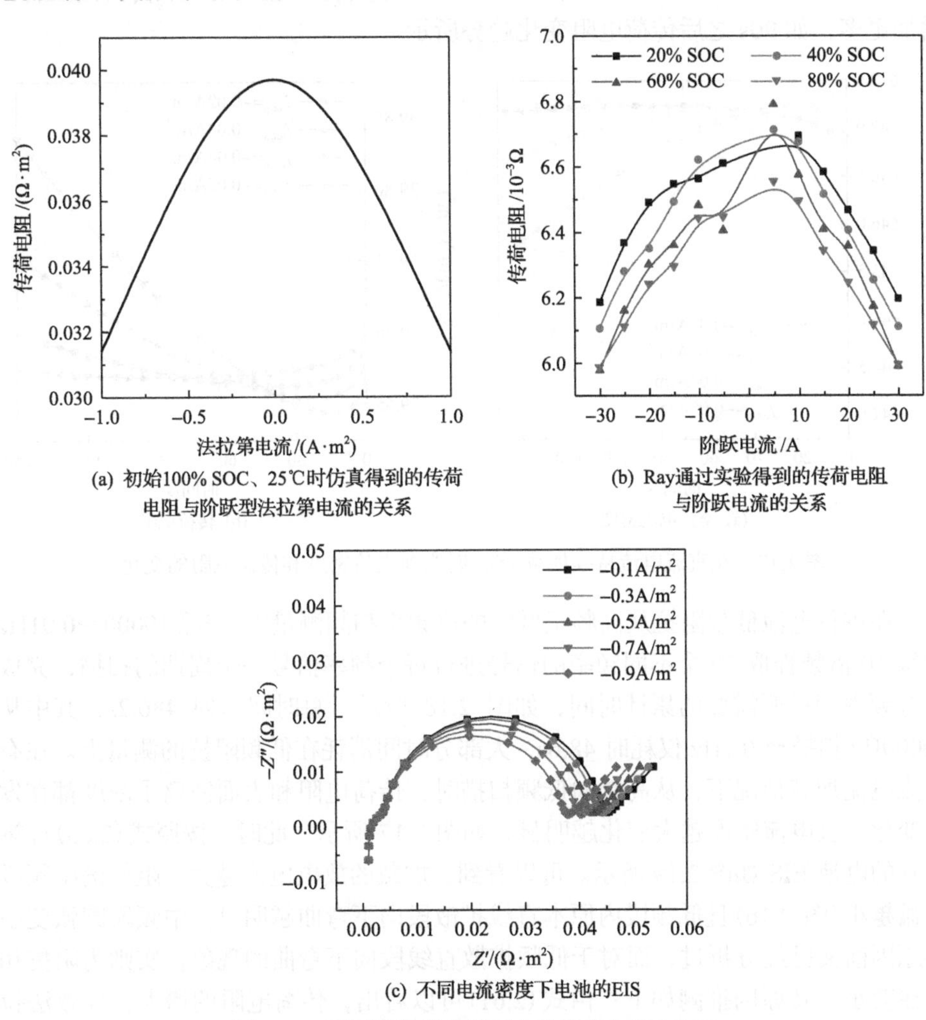

(a) 初始100% SOC、25℃时仿真得到的传荷电阻与阶跃型法拉第电流的关系

(b) Ray通过实验得到的传荷电阻与阶跃电流的关系

(c) 不同电流密度下电池的EIS

图 2.16　不同法拉第电流下电池传荷电阻和 EIS

3. 电流加载持续时间对阻抗谱的影响

随着放电电流的持续加载，0～150s 时交换电流密度和传荷电阻的变化如

图 2.17 所示。由前文的分析可知，在电池放电时，正极固相颗粒表面的锂离子浓度从 7200mol/m^3 不断增大，此时的交换电流密度随着放电增大，而传荷电阻相应地变小，直至表面浓度达到 7500mol/m^3 的关键转折点。这种随着表面浓度的不同导致的趋势变化是由 2.3.2 节中分析的电极工作窗口引起的。在表面浓度大于 7500mol/m^3 后，从图 2.17 可以看出明显的交换电流密度变小、传荷电阻增大的趋势。虽然开始的传荷电阻由于加载电流的增大而减小，但是随着放电进行，传荷电阻会增大，且增长速度逐渐加快(图 2.17(b))，即经历相同时间，传荷电阻将会增加更多，如 90s 之后传荷电阻变化趋势所示。

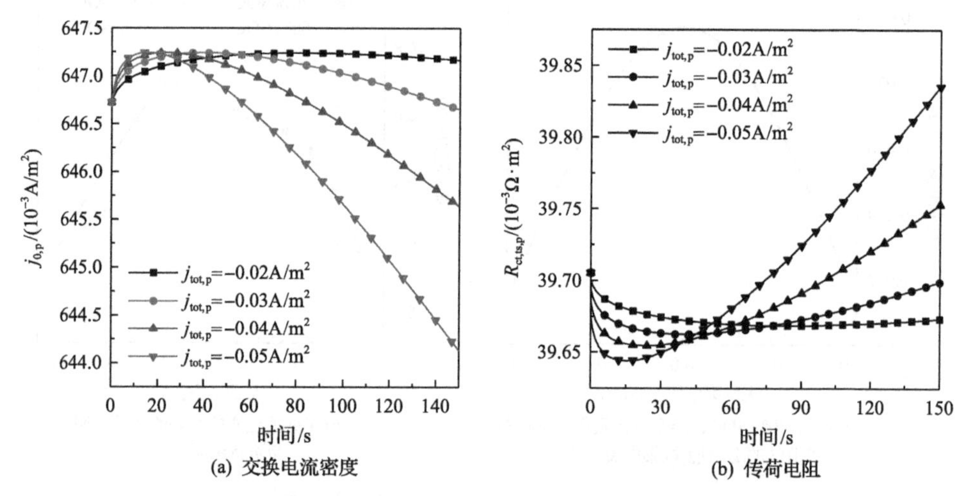

图 2.17 在直流电流持续加载 150s 时交换电流密度和传荷电阻的变化

在进行电池低频阻抗从高频至低频的逐频率扫频测量中，按照 10000～0.01Hz 内每 10 倍频程取 10 个不同频率的信号进行每个频率信号一个周期的扫描，完成所有频率扫描所需要的累计时间，如图 2.18 所示，总时间达到 486.2s，其中从 10000Hz 扫描至 0.1Hz 仅耗时 48.6s，大部分时间消耗在低频阻抗的测量上。在有直流电流加载情况下，从高频向低频扫描时，传荷电阻和表面锂离子浓度都在发生变化，且电流密度越大变化越明显，如图 2.17 所示。此时，按照式(2.65)计算得到的电池 EIS 如图 2.19 所示。可以看到，加载的放电电流越大，阻抗谱中频段圆弧越小(图 2.16)且低频段内原本直线扩散段向下弯曲越明显。中频段圆弧变小的原因前文已经分析过，而对于低频扩散直线段向下弯曲的现象，实则为阻抗相角在变小。其原因推测如下：由式(2.61)可以看出，传荷电阻的增大，导致法拉第阻抗的实部增加，进而导致阻抗相角变小，即曲线向下弯曲。

综合以上仿真分析可以看出，在非稳态激励下，电池的阻抗特性与准稳态激励下不同，在 EIS 中体现出来最明显的是中高频传荷电阻和低频扩散阻抗段的变化。放电电流密度越大，EIS 圆弧收缩越多，且随着加载电流的持续，低频扩散直线段向下弯曲。

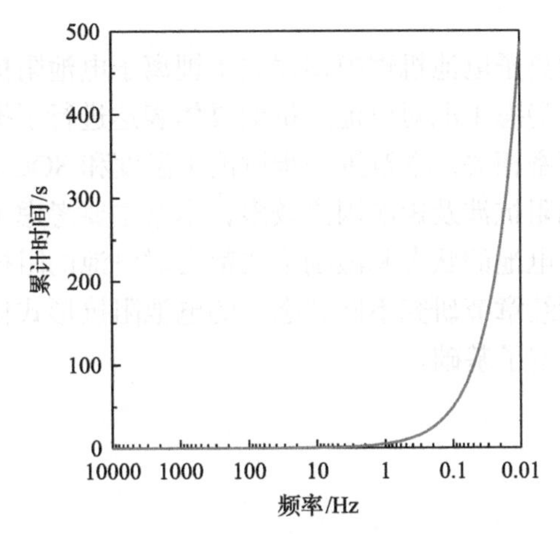

图 2.18　10000～0.01Hz 内逐频率扫描时累计时间

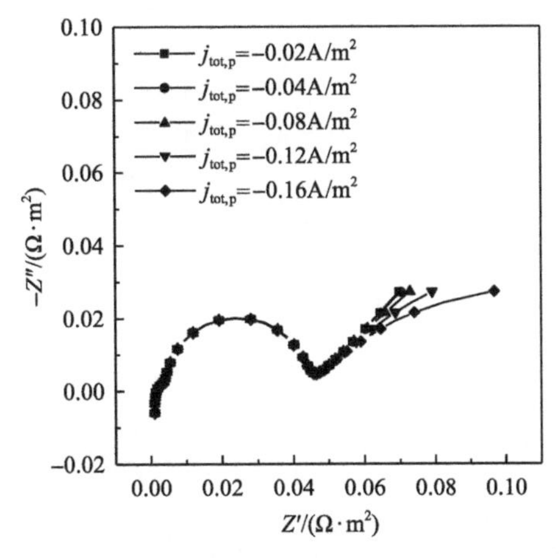

图 2.19　不同幅值放电电流持续加载下电池的 EIS

2.5　本 章 小 结

本章首先分析了锂离子电池内部基本的电化学和物理过程，建立了 P2D 模型，并采用 COMSOL Multiphysics 对电池机理进行了仿真。通过仿真发现，电池放电过程中，在液相中不同位置锂离子的浓度差异相比于固相颗粒内部小得多；在正极或者负极固相颗粒中由于欧姆电阻导致的电压分布差异比液相也小得多，且整体相比于电池的电化学极化带来的电压差异基本可以忽略。考虑到整车的电池阻抗测量多是在小倍率的激励电流下实现，因此为了简化电池阻抗的机理分析，本章忽略液相中锂离子扩散和固液相中的电子传导，从而引出了简化的 SP 模型。

仿真对比了 P2D 模型和 SP 模型得到的电池端电压，说明了 SP 模型在小倍率充放电场合的适用性。

基于单颗粒的锂离子电池机理模型建立了锂离子电池阻抗的一般表达形式，并根据电池是否处于稳态工况对电池阻抗的具体表达进行了推导。准稳态下的电池阻抗与物性参数紧密相关，本章进一步讨论了温度和 SOC 对电池阻抗的影响。对于非稳态下的电池阻抗涉及影响因素较多，本章主要考虑了电流密度大小对其的影响。可以看出，电池的状态和激励形式都会对电池的阻抗产生影响。本章的理论推导和结论为后续章节研究不同状态下的电池阻抗形式化描述和相关阻抗数据测量结果的解释奠定了基础。

第 3 章　动力电池电化学阻抗谱的在线获取方法

3.1　引　　言

在线获取是应用 EIS 的必备环节。电池在实际应用中的工作条件与实验室不同，因此电池 EIS 的在线获取方法有其特殊性。在某些应用需求下需要对电池阻抗进行快速获取，通过施加多谐波的激励信号并进行时频分析后得到电池阻抗。在另外一些场合下，有足够的时间进行电池的阻抗测量，更加注重所得到宽频率范围内阻抗的精度。本章针对这两种应用需求展开相应的电池阻抗在线获取方法研究，首先研究并提出基于阶跃电流激励-电压响应的信号分析进行电池阻抗快速测量的方法；另外，考虑到在某些场合下需要精确获取宽频率范围阻抗，本章以电动汽车应用为例，改造现有的车载充电机和电池管理系统中的信号测量单元，提出宽频阻抗测量的方案。

3.2　基于谐波信号时频分析的电池电化学阻抗谱快速测量方法

在实际电池充放电过程中，阶跃电流（或电流突变）是常见的激励形式。对类似于阶跃电流的谐波信号及其响应电压进行信号时频分析，可以实现电池阻抗的快速测量，其中谐波信号的时频分析方法是关键。本节以时频分析常用的小波变换为例，介绍如何利用小波变换实现阶跃信号中的谐波成分提取，从而实现宽频率范围内电池阻抗的快速获取。

3.2.1　小波变换的计算原理

小波是一种特殊的长度有限、平均值为零的波形。它的定义是函数空间 $L^2(R)$ 中的一个函数或者信号 $\psi(t)$，若其傅里叶变换 $\Psi(\omega)$ 满足式（3.1）所示的容许性条件，则 $\psi(t)$ 就称为母小波[162]。

$$C_\psi = \int_{\mathbf{R}^*} \frac{|\Psi(\omega)|^2}{|\omega|} \mathrm{d}\omega < \infty \tag{3.1}$$

式中，$\mathbf{R}^*$表示非零实数全体。通过对母小波进行如式（3.2）所示的伸缩和平移变换可以得到一系列的子小波函数。式（3.2）中的参数 a 和 b 分别称为尺度因子和平移因子。

$$\psi_{a,b}(t)=\frac{1}{\sqrt{a}}\psi\left(\frac{t-b}{a}\right),\quad a>0 \tag{3.2}$$

常用的小波函数有 Shannon 小波、Mexico hat 小波、Morlet 小波等，可分为实值小波和复值小波两类，不同的小波可以应用在不同的场合中。实值小波适用于信号峰值以及信号不连续检测，因为实值小波不能得到信号的相位信息，所以只能进行信号幅值分析。研究表明，复值 Morlet 小波可以同时得到信号的幅值信息和相位信息，因此可对信号进行时频特性分析后实现电池阻抗计算。

Morlet 小波是一种单频复三角波调制高斯波，是常用的非正交小波，它的一般数学形式如式(3.3)所示：

$$\psi\left(\frac{t-b}{a}\right)=g\left(\frac{t-b}{a}\right)\cdot h\left(\frac{t-b}{a}\right)=\frac{1}{\sqrt{\pi f_{\mathrm{b}}}}\exp\left[-\frac{(t-b)^2}{a^2 f_{\mathrm{b}}}\right]\exp\left[\mathrm{j}\frac{2\pi f_{\mathrm{c}}(t-b)}{a}\right] \tag{3.3}$$

$g(t)$ 和 $h(t)$ 分别为高斯项(图 3.1(a))和复三角函数项(图 3.1(b))，如式(3.4)和式(3.5)所示：

$$g(t)=\frac{1}{\sqrt{\pi f_{\mathrm{b}}}}\exp\left(-\frac{t^2}{f_{\mathrm{b}}}\right) \tag{3.4}$$

$$h(t)=\exp\left(\mathrm{j}2\pi f_{\mathrm{c}}t\right) \tag{3.5}$$

式中，f_{b} 为与高斯窗时间范围相关的频带参数；f_{c} 为中心频率。

Morlet 小波函数的波形如图 3.1(c)所示，从图中可以看出，Morlet 小波就是复三角函数加载在高斯函数上得到的一个复衰减波，对称性很好。

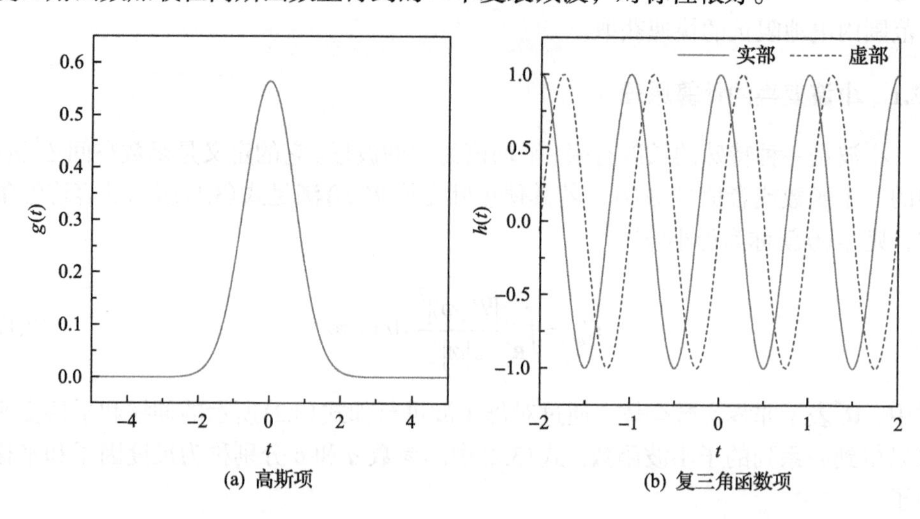

(a) 高斯项　　(b) 复三角函数项

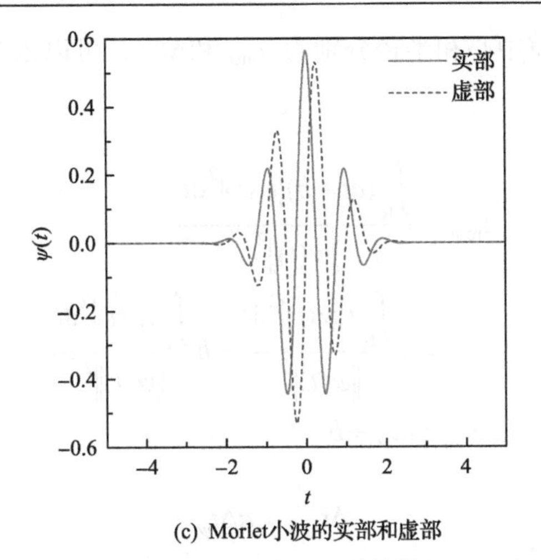

(c) Morlet小波的实部和虚部

图 3.1　f_b=1、f_c=1、a=1 和 b=0 时的复 Morlet 小波

下面针对 Morlet 小波中的 a、b、f_b 和 f_c 四个重要参数进行研究，以分析其对小波波形和信号提取能力的影响。

1. 尺度因子 a 和平移因子 b

此处假设 $\psi(t)$ 为母小波，经过伸缩、平移变换得到的小波为子小波。在时域上，设母小波 $\psi(t)$ 的时窗中心和半径分别为 t_ψ 和 Δt_ψ，且有式(3.6)和式(3.7)所示的定义式：

$$t_\psi = \frac{\int_{\mathbf{R}} t\left|\psi(t)\right|^2 \mathrm{d}t}{\left\|\psi(t)\right\|^2} \tag{3.6}$$

$$\Delta t_\psi = \frac{\sqrt{\int_{\mathbf{R}} (t - t_\psi)\left|\psi(t)\right|^2 \mathrm{d}t}}{\left\|\psi(t)\right\|} \tag{3.7}$$

式中，$\|\psi(t)\|$为小波 $\psi(t)$ 的欧几里得范数，其子小波的欧几里得范数满足式(3.8)：

$$\begin{aligned}\left\|\psi_{a,b}(t)\right\|^2 &= \int_{\mathbf{R}} \left|\psi_{a,b}(t)\right|^2 \mathrm{d}t = \int_{\mathbf{R}} \left|a^{1/2}\psi(at+b)\right|^2 \mathrm{d}t \\ &= \int_{\mathbf{R}} \left|\psi(at+b)\right|^2 \mathrm{d}(at+b) \\ &= \left\|\psi(t)\right\|^2\end{aligned} \tag{3.8}$$

相应地，子小波时窗中心和半径分别为 $t_{\mathrm{m}\psi}$ 和$\Delta t_{\mathrm{m}\psi}$，可以依据式(3.9)和式(3.10)进行计算：

$$
\begin{aligned}
t_{\mathrm{m}\psi} &= \frac{\int_{\mathbf{R}}(at+b)|\psi(t)|^2\mathrm{d}t}{\|\psi(t)\|^2} \\
&= a\frac{\int_{\mathbf{R}}t|\psi(t)|^2\mathrm{d}t}{\|\psi(t)\|^2} + b\frac{\int_{\mathbf{R}}|\psi(t)|^2\mathrm{d}t}{\|\psi(t)\|^2} \\
&= at_{\psi} + b
\end{aligned}
\tag{3.9}
$$

$$
\Delta t_{\mathrm{m}\psi} = a\Delta t_{\psi} \tag{3.10}
$$

另外，在频域上，设母小波 $\psi(t)$ 的频域表达式为 $\widehat{\psi}(f)$，其频窗中心和半径分别为 f_{ψ} 和Δf_{ψ}，并根据式(3.11)和式(3.12)进行计算：

$$
f_{\psi} = \frac{\int_{\mathbf{R}}f|\widehat{\psi}(f)|^2\mathrm{d}f}{\int_{\mathbf{R}}|\widehat{\psi}(f)|^2\mathrm{d}f} \tag{3.11}
$$

$$
\Delta f_{\psi} = \sqrt{\frac{\int_{\mathbf{R}}(f-f_{\psi})|\widehat{\psi}(f)|^2\mathrm{d}f}{\int_{\mathbf{R}}|\widehat{\psi}(f)|^2\mathrm{d}f}} \tag{3.12}
$$

则子小波的 $\widehat{\psi}_{a,b}(f)$ 的频窗中心 $f_{\mathrm{m}\psi}$ 与半径$\Delta f_{\mathrm{m}\psi}$ 如式(3.13)和式(3.14)所示：

$$
f_{\mathrm{m}\psi} = \frac{1}{a}f_{\psi} \tag{3.13}
$$

$$
\Delta f_{\mathrm{m}\psi} = \frac{1}{a}\Delta f_{\psi} \tag{3.14}
$$

由式(3.9)和式(3.10)可以看出，尺度因子 a 能影响子小波时窗中心位置和时窗宽度；由式(3.13)和式(3.14)可以看出，a 还能影响其频窗中心位置和频窗宽度。平移因子 b 则仅仅决定子小波的时窗中心位置，如式(3.9)所示。

图 3.2(a)为 f_c=1000、f_b=1×10^{-6}、a=1，b 分别取值 0、0.01 和 0.02 时的小波时域波形(这里关注的是频谱数据分析，省略单位)。可以看到，不同 b 取值仅影

响了小波中心在时间轴上出现的位置，而对小波形状没有影响。在图 3.2(b)中，当 $b=0$，a 分别取 1 和 5 时，可以看到随着 a 增大，子小波跨越时间范围逐渐变大；由图 3.2(c)可以看出，随着 a 的增大，子小波的中心频率会变低，频域窗口收窄，频谱幅值增加。在对信号做时频分析时，针对低频的信号，人们总希望有足够高的频率分辨率；对于高频信号，希望有较高的时间分辨率。通过调整尺度因子 a，可以在提取不同频率的信号时自适应地调节时间分辨率，这也正是小波变换的优势。另外，由图 3.2(c)的小波频谱图也可以看出，小波相当于一个带通滤波器，对频率段具有选择作用。由式(3.3)也可以看到，参数 a 和 f_c 共同决定了小波滤波特性。

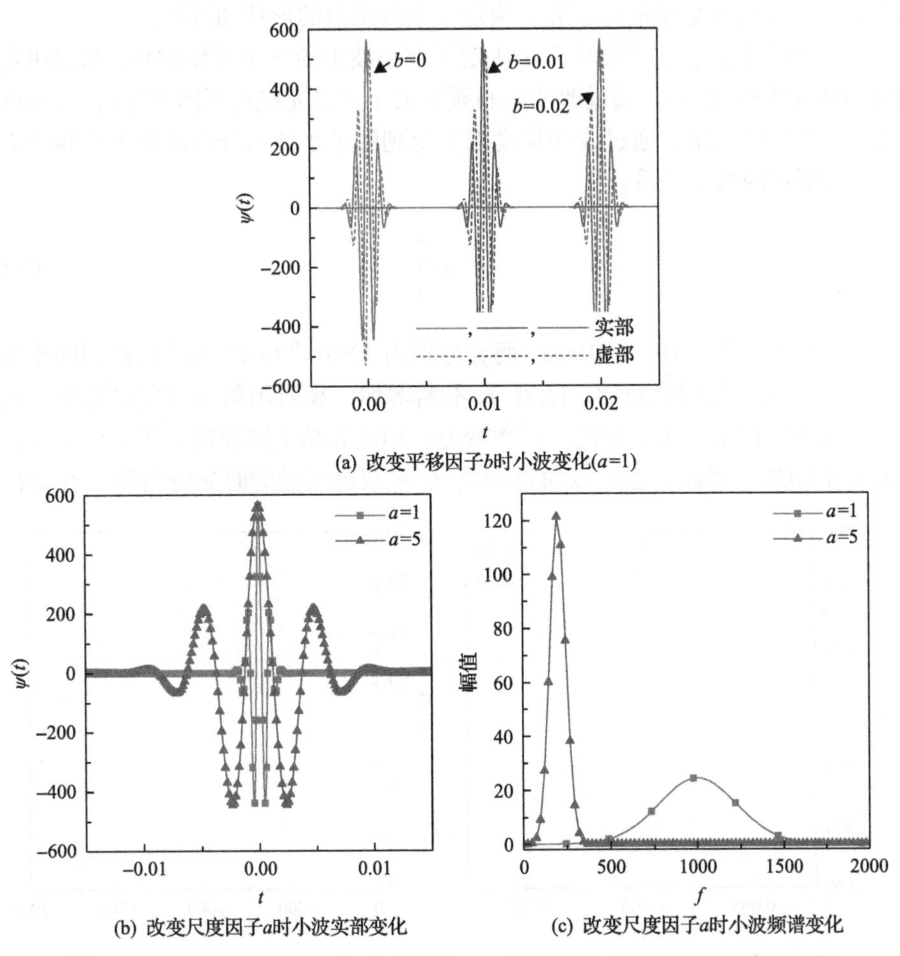

图 3.2　$f_c=1000$、$f_b=1\times10^{-6}$时，不同 a、b 取值对子小波波形和频谱的影响

2. 中心频率 f_c 和频带参数 f_b

尺度因子 a 和平移因子 b 可以在任意时刻构造出一系列的带通滤波器，实现小波在时域和频域分析的功能。除了尺度因子 a 和平移因子 b，中心频率 f_c 和频带参数 f_b 也是 Morlet 小波十分重要的参数。频带参数 f_b 与高斯窗的时间范围相关，可由式(3.15)计算：

$$\sigma=\sqrt{\frac{f_b}{2}} \tag{3.15}$$

式中，σ 为高斯函数中的标准差，决定了小波函数的形状和宽度。

在子小波中，f_c 与尺度因子 a 决定了在小波中的三角函数频率，从而决定了小波的频窗中心频率 f，通过改变中心频率大小可以完成对不同频率信号的分析。由式(3.13)可以看出，通过改变尺度因子得到的子小波与母小波的中心频率有如式(3.16)所示的对应关系：

$$f=\frac{f_c}{a} \tag{3.16}$$

图 3.3 为 a=1、b=0、f_c=1000，而 f_b 分别为 1×10^{-6} 和 1×10^{-5} 时得到的小波及其傅里叶变换后的幅值对比。随着 f_b 不断增加，高斯函数窗口变得更宽，在时域上表现为时间窗增大，时间分辨率变差；而在频域上则表现为频率窗变小，频率分辨率增加。因此，也可以通过调整 f_b 来获得所需的时频分辨率。在特征提

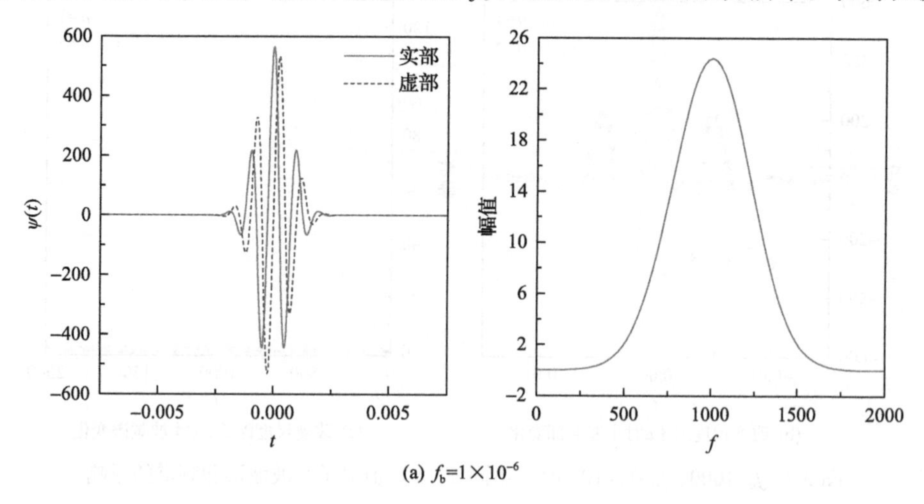

(a) $f_b=1\times10^{-6}$

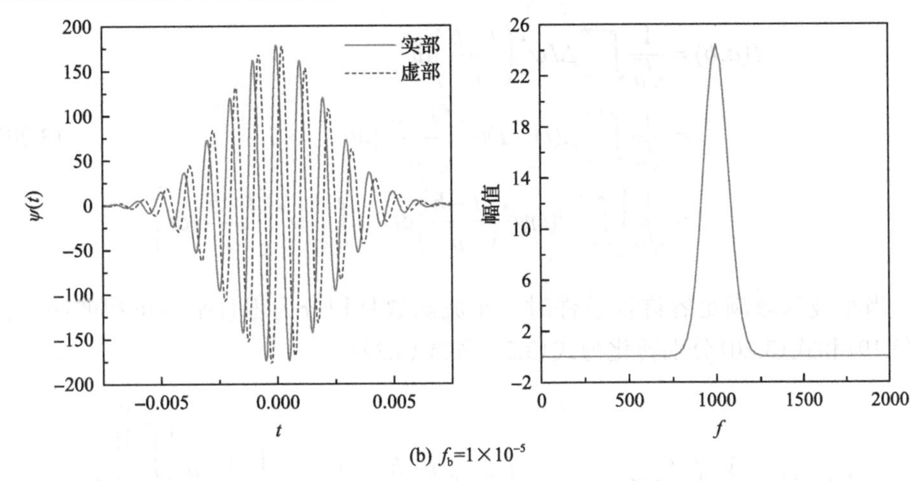

(b) $f_b=1\times10^{-5}$

图 3.3　a=1、b=0、f_c=1000，f_b取不同值时对小波时域波形和频率特征的影响

取中往往希望能够突出特征成分而抑制无关成分，这就要求选择合适的f_c和f_b使小波与特征成分有最大的相似性。

3.2.2　基于小波变换的电池阻抗计算方法

电池的阻抗可以通过计算电池电压和电流变化量比值得到。对于输入的时域电压信号 $u(t)$和电流信号 $i(t)$，其变化量可以用ΔU 和ΔI 表示，分别如式(3.17)和式(3.18)所示：

$$\Delta U = u(t) - U \tag{3.17}$$

$$\Delta I = i(t) - I \tag{3.18}$$

式中，U 和 I 分别为前一时刻的电压和电流，即电压和电流的初始值。对ΔU 和ΔI 进行小波变换，如式(3.19)和式(3.20)所示：

$$\begin{aligned} U(a,b) &= \frac{1}{\sqrt{a}}\int_{-\infty}^{+\infty}\Delta U\psi^*\left(\frac{t-b}{a}\right)\mathrm{d}t \\ &= \frac{1}{\sqrt{a}}\int_{-\infty}^{+\infty}[u(t)-U]\psi^*\left(\frac{t-b}{a}\right)\mathrm{d}t \\ &= \frac{1}{\sqrt{a}}\left[\int_{-\infty}^{+\infty}u(t)\psi^*\left(\frac{t-b}{a}\right)\mathrm{d}t - U\int_{-\infty}^{+\infty}\psi^*\left(\frac{t-b}{a}\right)\mathrm{d}t\right] \end{aligned} \tag{3.19}$$

$$
\begin{aligned}
I(a,b) &= \frac{1}{\sqrt{a}}\int_{-\infty}^{+\infty} \Delta I \psi^*\left(\frac{t-b}{a}\right)\mathrm{d}t \\
&= \frac{1}{\sqrt{a}}\int_{-\infty}^{+\infty} [i(t)-I]\psi^*\left(\frac{t-b}{a}\right)\mathrm{d}t \\
&= \frac{1}{\sqrt{a}}\left[\int_{-\infty}^{+\infty} i(t)\psi^*\left(\frac{t-b}{a}\right)\mathrm{d}t - I\int_{-\infty}^{+\infty}\psi^*\left(\frac{t-b}{a}\right)\mathrm{d}t\right]
\end{aligned}
\tag{3.20}
$$

当小波函数满足容许性条件时，小波函数是积分为零且平方可积的函数，式(3.19)和式(3.20)分别转化为式(3.21)和式(3.22)：

$$
U(a,b) = \frac{1}{\sqrt{a}}\int_{-\infty}^{+\infty} u(t)\mathrm{conj}\left\{\exp\left(\mathrm{j}2\pi f_{\mathrm{c}}\frac{t-b}{a}\right)\frac{1}{\sqrt{\pi f_{\mathrm{b}}}}\exp\left[\frac{-\left(\frac{t-b}{a}\right)^2}{f_{\mathrm{b}}}\right]\right\}\mathrm{d}t \tag{3.21}
$$

$$
I(a,b) = \frac{1}{\sqrt{a}}\int_{-\infty}^{+\infty} i(t)\mathrm{conj}\left\{\exp\left(\mathrm{j}2\pi f_{\mathrm{c}}\frac{t-b}{a}\right)\frac{1}{\sqrt{\pi f_{\mathrm{b}}}}\exp\left[\frac{-\left(\frac{t-b}{a}\right)^2}{f_{\mathrm{b}}}\right]\right\}\mathrm{d}t \tag{3.22}
$$

事实上，$U(a,b)$和$I(a,b)$都是复数。在式(3.21)和式(3.22)中，由于小波变换是线性的，可以得出复数阻抗 $Z(a,b)$，如式(3.23)所示。此复数阻抗包含了每个频率点的阻抗相角和阻抗模信息。

$$
Z(a,b) = \frac{U(a,b)}{I(a,b)} \tag{3.23}
$$

其中，可分析信号的频率f与a的关系如式(3.16)所示，b的取值与分析时刻有关。实际计算时，通过改变a、b值即可完成不同频率谐波的时频分析。

1. 频带参数f_{b}和中心频率f_{c}的选取

如图 3.3 所示，f_{b}越大，时域宽度越大，支撑长度越长，产生高幅值的小波系数也越多。但是小波系数也不是越多越好，往往希望能够突出特征成分而抑制无关成分，这就要求选择合适的f_{c}和f_{b}，使小波与特征成分有最大的相似性。对于母小波函数这两个参数的优化，可以采用信息熵[163-165]或者其他随机优化算法来进行。

2. 积分区间

在式(3.21)和式(3.22)中，积分区间为正负无穷，在实际应用中可做出简化。由前面已知，Morlet小波是由高斯函数和复正弦函数组成的，这表明Morlet小波是在高斯窗口中定位的复三角信号。图3.4显示了高斯窗口的图形，这里t_c为中心时间，σ为标准偏差。

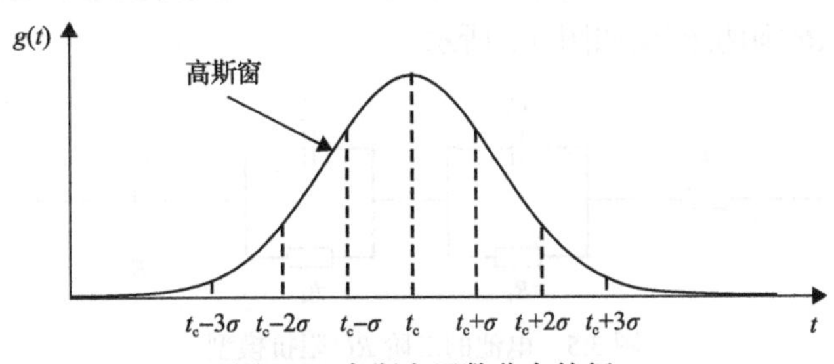

图3.4　高斯窗函数分布特征

从$t_c-\sigma$到$t_c+\sigma$的高斯函数积分面积占高斯函数总面积的68.3%。当高斯函数的面积从$t_c-2\sigma$到$t_c+2\sigma$以及从$t_c-3\sigma$到$t_c+3\sigma$时，分别占高斯函数总面积的95.4%和99.7%，在$t_c-4\sigma$到$t_c+4\sigma$之外，高斯函数值将无限趋近于零。因此，只需要在$\pm4\sigma$的时间范围内执行母小波和原始时域数据的卷积，式(3.21)和式(3.22)可以写为式(3.24)和式(3.25)：

$$U(a,b)=\frac{1}{\sqrt{a}}\int_{b-4\sigma}^{b+4\sigma}u(t)\mathrm{conj}\left\{\exp\left(\mathrm{j}2\pi f_c\frac{t-b}{a}\right)\frac{1}{\sqrt{\pi f_b}}\exp\left[\frac{-\left(\frac{t-b}{a}\right)^2}{f_b}\right]\right\}\mathrm{d}t \tag{3.24}$$

$$I(a,b)=\frac{1}{\sqrt{a}}\int_{b-4\sigma}^{b+4\sigma}i(t)\mathrm{conj}\left\{\exp\left(\mathrm{j}2\pi f_c\frac{t-b}{a}\right)\frac{1}{\sqrt{\pi f_b}}\exp\left[\frac{-\left(\frac{t-b}{a}\right)^2}{f_b}\right]\right\}\mathrm{d}t \tag{3.25}$$

通过式(3.24)和式(3.25)计算得到相应的小波系数后，再依据式(3.23)即可进行阻抗计算而得到$Z(a,b)$。这样就将原本在整个信号时域上的积分缩减为信号与小波基函数在$\pm4\sigma$上的积分，从而大大减少了计算量和信号长度。

3.2.3 基于小波变换在线计算电池电化学阻抗的方法验证

1. 仿真验证

本部分选用二阶 RC 阻抗模型作为仿真电路来验证小波变换计算电路阻抗的准确性。二阶 RC 阻抗模型经常被用来近似描述电池内部的阻抗特征，相对电池的 Thevenin 等效阻抗模型[166]增加了一个 RC 环节，因此更接近于电池真实的阻抗外特性。二阶 RC 阻抗模型如图 3.5 所示。

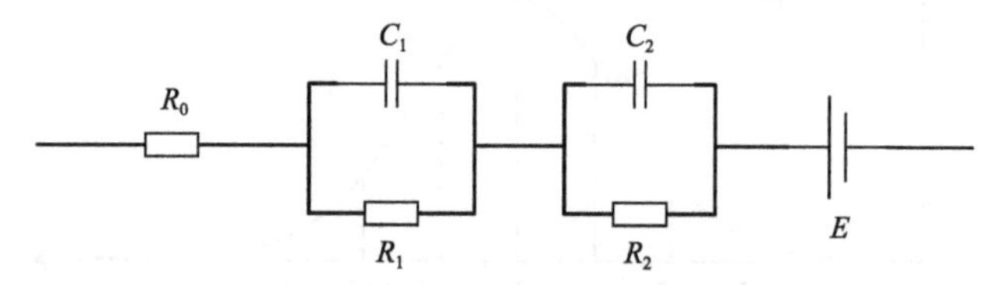

图 3.5　电池的二阶 RC 阻抗模型

如图 3.5 所示的模型中，一般用 R_0 表示电解液、颗粒接触和集流体引起的电阻，R_1 为 SEI 膜等效电阻，C_1 为 SEI 膜等效电容，R_2 为电荷转移电阻，C_2 为电双层电容，E 为开路电压。R_1 和 C_1 的并联结构表示时间常数较小的环节，R_2 和 C_2 并联的部分表示时间常数较大的环节。

仿真中，设定电池初始电压为 3.4V，R_0=2.77mΩ，R_1=1mΩ，C_1=92.58F，R_2=10.19mΩ，C_2=3175.13F。模拟电池以 5A 的电流进行放电，电流和端电压的采样频率 f_s 为 10kHz，持续时间为 50s。二阶等效阻抗模型在放电过程中的电压信号和电流信号如图 3.6 所示。

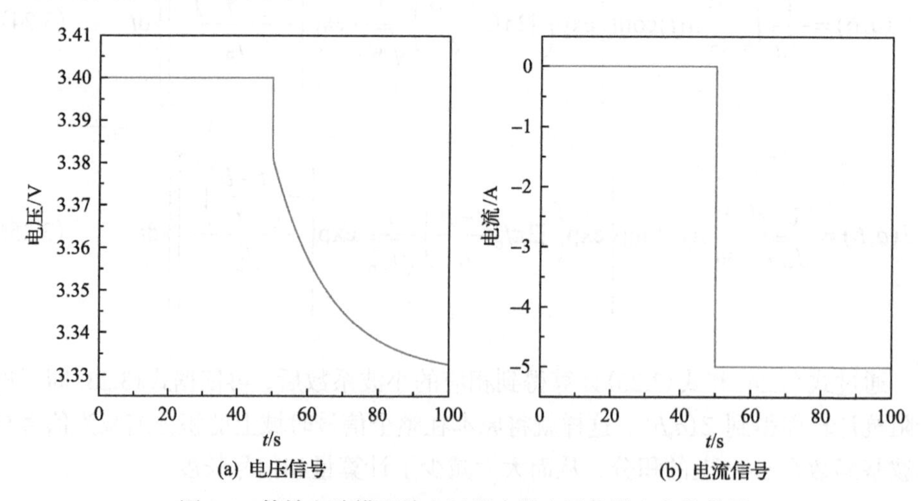

(a) 电压信号　　(b) 电流信号

图 3.6　等效电路模型放电过程中的电压信号和电流信号

首先，根据熵最小条件，选取小波基中心频率为f_c=10kHz，f_b=7×$10^{-8}s^2$。由式(3.16)可知，可通过设置 a 来确定被分析信号的频率范围。仿真中设置的待分析信号频率为0.1～1000Hz，从10～10^5范围内按照每十倍频程十等分后取40个 a 值。最后根据式(3.21)和式(3.22)计算电压和电流的小波变换系数，如图3.7所示。可以看到在50s时刻，电压和电流小波变换系数取得峰值，即说明此时刻的信号谐波成分最为丰富。

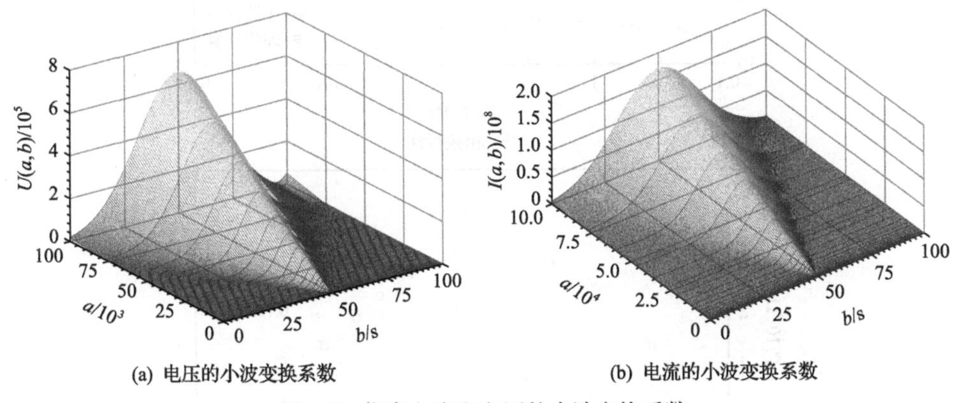

(a) 电压的小波变换系数　(b) 电流的小波变换系数

图3.7　仿真电流和电压的小波变换系数

选取放电时刻作为分析时刻，即 b=50s，计算当前时刻不同频率的阻抗值。通过此方法计算得到的阻抗与通过理论计算得到的等效电路(图3.5)阻抗进行对比，如图3.8所示。可以看到，由小波变换计算得到的阻抗与理论计算得到的阻抗重合，说明基于小波变换进行阻抗计算和测量的可行性和有效性。

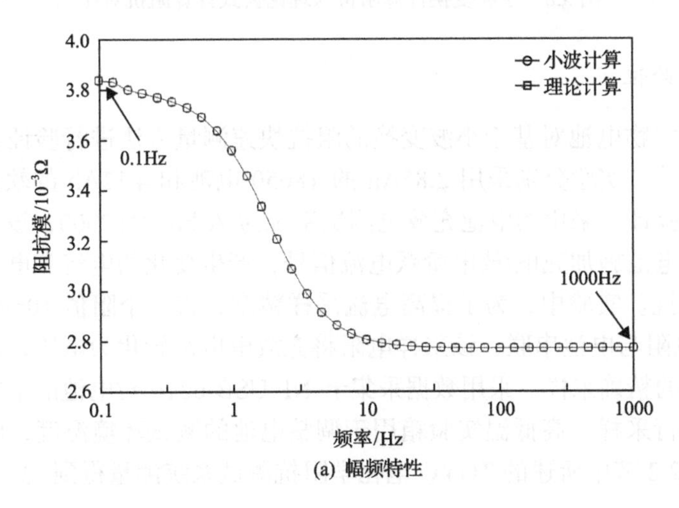

(a) 幅频特性

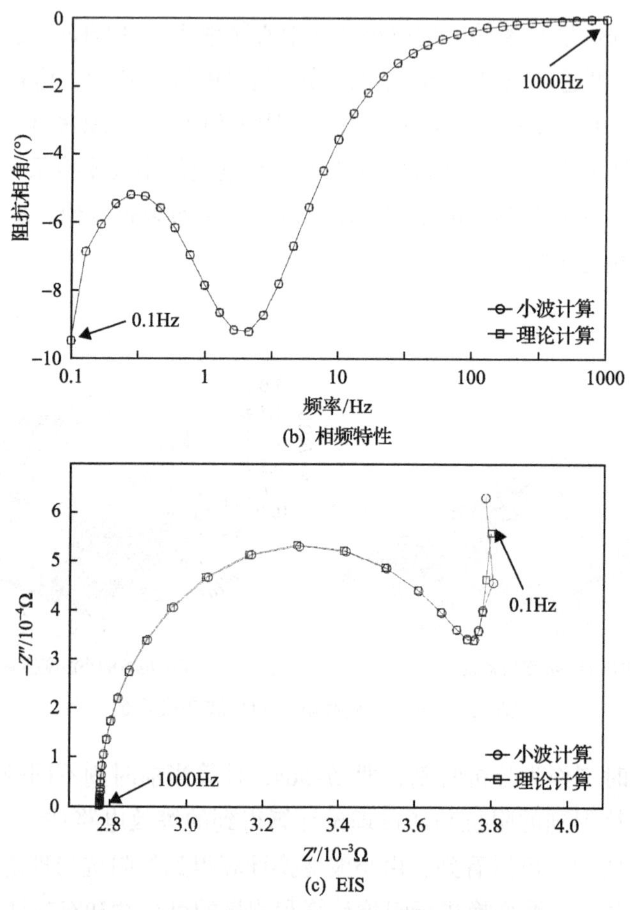

(b) 相频特性

(c) EIS

图 3.8　小波变换计算阻抗与理论公式计算阻抗对比

2. 实验验证

为利用实物电池对基于小波变换的阻抗快速测量方法进行验证，本部分设计相应的实验。实验分别采用 2.85Ah 的 18650 电池和 4.12Ah 的软包三元锂离子电池进行验证。采用的电池充放电测试系统为 Arbin BT2000，该系统主要用于对锂离子电池施加充电/放电阶跃电流信号，产生变化的电流和电压，从而计算电池的阻抗。实验中，为了提高电流采样精度，将一个阻值 10mΩ 且精度为 1%的采样电阻与电池串联，该采样电阻将充放电电流转化为电压，从而实现对充放电电流的精确采样。采用数据采集卡 NI USB-6210 对电池的端电压和采样电阻电压进行采样，高低温实验箱用于调整电池的测试环境温度，电池的真实阻抗采用 1.2.2 节中所述的 TOYO 电化学阻抗测试系统测量得到。具体实验步骤见表 3.1。

表 3.1　实验验证所采用的实验步骤

步骤	描述	
1	将电池调整至 50% SOC	
2	将恒温箱设定在 25℃，静置 1.5h	
3	利用阻抗测试系统对电池进行 EIS 测试	
4	18650 电池	静置 1.5h，对电池加载持续 50s 的 1A 放电电流，再进行 50s 的 1A 充电以维持 SOC 不变
	软包电池	静置 1.5h，对电池加载持续 50s 的 1A 放电电流，再进行 50s 的 1A 放电以维持 SOC 不变

图 3.9 为实验中电池处于 15℃、50% SOC 时，脉冲放电过程中测得的电压和电流信号。

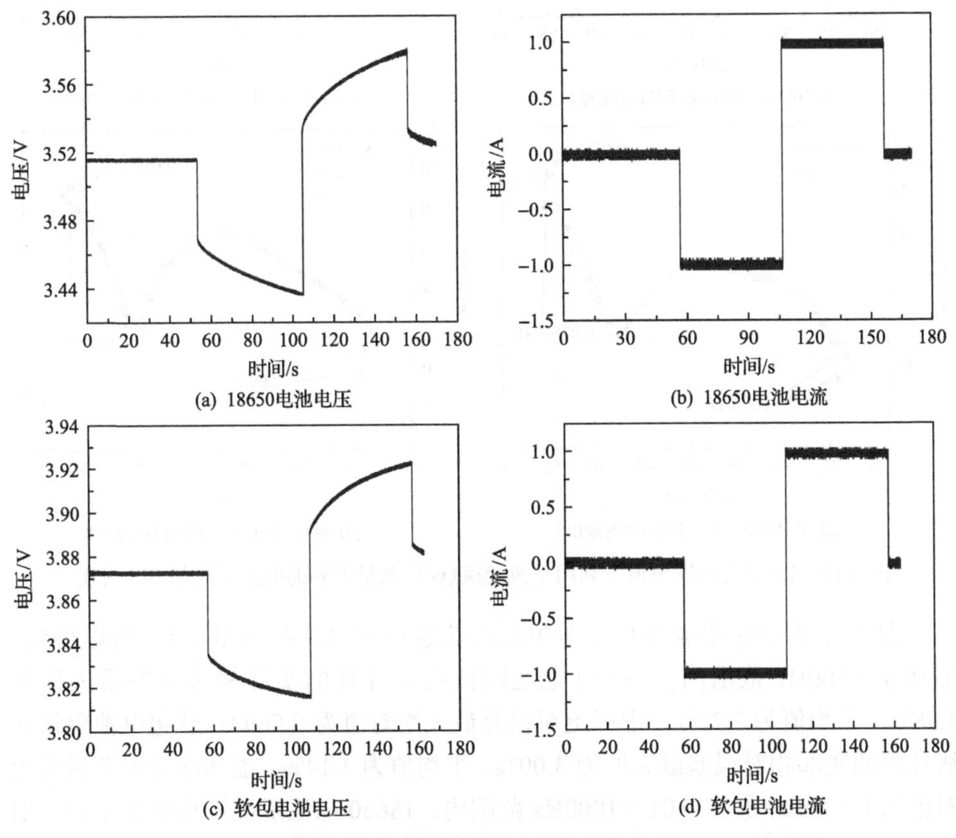

图 3.9　实验中的两种电池电压和电流

实验中采用了两种信号采样频率，分别为 10kHz 和 4kHz。选取电流从 0A 跳至 1A 时的时刻点作为小波变换的分析时刻点，利用 3.2.2 节提出的方法进行电池不同频率下的阻抗计算。由图 3.10 可以发现，EIS 测量结果和所提出的基于小波变换的电池阻抗谱快速计算方法结果有着很好的吻合性，且采样频率从 10kHz 调整到 4kHz 时对阻抗测量结果的影响有限。

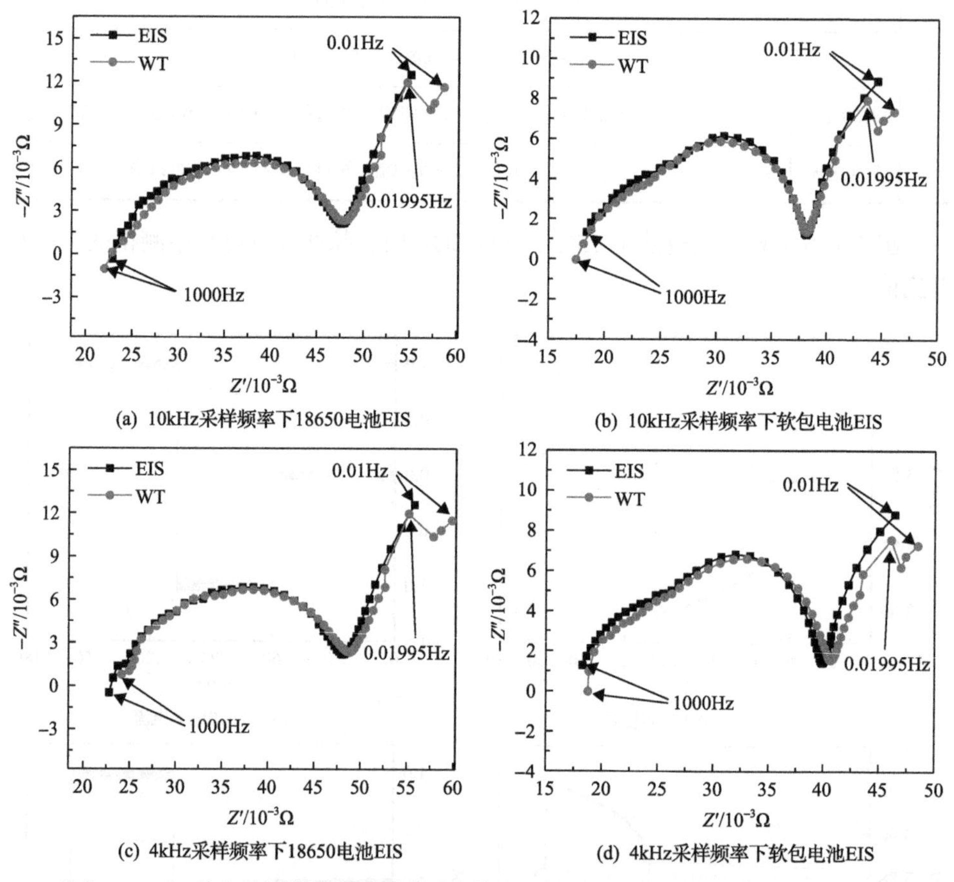

(a) 10kHz采样频率下18650电池EIS

(b) 10kHz采样频率下软包电池EIS

(c) 4kHz采样频率下18650电池EIS

(d) 4kHz采样频率下软包电池EIS

图 3.10 1A 放电阶跃电流下利用小波变换(WT)测量得到的电池阻抗与 EIS 对比

图 3.11 为利用小波变换电池阻抗谱快速计算算法的测量误差。可以得到：①在 1～100Hz 范围内，18650 电池阻抗在线计算的实部相对误差最大值为 4.38%，平均值为 2.22%，虚部绝对误差最大绝对值为 0.5mΩ；软包电池阻抗在线计算的实部相对误差最大值为 3.00%，平均值为 1.14%，虚部绝对误差最大绝对值为 0.48mΩ。②在 0.01～1000Hz 范围内，18650 电池阻抗模相对误差最大值为 8.69%，平均值为 2.10%；软包电池阻抗模相对误差最大值为 6.31%，平均值为 0.90%。

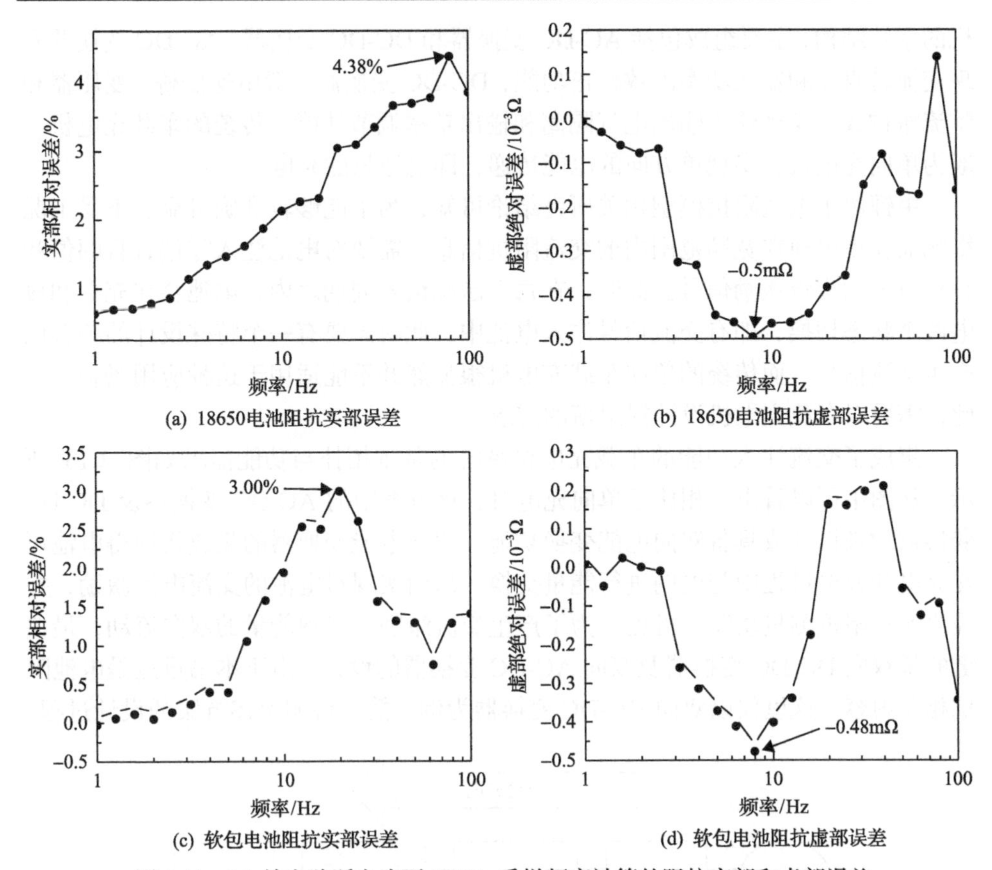

图 3.11　1A 放电阶跃电流下 10kHz 采样频率计算的阻抗实部和虚部误差

3.3　基于交流激励的电池电化学阻抗谱在线测量系统

本节以电池在电动汽车中的应用为例，介绍如何在传统车载充电机基础上，通过相应的技术方案改造以实现对电池的交流激励，并最终实现电池 EIS 的在线测量。对于大部分电动汽车，一般都会配备车载充电机，车载充电机的主要功能是将交流市电转换为直流电以实现动力电池的电能补充。图 3.12 是单向车载充电

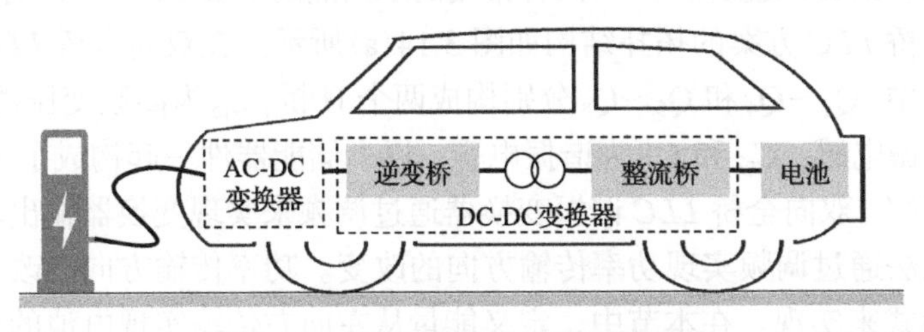

图 3.12　单向车载充电机的系统结构

机的系统结构，主要组成包括 AC-DC 变换器和 DC-DC 变换器。AC-DC 变换器实现交流转直流和输入功率因数校正功能，DC-DC 变换器一般由逆变桥、变压器和整流桥构成，实现输入输出电气隔离和输出功率调节功能。传统的车载充电机一般为单向充电机，实现单方向的电能传递，即电池只能充电。

由锂离子电池阻抗模型相关研究结论可知，为了能够较准确可靠、不受工况影响而获得电池在宽频范围内的交流阻抗信息，需要对电池注入零偏置且幅值和频率可控的交流激励信号。此时，在每个激励信号周期之内，电池会在充电和放电两个状态切换，即有交流信号注入电池中，此时需要有一个特殊设计的装置以产生交流信号，而传统的单向车载充电机很显然并不能适用于这种应用场合。为此，需要对车载充电机设计提出新的需求。

集成了交流注入功能的车载充电机系统的基本拓扑与功能需求如图 3.13 所示，从图中可以看出，相比于单向充电机，该方案中的 AC-DC 变换器及 DC-DC 变换器均被设计成具备双向电能变换功能。双向电能变换器的集成将使得电池可在充电和放电过程中与电网进行能量交换，从而实现对电池的交流电流激励，并最终实现阻抗测量功能。可见，为了产生交流激励，实现能量的双向流动，最关键的是双向 DC-DC 变换器及双向 AC-DC 变换器的设计。由于本书重点是电池阻抗相关内容，这里仅以双向 DC-DC 变换器为例，简单说明上述方案的设计过程。

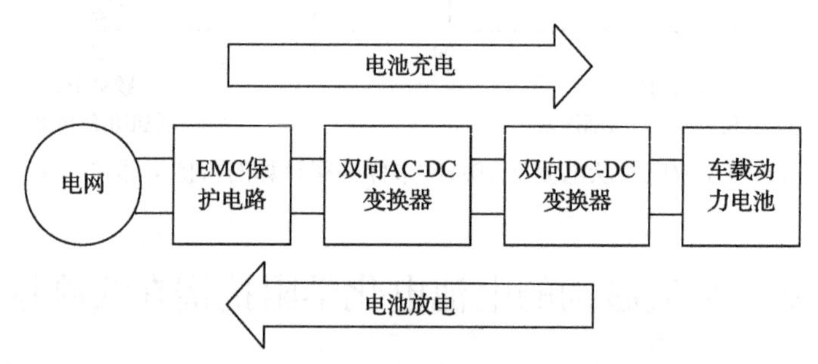

图 3.13　电池准稳态工况下阻抗测量对车载充电机的拓扑与功能需求（EMC 指电磁兼容）

对于车载充电机，DC-DC 变换器要具备大功率、高效率的特点，并能够实现输入和输出的电气隔离。目前，有双向全桥 *LLC* 谐振变换器[167, 168]和双有源全桥（dual active bridge，DAB）变换器[169, 170]两种常用的双向隔离型 DC-DC 变换器拓扑结构。

双向全桥 *LLC* 方案的拓扑结构如图 3.14（a）所示。在双向全桥 *LLC* 谐振变换器拓扑结构中，Q_1～Q_4 和 Q_5～Q_8 分别构成两个 H 桥，L_m 为高频变压器励磁电感，L_r 为拓扑谐振电感，C_{r1} 和 C_{r2} 为谐振电容，以上储能器件一起构成了 *LLC* 谐振变换器的谐振腔。双向全桥 *LLC* 谐振变换器通过调频来实现变换器输出功率大小的控制，但无法通过调频实现功率传输方向的改变。功率传输方向的改变需要改变 H 桥工作模式来实现。在本节中，定义能量从左向右传输实现电池的充电，从右向左实现电池的放电。在实现电池充电时，对 Q_1～Q_4 施加相应的驱动信号，构成全桥逆变器，并通过开关频率来控制充电功率大小。此时，L_r、C_{r1} 和 L_m 构成原边 *LLC* 谐振网络，Q_5～Q_8 工作在整流模式，电容 C_2 为输出滤波电容。在实现电池放电时，Q_5～Q_8 工作在逆变模式，并通过开关频率来控制放电功率大小。此时，L_r、C_{r2} 和 L_m 构成 *LLC* 谐振网络，Q_1～Q_4 工作在整流模式。可以看到，双向 *LLC* 谐振变换器在拓扑能量传输方向改变的瞬间，变压器两侧的 H 桥工作模式随之改变，且这种模式改变很难连续平滑实现，不仅不利于变换器控制，也会影响电池充放电电流平滑过渡，进而影响准稳态工况下阻抗的测量效果。

如图 3.14(b)所示的 DAB 拓扑中，Q_1～Q_4 和 Q_5～Q_8 分别构成初、次级侧两个有源全桥变换器。L 为与变压器串联的电感，作为拓扑瞬时能量储存元件，C_1 和 C_2 分别为输入电容和输出电容，在输入与输出侧起稳压滤波作用。和双向全桥 *LLC* 谐振变换器拓扑结构不同，DAB 拓扑结构的原副边两个 H 桥一直存在驱动信号，各开关管驱动信号占空比约为 50%。通过控制变压器两侧 H 桥开关管驱动信号间的相位滞后和超前来调节功率输出大小和方向。因此，与双向全桥 *LLC* 谐振变换器拓扑结构不同，DAB 拓扑结构不存在拓扑能量流动方向发生改变时的全

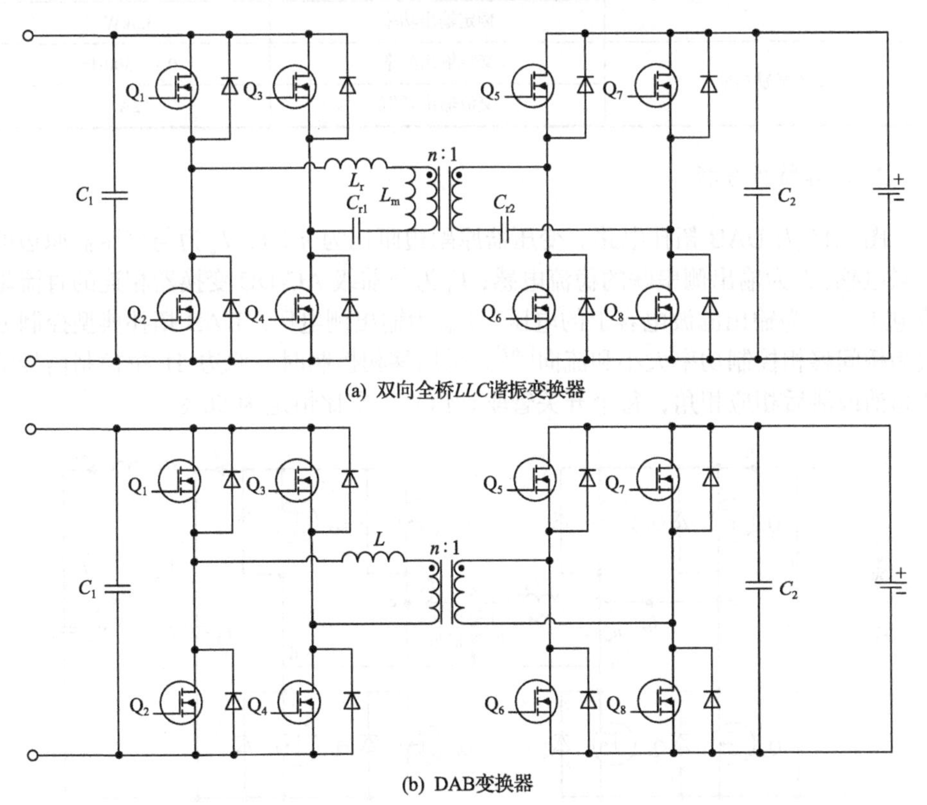

(a) 双向全桥*LLC*谐振变换器

(b) DAB变换器

图 3.14　适用于车载充电机的双向 DC-DC 变换器

桥工作模式切换问题，该拓扑结构能实现平滑的功率方向切换。相比于双向全桥 *LLC* 谐振变换器拓扑结构，DAB 拓扑结构更适用于产生交流激励的场合。因此，在本节的设计中，采用 DAB 拓扑结构实现对电池的双向充放电激励。

3.3.1 双向激励装置设计

1. 设计需求

参照车载充电机汽车行业标准 QC/T 895—2011《电动汽车用传导式车载充电机》，并结合进行电池阻抗测量的特殊需求，可对此交流激励装置的主要技术性能参数进行总结，见表 3.2。

表 3.2 交流激励装置的主要技术性能参数

功能	性能参数	参数值
充电功能	输入电压	400V
	输出电压范围	200～420V
	额定输出电压	336V
	额定输出功率	3.3kW
交流激励功能	交流输出频率	0.1～500Hz
	交流输出幅值	2A

2. 工作特性分析

图 3.15 为 DAB 拓扑电路。变压器原副边匝比为 n：1，L_s 为与变压器原边的串联电感，L 为输出侧串联的稳流电感；V_1 为与前级 AC-DC 变换器相连的直流母线电压，V_2 为输出滤波电容上的电压，V_{out} 为输出侧电压。DAB 拓扑典型控制方式为桥间移相控制功率大小和流向[169]。采用移相控制时，原边 H 桥控制信号整体超前或滞后相应相角，每个开关管驱动信号占空比恒定为 50%。

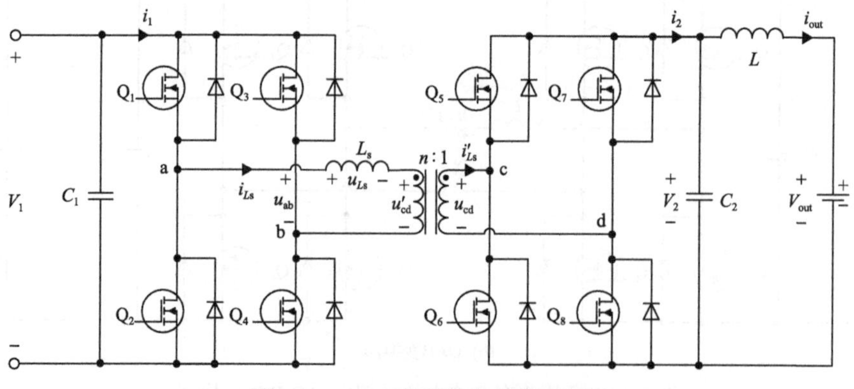

图 3.15 DAB 变换器主电路原理图

定义能量从初级侧流向次级侧为功率正向传输，反之为反向传输。忽略开关管死区时间和结电容的充放电，以功率正向传输过程中的一个开关周期为例进行工作模式分析，各部位典型波形如图 3.16 所示。

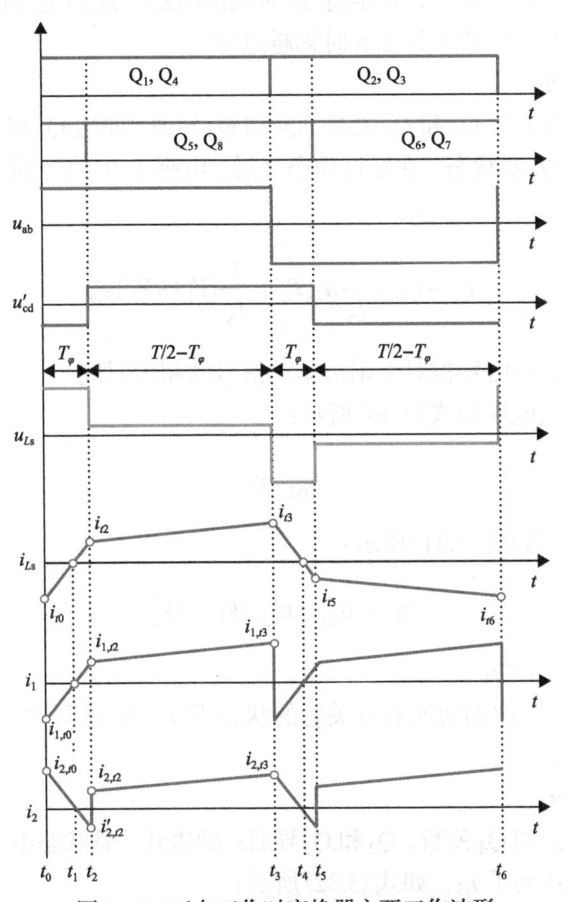

图 3.16　正向工作时变换器主要工作波形

1) 模式 1，t=t_0

在 t_0 时刻原边 Q_1 和 Q_4 导通，Q_2 和 Q_3 关断。此时由于控制的相位差，副边 Q_6 和 Q_7 仍处于导通状态，Q_5 和 Q_8 仍处于关断状态，且该时刻对应的串联电感电流为 i_{t0}，ab 和 cd 节点电压分别如式(3.26)和式(3.27)所示：

$$u_{\mathrm{ab}}=V_1 \tag{3.26}$$

$$u_{\mathrm{cd}}=-V_2 \tag{3.27}$$

则原边串联电感两端的电压 u_{Ls} 如式(3.28)所示：

$$u_{Ls}=u_{\mathrm{ab}}-u'_{\mathrm{cd}}=V_1+nV_2 \tag{3.28}$$

2）模式 2，$t_0<t<t_2$

在该时间段内，所有开关管维持 t_0 时刻的状态，原边电感两端电压仍为 u_{Ls} 且保持不变，电流线性增加并在 t_1 时刻越过零。

3）模式 3，$t=t_2$

该时刻副边开关管 Q_6 和 Q_7 关断，Q_5 和 Q_8 导通。原边 Q_1 和 Q_4 仍处于导通状态，Q_2 和 Q_3 处于关断状态。在经过模态 2 后，电感 L_s 电流达到了 i_{t2}，如式(3.29)所示：

$$i_{t2}-i_{t0}=\frac{1}{L_s}u_{Ls}T_\varphi=\frac{1}{L_s}(V_1+nV_2)T_\varphi \tag{3.29}$$

式中，T_φ 为原边驱动信号相对于副边驱动信号的超前时间。

此时，cd 节点电压如式(3.30)所示：

$$u_{\mathrm{cd}}=V_2 \tag{3.30}$$

则电感 L_s 两端电压如式(3.31)所示：

$$u_{Ls}=u_{\mathrm{ab}}-u'_{\mathrm{cd}}=V_1-nV_2 \tag{3.31}$$

4）模式 4，$t_2<t<t_3$

在该时间段内，原副边所有开关管的状态不变，电感两端的电压不变。电感电流 i_{Ls} 线性增加。

5）模式 5，$t=t_3$

该时刻原边 Q_1 和 Q_4 关断，Q_2 和 Q_3 导通；副边开关管状态不变。在经过模式 4 后，电感 L_s 电流达到了 i_{t3}，如式(3.32)所示：

$$i_{t3}-i_{t2}=\frac{1}{L_s}u_{Ls}\left(\frac{T}{2}-T_\varphi\right)=\frac{1}{L_s}(V_1-nV_2)\left(\frac{T}{2}-T_\varphi\right) \tag{3.32}$$

式中，T 为驱动信号周期。

此时，ab 节点电压如式(3.33)所示：

$$u_{\mathrm{ab}}=-V_1 \tag{3.33}$$

则电感 L_s 两端电压如式(3.34)所示：

$$u_{Ls}=u_{\mathrm{ab}}-u'_{\mathrm{cd}}=-V_1-nV_2 \tag{3.34}$$

6)模式 6，$t_3<t<t_5$

在该时间段内，所有开关管维持 t_3 时刻的状态，原边电感两端电压仍为 u_{Ls} 且保持不变，电流线性减小并在 t_4 时刻越过零。

7)模式 7，$t=t_5$

该时刻副边开关管 Q_6 和 Q_7 导通，Q_5 和 Q_8 关断；原边开关管状态不变。在经过模式 6 后，电感 L_s 电流达到了 i_{t5}，如式(3.35)所示：

$$i_{t5}-i_{t3}=\frac{1}{L_s}u_{Ls}T_\varphi=\frac{1}{L_s}(-V_1-nV_2)T_\varphi \tag{3.35}$$

且此时 cd 节点电压如式(3.36)所示：

$$u_{cd}=-V_2 \tag{3.36}$$

则电感 L_s 两端电压如式(3.37)所示：

$$u_{Ls}=u_{ab}-u'_{cd}=-V_1+nV_2 \tag{3.37}$$

8)模式 8，$t_5<t<t_6$

在该时间段内，所有开关管维持 t_5 时刻的状态，原边电感两端电压仍为 u_{Ls} 且保持不变，电流线性减小。

在 t_6 时刻所有状态将与 t_0 相同，且在 t_6 时刻的电感 L_s 电流如式(3.38)所示：

$$i_{t6}-i_{t5}=\frac{1}{L_s}u_{Ls}\left(\frac{T}{2}-T_\varphi\right)=\frac{1}{L_s}(-V_1+nV_2)\left(\frac{T}{2}-T_\varphi\right) \tag{3.38}$$

且考虑到稳定工作时应有式(3.39)成立：

$$i_{t0}=i_{t6} \tag{3.39}$$

通过联立式(3.29)、式(3.32)、式(3.35)、式(3.38)和式(3.39)可以解得电感电流最大值如式(3.40)所示，其中，将移相占空比定义为 $D=2\pi T_\varphi/T$，驱动信号的频率 $f=1/T$。

$$i_{t3}=-i_{t0}=-i_{t6}=\frac{2nDV_2+V_1-nV_2}{4L_sf} \tag{3.40}$$

电感电流有效值按式(3.41)进行计算：

$$I_{Ls,RMS}=\sqrt{\frac{2}{T}}\sqrt{\int_{t_0}^{t_2}\left(i_{t0}+\frac{V_1+nV_2}{L_s}t\right)^2\mathrm{d}t+\int_{t_2}^{t_3}\left(i_{t2}+\frac{V_1-nV_2}{L_s}t\right)^2\mathrm{d}t} \tag{3.41}$$

可以计算得其最大值如式(3.42)所示：

$$I_{Ls,\mathrm{RMS,max}}=\frac{\sqrt{3}}{3}\sqrt{8-8\frac{nV_2}{V_1}+12D_{\max}(1-D_{\max})}\frac{V_1}{8L_\mathrm{s}f} \tag{3.42}$$

式中，$D_{\max}$为工作最大移相占空比。

当拓扑工作在稳定状态时，平均输入功率如式(3.43)所示[171]：

$$P=\frac{nV_1V_2}{2L_\mathrm{s}f}D(1-D) \tag{3.43}$$

由于 DAB 拓扑结构存在对称性，在 t_6 以后的工作情况与 t_0～t_3 内类似，此处不再分析。

3. 关键器件、电路设计或选型

1)储能电感和变压器设计

根据表 3.2 所列的双向 DC-DC 变换器技术指标，以拓扑直流母线电压 V_1=400V、标称输出电压 $V_{\mathrm{out,norm}}$=336V、标称输出功率 $P_{\mathrm{out,norm}}$=3300W 为例进行详细设计。对于 DAB 拓扑，移相占空比最大值 $D_{\max}$=0.5。根据 DAB 变换器实现软开关的最大区间来确定，使在额定工况下拓扑升压比为 1，则有变压器的原副边匝数比如式(3.44)所示：

$$n=\frac{V_1}{V_{\mathrm{out,norm}}}\approx 1.2 \tag{3.44}$$

在变压器变比和开关频率都确定的情况下，拓扑最大输出功率由瞬时储能电感值决定。考虑到电池在低 SOC 时应该具有最大的充电功率，因此在输出电压为最小 V_2=200V 且输入电压 V_1=400V 时，输出功率应该达到最大功率 3.3kW。在开关频率 f=100kHz 下，依据式(3.43)计算能够实现 3.3kW 最大功率的电感值，如式(3.45)所示：

$$L_\mathrm{s}=\frac{nV_1V_2}{2fP_{\mathrm{out,norm}}}D_{\max}(1-D_{\max})=3.6364\times10^{-5}\ \mathrm{H} \tag{3.45}$$

考虑到效率损失，实际取 L_s=35μH。此时，变压器原边串联电感上的电流峰值达到最大值，将此时的输入电压、输出电压和串联电感值代入式(3.40)可以计算得到，如式(3.46)所示：

$$I_{Ls,\max}=\frac{2nD_{\max}V_2+V_1-nV_2}{4L_\mathrm{s}f}=28.571\ \mathrm{A} \tag{3.46}$$

此时原边上电感电流有效值也最大，如式(3.47)所示：

$$I_{Ls,\mathrm{RMS},\max}=\frac{\sqrt{3}}{3}\sqrt{8-8\frac{nV_2}{V_1}+12D_{\max}(1-D_{\max})}\frac{V_1}{8L_s f}=20.537\ \mathrm{A} \tag{3.47}$$

在确定了电感值、峰值电流和最大电感电流有效值后，采用面积乘积法(AP法)对电感和变压器进行设计，并相应进行功率金属-氧化物半导体场效应晶体管(metal-oxide-semiconductor field-effect transistor，MOSFET)的选型。

2)低压控制电路设计

本例中选用 TI TMS320F28035 作为控制器。F28x35 系列数字信号处理器(digital signal processor，DSP)是 32 位高性能定点信号处理器，主频最高 60MHz，指令执行周期达到 6.67ns，具备高水准的运算处理能力。此外 F28x35 系列 DSP 具备丰富的资源，包括 6×2 路高精度 ePWM 模块，2 路 eCAN 模块，2 个事件管理模块，12 位 A/D 采样模块和丰富的输入输出接口，其强大的功能可以满足多种应用场合，适用各类低功耗、高性能的控制系统。

如图 3.17 所示，MOSFET 采用 TOSHIBA TLP152 开关管驱动光耦进行隔离驱动，同时为了可靠驱动开关管，采用输出为 12V/–3.5V、型号为 MORNSUN QA121C2 的隔离电源。为了提高 DSP 的驱动能力，在输入输出接口后级连接了施密特缓冲器 SN74AC14。此外还通过在 GS 极之间并联纳法级电容来抑制米勒电流引起的 GS 尖峰。该方法会牺牲一定的开关速度，但能以低廉的成本取得优秀的驱动信号尖峰和振荡抑制效果。

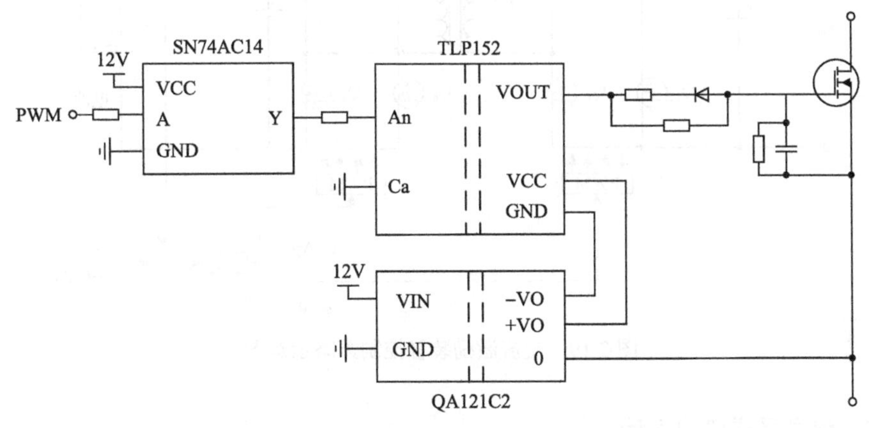

图 3.17　开关管隔离驱动电路原理图

为了实现交流激励和充电功能需对输出电流进行闭环控制。本书设计中选择 Allegro 小封装、汽车级 ACS725-30AB 霍尔电流传感器实现电流采样，输入电流范围为±30A，输出带宽达 120kHz。电流采样电路原理如图 3.18 所示。

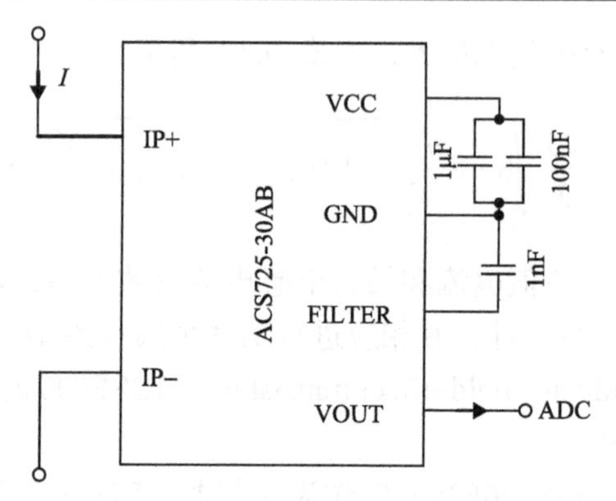

图 3.18　电流采样电路原理图

4. 充电-激励装置控制

所设计的 DC-DC 变换器既要能够产生直流电流给电池充电，又要能产生交流电流用于测量电池的阻抗。DC-DC 变换器的输出电流控制采用电流环的闭环控制策略，并根据输出为交流或直流进行输出电流参考值的选择和切换，如图 3.19 所示。控制过程中，原边的 MOSFET 驱动信号相位保持不变，输出电流通过改变副边的 MOSFET 驱动信号与原边信号的相位差 $\Delta\varphi$ 进行控制。

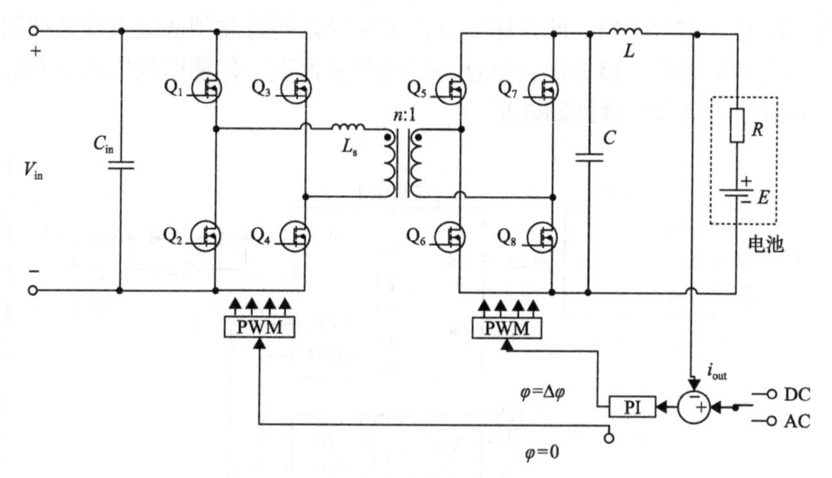

图 3.19　交流激励装置控制策略示意图

3.3.2　信号采样模块设计

1. 信号测量模块需求

实际的电动汽车电池组往往由多个单体电池(或并联模块)串联后组成，为了实现每个单体电池的阻抗测量，需要对每个串联单体电池的电压和串联电池组的电流进行测量。在测量速率方面，由于在线应用中主要关注的单体电池的阻抗频率范围为 0.1～500Hz(具体见第6、7章分析)，若以20倍的过采样计算，最高采样频率需求为 10kHz。同时考虑到在目前常见的分布式电池管理系统中，单体电池电压测量在 LECU 中实现，而电流测量则在 CECU 中实现，即电压和电流是分开于不同的控制器中进行测量，故需要对控制器之间的时钟进行同步。因此，高速率、高精度、分布式是对信号测量装置的基本要求。

2. 信号测量装置设计

1) 多通道单体电压测量

为了提高测量的频率和精度，设计了串联电池组的电压测量装置，本例电池管理中的每个从控制器实现 6 通道单体电压采样，其设计方案如图 3.20 所示。6 个串联电池的单体电压将通过多通道开关 MUX507 顺序选通，经运算放大器 AD8421 调理后，连接至单通道的 ADC LTC2367-18 实现电压测量。相比于多路 A/D 同步采样，此方案在抗共模电压、电路器件数量上都具有优势。其中 A/D 采样芯片具有高速串行外设接口(serial peripheral interface, SPI)，最高可实现 500kHz 的采样频率；多通道开关选用提供 8∶1 差分通道，转换时间只需 85ns。为了缩短采样时间，采用 6 个单体电池轮询扫描测量的方式，在 SPI 时钟频率 7.5MHz 下可实现 150kHz 的扫描测量频率，对应到每个单体电池的采样频率可达到 25kHz。因此，本设计可以满足阻抗测量时对信号采样频率的要求。

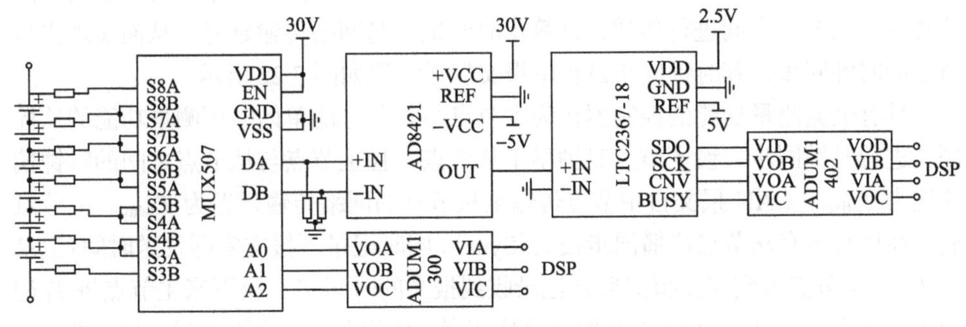

图 3.20 多通道轮询的串联单体电池电压测量电路

2) 电池组激励电流测量

本设计方案中，串联电池组中所有单体具有相同的激励电流，因此电流采样在电池管理系统主控制器中实现。串联电池组的电流测量选择一款高压、高分辨率电流检测放大器 AD8421，信号增益 20V/V，偏置电压 2.5V，选择阻值 50mΩ 的采样电阻，经计算可得，激励电流幅值为 2A 时，运算放大器输出电压范围为 0.5～4.5V，满足 LTC2367-18 的输入范围。串联电池组电流测量电路如图 3.21 所示。

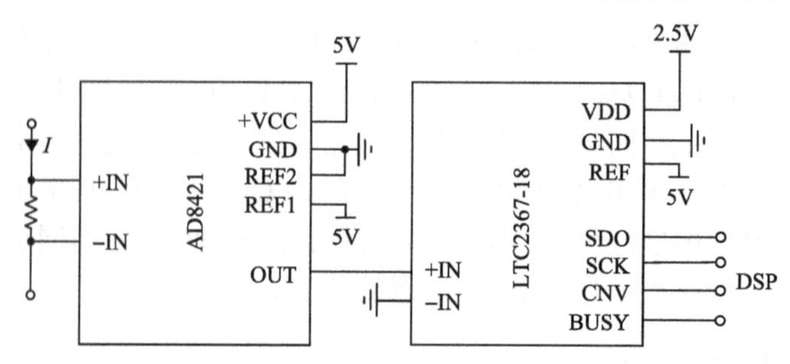

图 3.21　串联电池组电流测量电路

3. 信号采样同步方法

在分布式电池管理系统中，由于单体电池电压和电流的测量由不同的控制器完成，为了计算阻抗，需要对测量得到的电压和电流信号进行同步(注意，对于某些集中式的电池管理系统，不存在控制器间的同步问题，但电压、电流采样依然有同步要求)，防止电压、电流信号采样不同步带来阻抗的相角误差。为了解决上述问题，本设计方案中采用主从时钟同步算法来解决该问题[172]。

在现有分布式电池管理系统中，主从控制器之间一般采用 CAN 总线通信。因此，这里选取 CAN 网络中的一个节点作为主节点(对分布式电池管理系统可以选择主控单元作为主节点)，作为时钟同步的固定参考，其他网络节点都为从节点(对于分布式管理系统可以选择从控单元作为从节点)，通过 CAN 报文将同步的时间信息在主从节点之间进行传递，计算出时间偏差与网络传输延时，从而实现主从节点的时钟同步，其时钟同步过程中报文发送流程如图 3.22 所示。

具有电流测量功能的控制器作为主节点与具备电池单体电压测量功能的从控制器进行时钟同步。设主节点时钟早于从节点，且主节点与从节点之间的时钟偏差记为 T_{offset}，CAN 报文自主节点传输至从节点的网络传输延迟为 T_{delay}。主节点周期性地对所有从节点广播同步报文(Sync)，同时记录下报文实际发送时间(记录为 T_1)。从节点收到同步报文后并记录收到报文的时间 T_2，接下来主节点将 T_1 记录于跟随报文(Follow-Up)中并发送给从节点。从节点在收到跟随报文后，等待一段时间，在总线空闲时向主节点发送延时请求报文(Delay-Req)，从节点记录报文发出的时间(记为 T_3)，主节点收到延时请求报文并记录收到的时间 T_4，然后通过发送响应报文(Delay-Resp)将 T_4 值传输给从节点。到此便完成了主从节点之间时钟同步的报文发送过程。根据上述主从时钟同步算法可以得到式(3.48)：

$$\begin{cases} T_1 - T_{\text{offset}} + T_{\text{delay1}} = T_2 \\ T_3 + T_{\text{offset}} + T_{\text{delay2}} = T_4 \end{cases} \tag{3.48}$$

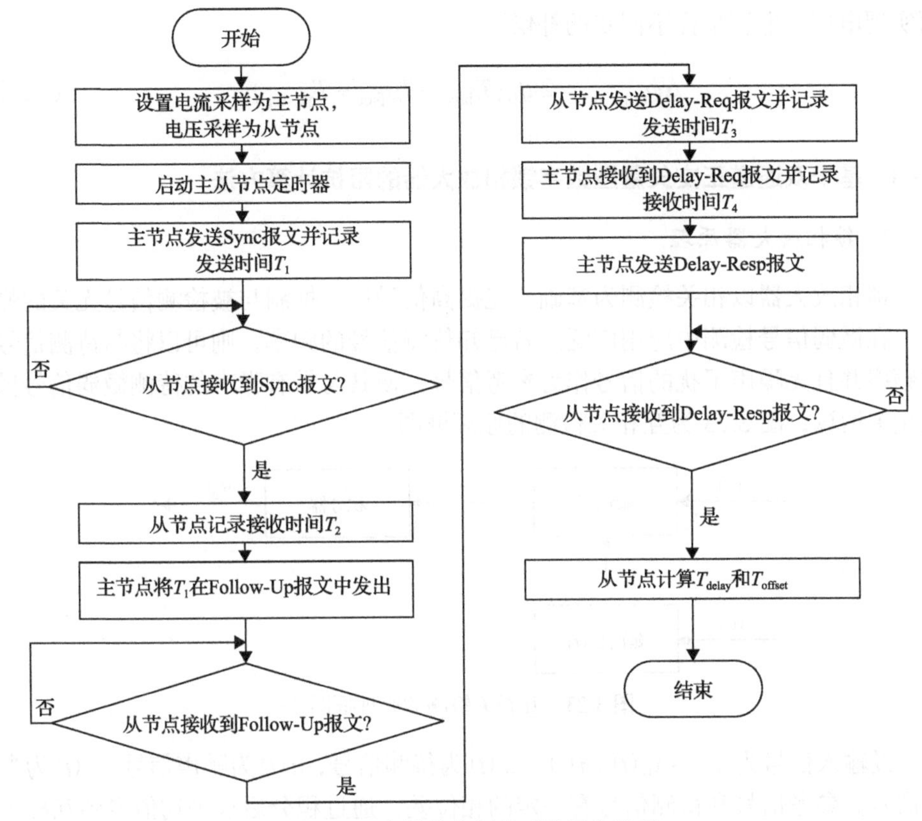

图 3.22　主从节点间的时钟同步流程

假定 CAN 网络总线中主从节点之间的报文传输线路完全对称，则有主从节点发送的报文在网络上传输延时相等，记为 T_{delay}，则有 $T_{delay1}=T_{delay2}=T_{delay}$，从而能够得到主从节点之间的网络传输延迟和时钟偏差，如式(3.49)所示。依据主从时钟同步算法，从节点在接收到主节点的响应报文之后，根据式(3.49)便可得到相对于主节点的时钟偏差。

$$\begin{cases} T_{delay} = (T_2 - T_1 - T_3 + T_4)/2 \\ T_{offset} = (T_1 - T_2 - T_3 + T_4)/2 \end{cases} \tag{3.49}$$

在阻抗测量过程中，频率为 f_0 的电流和电压信号以采样频率 f_s 进行采样。主节点发出测量开始报文后，将第一个电流采样点的采样时刻标记为 T_{master}。从节点收到测量开始报文后，将第一个电压采样点的采样时刻标记为 T_{slave}。当信号测量结束后，电流信号被主节点传递至从节点以进行阻抗的计算。此时，由于两个控制器之间开始采样的时间延迟导致单体电池电压采样延迟，所得阻抗相角延迟按照式(3.50)计算，将计算得到的阻抗相角减去该相角延迟即得真实阻抗相角，从而实现电压、电流采样不同步的补偿。

$$\Delta\varphi_{\text{nonsync}} = 2\pi f_0\left(T_{\text{slave}} + T_{\text{offset}} - T_{\text{master}}\right) \tag{3.50}$$

3.3.3 基于双通道正交矢量型数字锁相放大器的阻抗计算方法

1. 锁相放大器原理

锁相放大器以相关检测为基础，能提高信噪比，抑制与被检测信号无关的噪声，在微弱信号检测中应用广泛。若已知待测信号的频率，则可以将与待测信号同频率并且无噪声干扰的信号作为参考信号，使其与带有噪声的待测微弱信号做互相关运算，图 3.23 为互相关检测的原理框图。

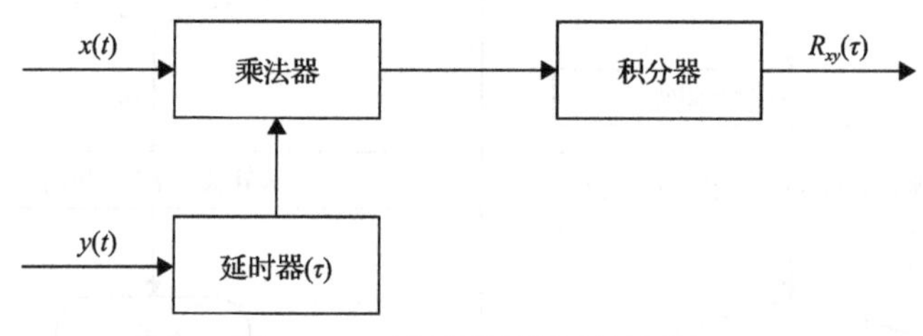

图 3.23　互相关检测的原理框图

设输入信号为 $x(t)=x_0(t)+n(t)$，$x_0(t)$ 为待测信号，$n(t)$ 为噪声信号，$y(t)$ 为参考信号。参考信号和待测信号有一定的相位差，通过积分后求平均值得到互相关结果 $R_{xy}(\tau)$，如式(3.51)所示：

$$\begin{aligned} R_{xy}(\tau) &= \lim_{T\to\infty}\frac{1}{2T}\int_{-T}^{T} x(t)y(t-\tau)\mathrm{d}t \\ &= \lim_{T\to\infty}\left[\frac{1}{2T}\int_{-T}^{T} x_0(t)y(t-\tau)\mathrm{d}t + \frac{1}{2T}\int_{-T}^{T} n(t)y(t-\tau)\mathrm{d}t\right] \\ &= R_{x_0y}(\tau) + R_{ny}(\tau) \end{aligned} \tag{3.51}$$

需要注意的是，$y(t)$ 与信号 $x_0(t)$ 相关，与噪声信号 $n(t)$ 不相关，因此有 $y(t)$ 与噪声信号 $n(t)$ 的互相关结果 $R_{ny}(\tau)=0$，可以得到式(3.52)：

$$R_{xy}(\tau) = R_{x_0y}(\tau) \tag{3.52}$$

由式(3.52)可以看出，经过互相关检测后，噪声项被去除，因而大大提高了输出信噪比。

基于相关运算的锁相放大器一般包括模拟锁相放大器(analog lock in amplifier，ALIA)和数字锁相放大器(digital lock in amplifier，DLIA)[173]。模拟锁相放大器的构成如图 3.24 所示。输入信号和参考信号分别通过信号通道和参考通道进入相关器进行乘法解调运算，再由低通滤波器滤除交流分量，最后输出相关检测结果。

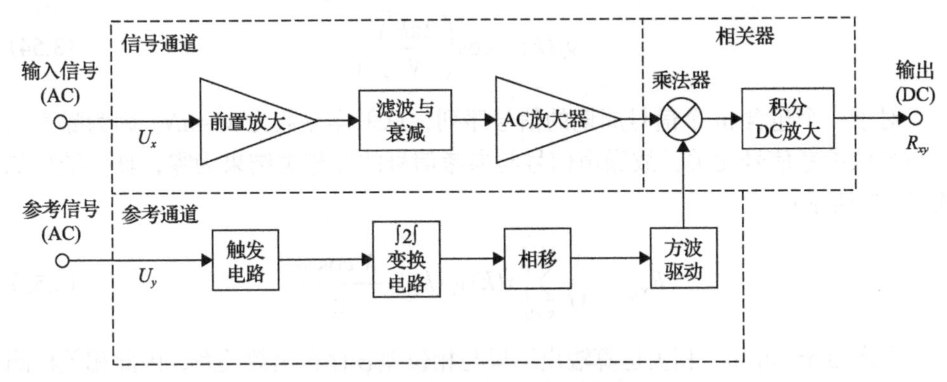

图 3.24　模拟锁相放大器构成

模拟锁相放大器面临着系统噪声大、器件参数漂移、灵活性差等缺点。数字锁相放大器基于数字信号处理器的优势能够极大地保证信号测量的精度和灵活性[174]。它将模拟锁相放大器中的相敏检波器由数字方法实现。数字锁相放大器通过高速采样模数转换器将模拟信号转换为离散的信号序列，再由数字信号处理器进行数字解调运算。由于将传统模拟锁相放大器参考通道中的触发电路、相移电路等改成数字信号处理器内部合成，能够改善系统性能，减少干扰的产生，提高稳定性。数字锁相放大器基本结构如图 3.25 所示。

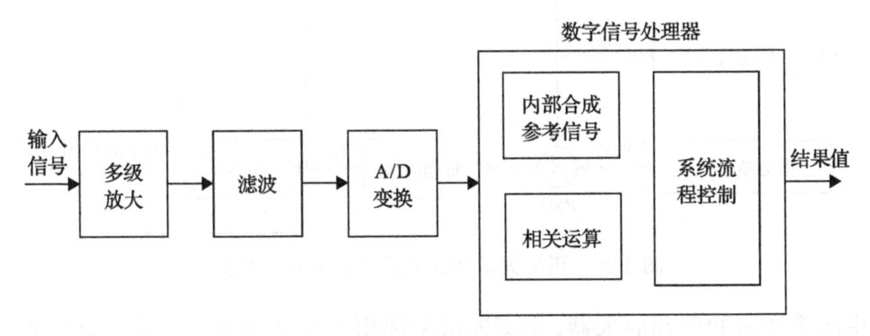

图 3.25　数字锁相放大器基本结构

以下简单介绍数字锁相放大器的信号计算与处理过程。设有带噪声的模拟信号为 $x(t)=x_0(t)+n(t)=X\cos(2\pi f_0 t+\varphi)+n(t)$。以采样频率 $f_s=Nf_0\,(N>3)$ 对信号 $x(t)$ 进行采样得到离散信号序列 $x(k)$。其中 $x_0(k)$ 如式(3.53)所示：

$$x_0(k)=X\cos\left(2\pi f_0 k\tau+\varphi\right)=X\cos\left(\frac{2\pi k}{N}+\varphi\right) \tag{3.53}$$

同样，对单位幅值的参考信号 $y_c(t)=\cos(2\pi f_0 t)$ 采样后得到离散的参考信号序列 $y_c(k)$，如式(3.54)所示：

$$y_c(k)=\cos\left(\frac{2\pi k}{N}\right) \tag{3.54}$$

对于一个包含 m 个信号周期的信号序列，总采样点数为 $M=mN$。因为噪声信号与余弦参考信号无关，故噪声信号与参考信号的互相关结果为零，具体结果如式(3.55)所示：

$$R_{xy_c}=\frac{1}{M}\sum_{k=0}^{M-1}x(k)y_c(k)=\frac{X\cos\varphi}{2} \tag{3.55}$$

由式(3.55)可知，相关运算输出结果与相位差 φ 存在函数关系，因此相关检测器又称相敏检波器(phase sensitive detector，PSD)[175]。相关运算的结果输出值与被测信号与参考信号的相位差 φ 有关，当 $\varphi=0°$ 或 $\varphi=180°$ 时 R_{xy_c} 最大。由于在实际应用中，无法精确获得被测信号与参考信号间的相位差，从而无法根据式(3.55)计算信号幅值。为了去除相位差 φ 的测量给计算带来的不便，采用正交矢量型锁相放大器[176]来进行幅值计算。图 3.26 表示正交矢量型锁相放大器的基本结构。

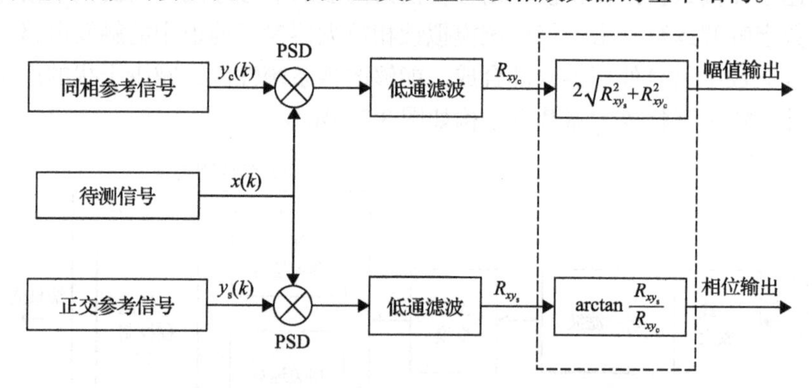

图 3.26　正交矢量型锁相放大器的基本结构

相比单通道的锁相放大器，正交矢量型锁相放大器增加了一路正交参考信号，为 $y_s(t)=\sin(2\pi f_0 t)$，经采样后可以得到离散的参考信号序列，如式(3.56)所示：

$$y_s(k)=\sin\left(\frac{2\pi k}{N}\right) \tag{3.56}$$

将被测信号与正交参考序列进行互相关运算可得互相关结果，如式(3.57)所示：

$$R_{xy_s}=\frac{1}{M}\sum_{k=0}^{M-1}x(k)y_s(k)=\frac{X\sin\varphi}{2} \tag{3.57}$$

综合同相相关运算(式(3.55))与正交相关运算的结果，可以消去相位差φ得到式(3.58)：

$$X = 2\sqrt{R_{xy_c}^2 + R_{xy_s}^2} \tag{3.58}$$

由此可以看出，采用正交矢量型相关检测方法可以去除参考信号与待测信号相位差φ对输出结果的影响，由此可以准确得到被测正弦信号序列的幅值 X。另外通过R_{xy_s}和R_{xy_c}可以求出相位差φ，如式(3.59)所示：

$$\varphi = \arctan\left(\frac{R_{xy_s}}{R_{xy_c}}\right) \tag{3.59}$$

2. 基于数字锁相放大器的阻抗计算方法

在采用正交矢量型数字锁相放大器测量一定频率下的阻抗信息时，首先生成同频的正弦参考序列和余弦参考序列，然后将待测信号采样序列与同相正交参考信号序列分别相乘，再将计算结果相加求和，经过$2N$次乘法和$2(N-1)$次加法运算，便可得到一个周期的互相关检测信息[177]。数字锁相放大器的谐波抑制能力和灵活性较强，同时没有直流漂移，可以根据需要随时调整采样速度[178]。可以看出，正交矢量型数字锁相放大器可以同时得到同相分量和正交分量，从而可以精确算出待测信号的幅值和相。根据所测电池的激励电流和响应电压，按照式(3.60)可以计算电池阻抗：

$$Z_{\text{bat}} = \frac{u}{i} \tag{3.60}$$

基于数字锁相放大器基本原理，将电压和电流信号分别和参考信号进行互相关运算，可以得到电压和电流信号的幅值和相对参考信号的相位差，从而计算出阻抗的幅值和相角，下面对阻抗计算过程进行详细分析。

在保证EIS测量的线性要求的前提下，电池的电流信号为同频率的正弦信号，为$i(t)=I\cos(2\pi f_0 t+\varphi_I)$，其中$I$为电流信号的幅值，$\varphi_I$为相位。对电池进行激励后的正弦响应电压为$u(t)=U\cos(2\pi f_0 t+\varphi_U)$，其中$U$表示电压的幅值，$\varphi_U$表示电压的相位。对电压和电流信号分别进行A/D采样，得到信号序列如式(3.61)所示：

$$\begin{cases} u(k) = U\cos\left(\dfrac{2\pi k}{N} + \varphi_U\right) \\ i(k) = I\cos\left(\dfrac{2\pi k}{N} + \varphi_I\right) \end{cases},\quad k = 0,1,2,\cdots,M-1 \tag{3.61}$$

设同相和正交参考信号序列分别如式(3.62)和式(3.63)所示：

$$y_{\mathrm{c}}(k)=\cos\left(\frac{2\pi k}{N}\right) \tag{3.62}$$

$$y_{\mathrm{s}}(k)=\sin\left(\frac{2\pi k}{N}\right) \tag{3.63}$$

则电压信号和参考信号的相关运算过程如式(3.64)和式(3.65)所示：

$$R_{Uy_{\mathrm{c}}}=\frac{1}{M}\sum_{k=0}^{M-1}U\cos\left(\frac{2\pi k}{N}+\varphi_U\right)\cos\left(\frac{2\pi k}{N}\right)=\frac{U}{2}\cos\varphi_U \tag{3.64}$$

$$R_{Uy_{\mathrm{s}}}=\frac{1}{M}\sum_{k=0}^{M-1}U\sin\left(\frac{2\pi k}{N}+\varphi_U\right)\sin\left(\frac{2\pi k}{N}\right)=\frac{U}{2}\sin\varphi_U \tag{3.65}$$

因此可以得到电压信号的幅值和相对参考信号的相位，分别如式(3.66)和式(3.67)所示：

$$U=2\sqrt{R_{Uy_{\mathrm{c}}}^2+R_{Uy_{\mathrm{s}}}^2} \tag{3.66}$$

$$\varphi_U=\arctan\left(\frac{R_{Uy_{\mathrm{s}}}}{R_{Uy_{\mathrm{c}}}}\right) \tag{3.67}$$

同理可得电流信号的幅值和相对参考信号的相位如式(3.68)和式(3.69)所示：

$$I=2\sqrt{R_{Iy_{\mathrm{c}}}^2+R_{Iy_{\mathrm{s}}}^2} \tag{3.68}$$

$$\varphi_I=\arctan\left(\frac{R_{Iy_{\mathrm{s}}}}{R_{Iy_{\mathrm{c}}}}\right) \tag{3.69}$$

根据阻抗计算公式(3.60)可得阻抗模和阻抗相角如式(3.70)和式(3.71)所示：

$$|Z_{\mathrm{bat}}|=\frac{U}{I} \tag{3.70}$$

$$\varphi=\varphi_U-\varphi_I \tag{3.71}$$

3.3.4　电化学阻抗谱在线测量的实验验证

1. 实验对象

本节使用 8Ah 方形硬壳 $LiFePO_4$ 电池为研究对象，具体参数见表 3.3。

表3.3　测试使用的8Ah $LiFePO_4$电池基本参数

参数名称	参数值
额定电压/V	3.2
额定容量/Ah	8
电极材料	$LiFePO_4$/C
电芯尺寸/(mm×mm×mm)	18×80×120
电池质量/kg	0.33

2. 实验设置

对于上述阻抗测量方法可通过实验验证，验证实验所采用的设备见表3.4。多通道EIS设备所测结果作为实际值，并与自行设计的阻抗测量系统测量得到的电池阻抗进行对比，以便进行误差分析，系统测量得到的阻抗通过CAN接口卡上传至上位机。

表3.4　测试中所使用设备的基本参数

设备名称	品牌及型号	最大性能参数	说明
多通道EIS测量仪	TOYO DA500	10通道	测试串联电池组单体电池EIS，作为真实值
CAN接口卡	ZLG USBCAN-II	2通道	接收控制器传输的数据

在进行电池阻抗测量功能验证时，仅给出6个8Ah $LiFePO_4$电池单体的阻抗测量结果及对比情况。

3. 阻抗测量结果对比

图3.27为阻抗测量系统测量的结果与多通道测量设备得到的电池EIS对比。从测量结果可以看出，所设计的串联电池组阻抗测量系统能够实现对串联的多个单体电池进行阻抗测量，并且能够完整地表达出EIS形状，初步验证了该方法能够实现串联电池组中各单体电池阻抗测量的功能。

图3.28和图3.29分别为测量得到的不同频率下的电池阻抗绝对误差和相对误差。在大多数频率点下，阻抗相角的绝对误差在±2°之内，阻抗模在-0.1×10^{-3}～$0.3\times10^{-3}\Omega$内。具体地，由相对误差曲线可以看出，在0.2～200Hz频率范围内，阻抗相角测量相对误差小于15%，均方根误差小于6.9%；在0.1～500Hz频率范围内，阻抗模测量相对误差小于12.5%，均方根误差小于4.0%。总体来看，所测阻抗精度略优于Howey等[179]、Lee等[30]的测量结果。

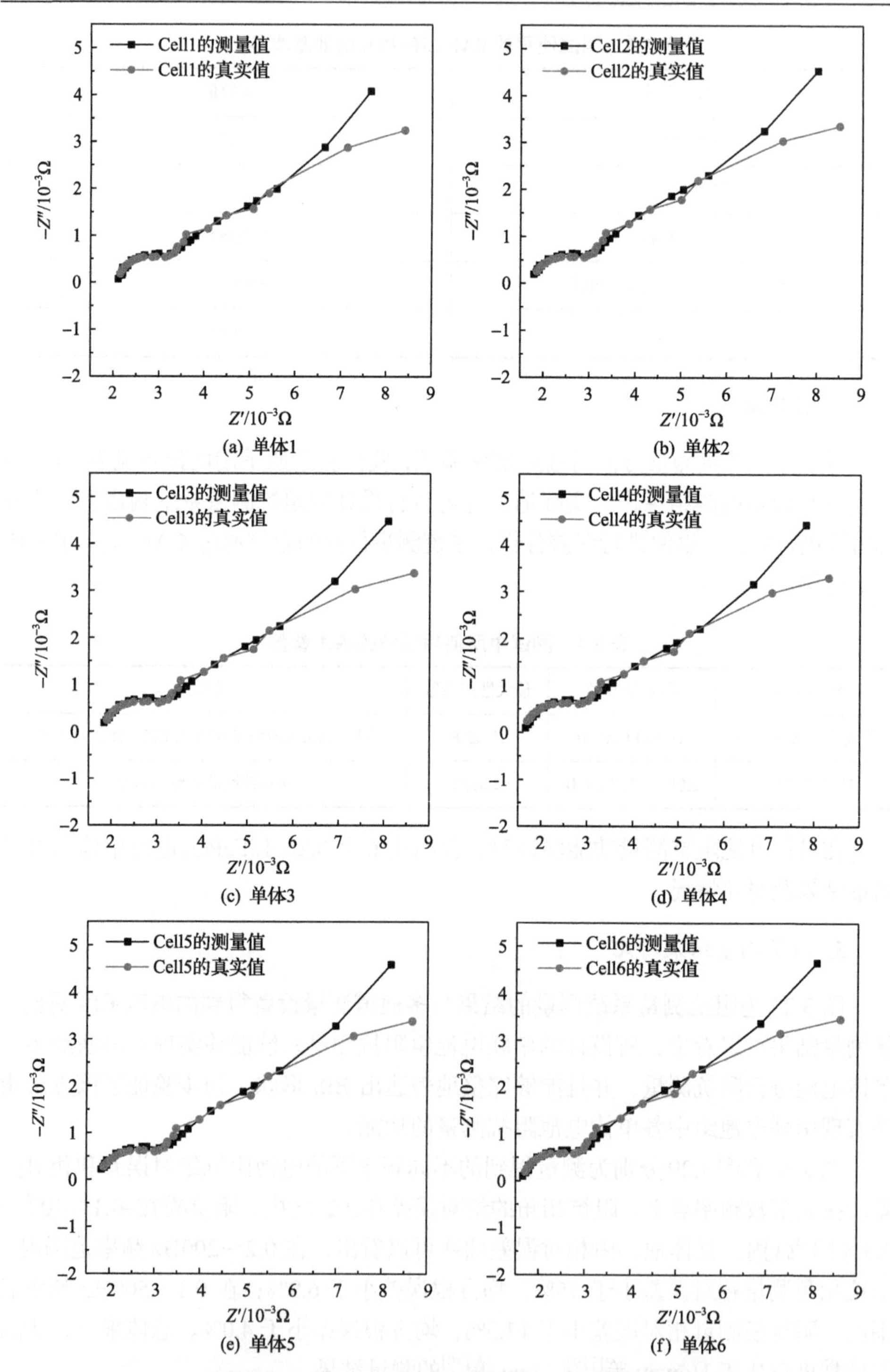

图 3.27　测量得到的电池 EIS 和电化学工作站所测量得到的 EIS 对比

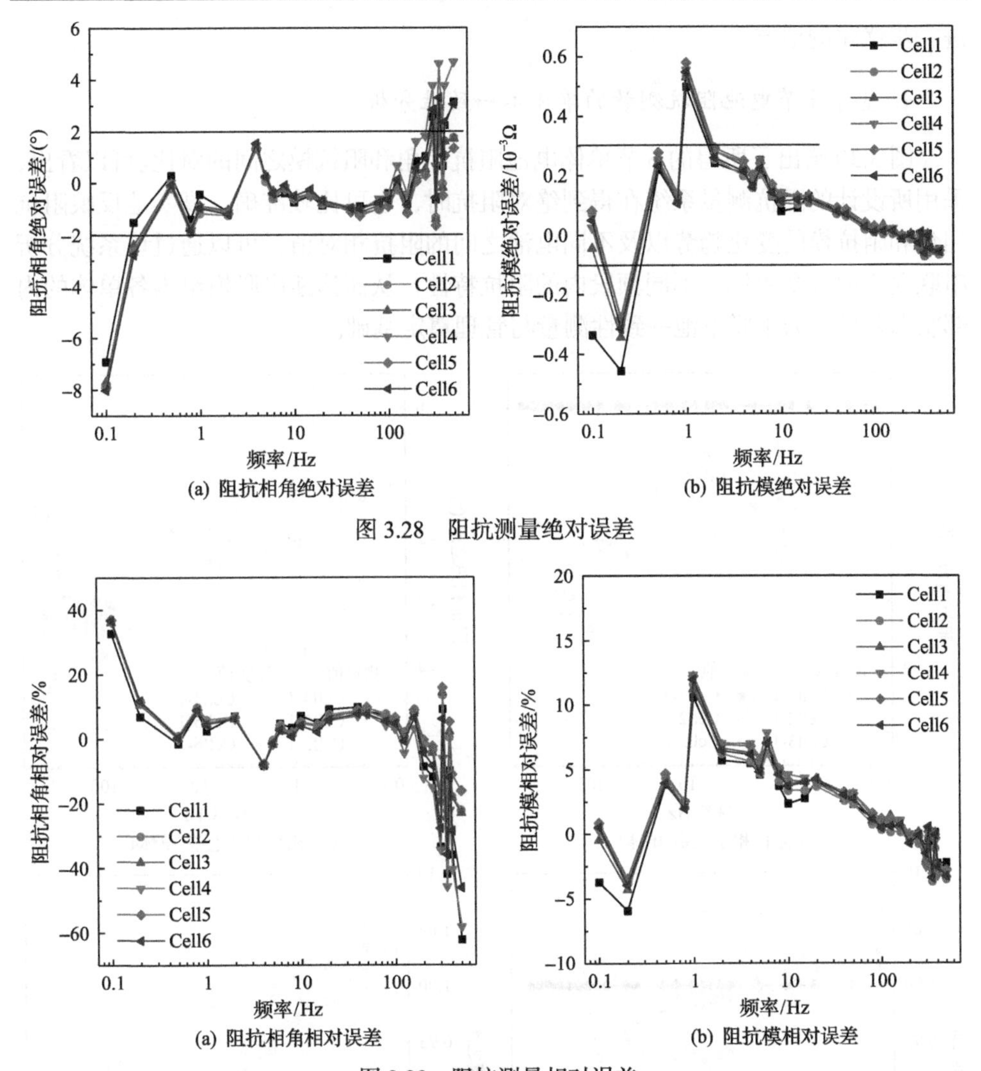

(a) 阻抗相角绝对误差　(b) 阻抗模绝对误差

图 3.28　阻抗测量绝对误差

(a) 阻抗相角相对误差　(b) 阻抗模相对误差

图 3.29　阻抗测量相对误差

由图 3.29 可以看出，测量阻抗相角在低频和高频出现了较大的相对误差。在实验所涉及的频率范围内，电池在高频下阻抗相角较小，根据数字锁相放大器阻抗相角的计算公式(3.59)可知，反正切函数在小阻抗相角下对自变量的值较敏感，因此采样精度对高频下阻抗相角的影响很大。低频下电池组的阻抗相角和阻抗模也出现了较大的变动，这是由于低频时阻抗相角和阻抗模都比较大，分析认为，主要由阻抗测试过程中条件控制的差异所致。在采用电化学工作站进行电池阻抗谱测量时，在单个激励信号周期便可完成测量，而所设计的阻抗测量系统需要多个周期的采样以计算得到阻抗。在长时间激励下内部温度和状态发生变化，导致阻抗模和阻抗相角的测量产生了比较大的误差，这也是在后续研究中该方法需要进一步优化的地方。

4. 基于多节电池阻抗测量的单体不一致性分析

图 3.30 给出了所得的 6 节单体电池阻抗相角和阻抗模之间的对比。可以看出，采用所设计的阻抗测量系统在得到绝对阻抗时，也可比较准确、真实地反映阻抗相角和阻抗模的变化趋势以及不同电池之间的阻抗相对值，可以通过该系统分析串联模组内各个单体在不同频段内的阻抗特性，从而诊断串联模组内各单体的内部状态差异，为串联电池一致性测量与管理奠定基础。

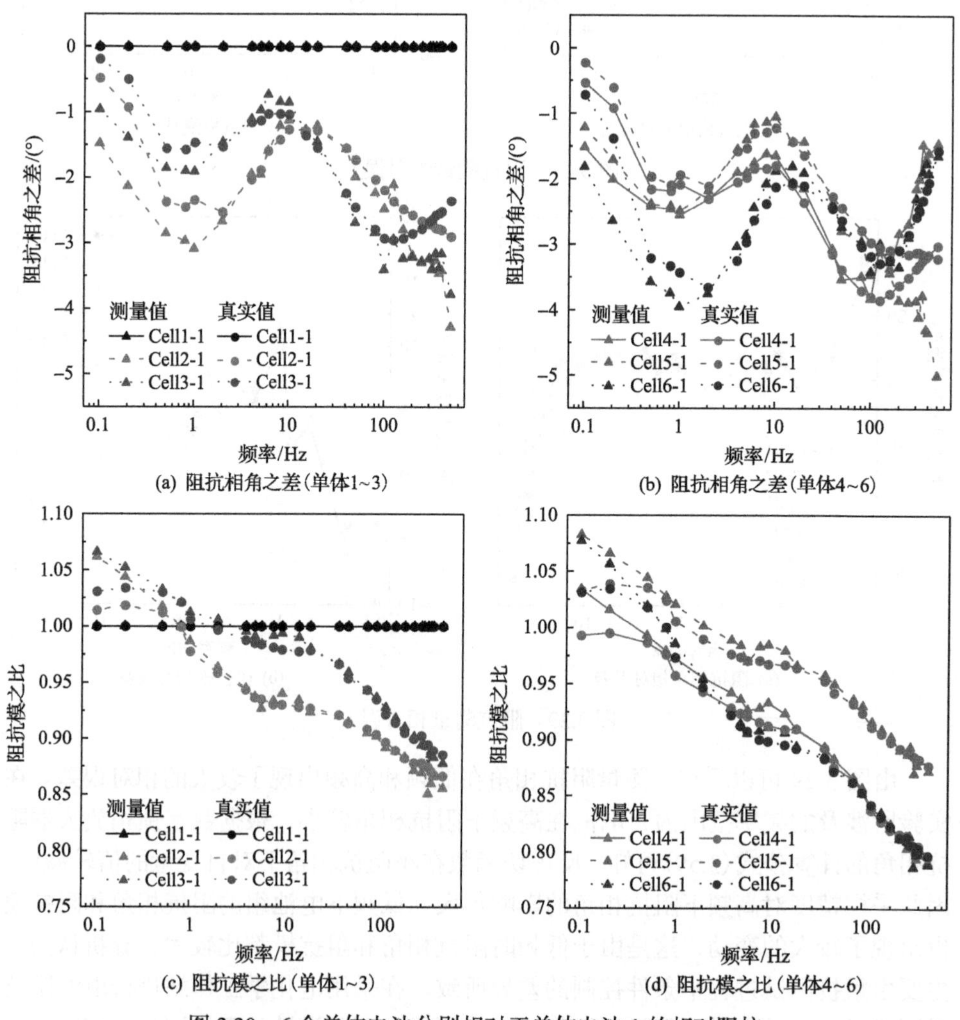

图 3.30 6 个单体电池分别相对于单体电池 1 的相对阻抗

可见，本节所提出的基于 DAB 变换器和分布式信号采样的电池阻抗在线测量方法原理是可行的，精度也能达到应用需求。但需要说明的是，本节所提出的电池阻抗在线获取方法仍处于原理样机阶段，真正要能实现电池阻抗的在线获取仍需技术的进一步突破。例如，对于激励源，需要双向充电机的支持，而这一点实际可以与车辆到电网技术(vehicle to grid, V2G)功能结合考虑；对于分布式信号采样，本节采用分立元件搭建的电路实现，而在未来可实现芯片级集成，这可以进一步提高可靠性、降低成本。

3.4 本章小结

本章首先提出并验证了两种电池 EIS 的在线获取方法。第一种方法利用电流突变过程中的电压、电流信号分析，实现电池阻抗的在线快速计算。在本章中，以小波变换作为信号时频分析方法，展示了该方法的原理及实现过程。第二种方法将用于电池阻抗测量的原理集成于车载充电机和电池管理系统，通过对车载充电机及电池管理系统进行重新设计，实现交流激励及响应测量，从而实现电池阻抗的在线测量。通过实验结果验证了上述两种电池阻抗在线获取方法的准确性和可行性。

第4章　动力电池电化学阻抗谱在线获取结果的影响因素分析

4.1　引　　言

第 3 章介绍了动力电池 EIS 的获取方法。一般认为，动力电池 EIS 的准确获取需要在满足线性、稳定性条件下进行。这在实验室条件下比较容易满足，在电池实际应用条件下，无论是线性条件下弱激励及其响应的高精度检测，还是稳定性要求的长时间静置等条件都较难满足。这种不同于实验室条件的应用工况往往是非稳态的或者不容易保证稳态条件。因此，研究非稳态条件对动力电池阻抗的影响对于分析在线获取的阻抗具有指导意义。本章分别针对第 3 章提出的两种典型阻抗在线获取方法，从影响阻抗测量的激励幅值、静置时间、充放电偏置等方面进行分析研究。

4.2　基于谐波信号时频分析的电化学阻抗谱计算结果影响因素分析

从第 3 章中应用小波变换求阻抗的初步实验可知，采用小波变换的时频分析方法进行电池阻抗在线计算时，所得阻抗与准稳态激励下测得的阻抗结果稍有不同，这主要是由阶跃激励属于非稳态激励造成的。对于非稳态激励，需要考虑包括加载的电流幅值、加载前的静置时间以及加载过程中的充放电模式等因素对阻抗计算结果的影响。

4.2.1　不同阶跃幅值激励电流的影响

1. 实验对象

选用两种正负极材料相同、容量不同、封装形式不同的 $LiFePO_4$ 电池，分别针对上述影响因素进行准稳态阻抗和非稳态阻抗测量结果的对比及分析，总结电池在非稳态激励下的阻抗变化规律，两种电池的参数分别见表 3.3 和表 4.1。

2. 实验设置与步骤

为了研究电流幅值对阻抗结果的影响，针对所选用的两款电池依次改变阶跃电流幅值大小进行了一系列实验。具体所采用的实验步骤见表 4.2。

表 4.1 实验使用的 40Ah $LiFePO_4$ 电池参数

参数名称	参数值
额定电压/V	3.2
额定容量/Ah	40
电极材料	$LiFePO_4$/C
电芯尺寸/(mm×mm×mm)	133×16.1×184
电池质量/kg	0.92

表 4.2 研究阶跃电流幅值大小对阻抗测量结果影响的实验步骤

步骤	描述	
1	将电池调整至 50% SOC	
2	将恒温箱设定在 25℃，静置 1.5h	
3	利用电化学工作站对电池进行 EIS 测试	
4	8Ah $LiFePO_4$ 电池	再静置 1.5h，对电池进行 50s 的放电实验，放电电流为 1A；再进行 50s 的充电实验，充电电流与放电电流大小一致
	40Ah $LiFePO_4$ 电池	再静置 1.5h，对电池进行 50s 的放电实验，放电电流为 5A；再进行 50s 的充电实验，充电电流与放电电流大小一致
5	8Ah $LiFePO_4$ 电池	改变放电电流为 2A、3A、4A、5A、10A、15A、20A，分别在不同电流下重复步骤 4 实验
	40Ah $LiFePO_4$ 电池	改变放电电流为 10A、20A、30A、40A、50A、60A，分别在不同电流下重复步骤 4 实验

3. 实验结果

在不同的大小阶跃电流激励下，采集得到电池端电压和电流，采用 3.2 节所提出的阻抗测量方法得到电池的阻抗，并与 25℃、50% SOC 下实验室测量得到的准稳态工况下 EIS 进行对比，相应的结果如图 4.1 所示。可以明显看出，随着阶跃放电电流幅值的逐渐增大，利用小波变换计算得到的阻抗低频部分会逐渐变小，在 EIS 中表现为曲线尾部向下弯曲的现象。而阻抗中高频部分基本不受影响，且两种电池的变化趋势基本一致。在阶跃电流下导致的低频阻抗减小可以由锂离子电池阻抗模型中相关分析和仿真来说明，此处不再赘述(见 2.4 节)。感性频率段的分叉可能是由阻抗较小导致激励信号所包含的高频谐波也较小、信噪比太低导致的阻抗计算误差大所致。

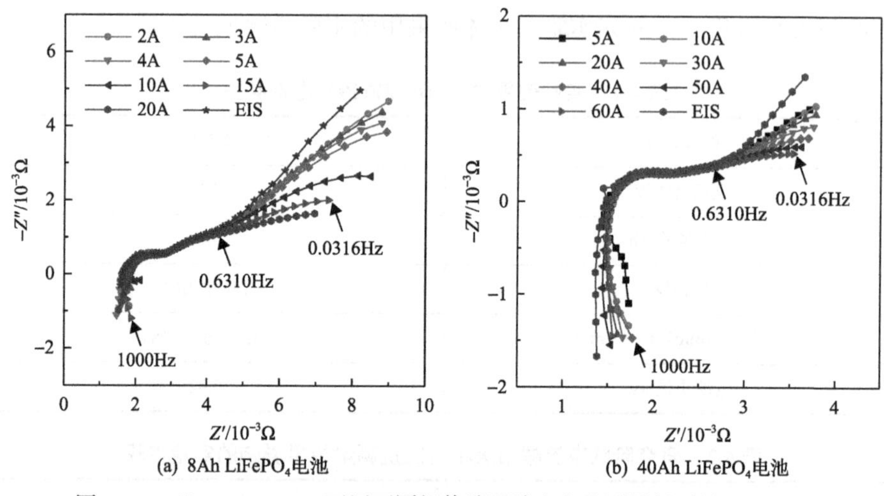

(a) 8Ah $LiFePO_4$电池　　(b) 40Ah $LiFePO_4$电池

图 4.1　25℃、50% SOC 下用不同幅值阶跃放电电流测量得到的 EIS 对比

总体来看，阶跃电流幅值越小，基于在线小波变换方法所得到的电池阻抗越接近于准稳态激励下得到的阻抗，即图中所示 EIS。在不考虑感性影响的情况下，可以认为本章所研究的两款电池在高于 0.6310Hz 的频率区间内，其阻抗基本不受 20A（2.5C）以内激励电流幅值的影响。

4.2.2　不同脉冲激励前静置时间的影响

1. 实验设置与步骤

前文对于电池阻抗的研究均在电池处于充分静置的前提下进行，如表 4.2 中静置 1.5h 的步骤，即在加载电流之前电池可认为处于电化学稳定状态。在实际应用中，初始时刻电池并不是一直有机会保持在电化学稳定状态的。因此，本节研究激励加载前静置时间长短对电池阻抗测量结果的影响，仍采用实验方法研究，实验步骤见表 4.3，所采用的激励电流波形如图 4.2 所示。

表 4.3　研究静置时间对阻抗测量结果影响的实验步骤

步骤	描述	
1	将电池调整至 50% SOC	
2	将恒温箱设定在 25℃，静置 3h	
3	8Ah $LiFePO_4$ 电池	设置电流 i_1=5A 和 i_2=16A，静置时间 t_{rest}=1s、5s、10s、30s、60s、300s，采用设定电流激励电池，并记录电池电压和电流
	40Ah $LiFePO_4$ 电池	设置电流 i_1=5A 和 i_2=40A，静置时间 t_{rest}=1s、5s、10s、30s、60s、300s，采用设定电流激励电池，并记录电池电压和电流

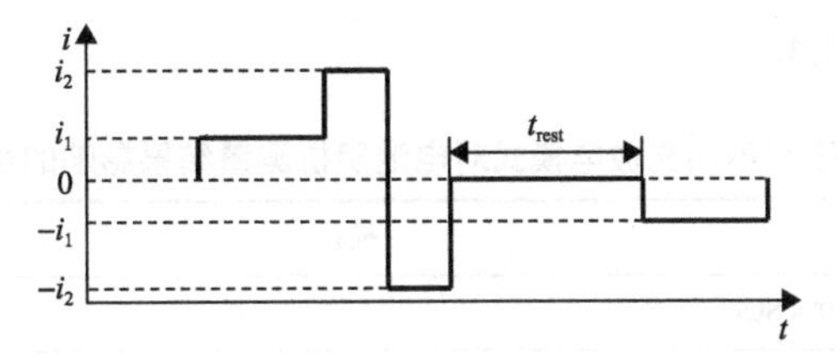

图 4.2　两种 $LiFePO_4$ 电池所采用激励电流的波形

2. 实验结果

图 4.3 为对上述两种电池在不同静置时间 t_{rest} 后施加阶跃电流，并利用小波变换计算得到的阻抗。可以看出，随着静置时间的缩短，低频部分的电池阻抗逐渐变小，而且描述扩散段的低频段逐渐向实轴弯曲。但是，在超过 5s 的静置时间后，不同静置时间对电池中高频段阻抗影响有限。对于所采用的 8Ah $LiFePO_4$ 电池，高于 7.9433Hz 的电池阻抗可认为基本不受静置时间的影响；对于 40Ah $LiFePO_4$ 电池，高于 6.3095Hz 的电池阻抗可认为基本不受静置时间的影响。

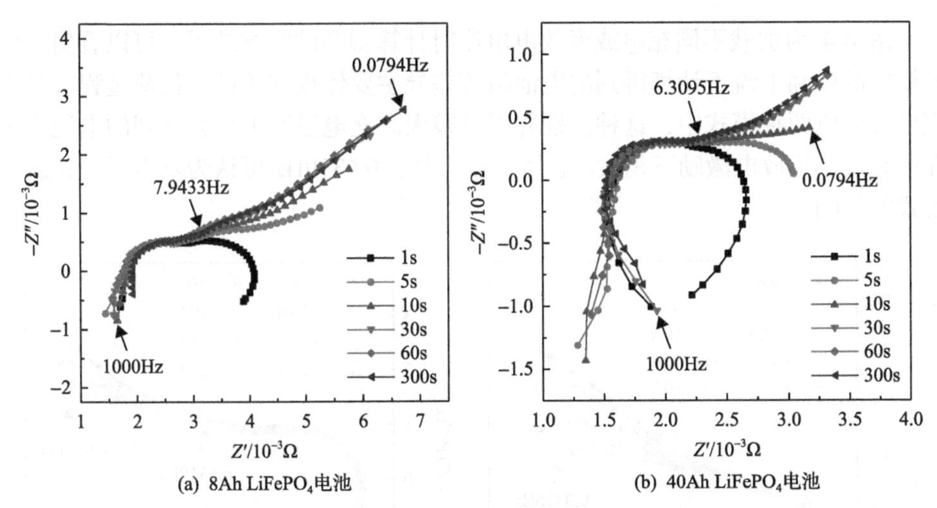

图 4.3　25℃、50% SOC 下两种 $LiFePO_4$ 电池在放电阶跃后不同静置时间下得到的阻抗对比

本节关于静置时间对阻抗测量结果的影响与 Barai 等[98]的研究相符，但是如何从机理上解释不同静置时间对电池阻抗谱的影响，仍需要进一步的研究。

4.2.3　不同充放电模式的影响

1. 实验设置与步骤

考虑到电池在阶跃加载的动态工况中可能是充电或者放电过程，为了研究电池在充电或放电的不同阶跃电流加载时利用小波变换方法所得到的阻抗差异，设计的实验步骤见表 4.4。

表 4.4　研究不同充放电模式对电池阻抗测量结果影响的实验步骤

<table>
<tr><th>步骤</th><th colspan="2">描述</th></tr>
<tr><td>1</td><td colspan="2">将电池调整至 50% SOC</td></tr>
<tr><td>2</td><td colspan="2">将恒温箱设定在 25℃，静置 1.5h</td></tr>
<tr><td>3</td><td colspan="2">利用电化学工作站对电池进行 EIS 测试</td></tr>
<tr><td rowspan="2">4</td><td>8Ah $LiFePO_4$ 电池</td><td>静置 1.5h，对电池进行 50s 的充电实验，充电电流为 2A；再进行 50s 的放电实验，电流与充电电流大小一致</td></tr>
<tr><td>40Ah $LiFePO_4$ 电池</td><td>静置 1.5h，对电池进行 50s 的充电实验，充电电流为 5A；再进行 50s 的放电实验，电流与充电电流大小一致</td></tr>
<tr><td rowspan="2">5</td><td>8Ah $LiFePO_4$ 电池</td><td>改变电流为 5A、10A、15A、20A，分别在不同电流下重复步骤 4 实验</td></tr>
<tr><td>40Ah $LiFePO_4$ 电池</td><td>改变电流为 5A、10A、15A、20A，分别在不同电流下重复步骤 4 实验</td></tr>
</table>

2. 实验结果

图 4.4 为加载不同充电或者放电电流时计算得到的阻抗结果。可以看出，两种模式的激励电流下计算得到的电池阻抗差异主要体现在扩散和传荷过程，且在充电及放电两种模式中，这种差别并不是很大。充电激励下计算得到的电池阻抗在中频段会比放电激励下稍大。总体来看，大于 0.6310Hz 可认为基本不受充放电模式的影响。

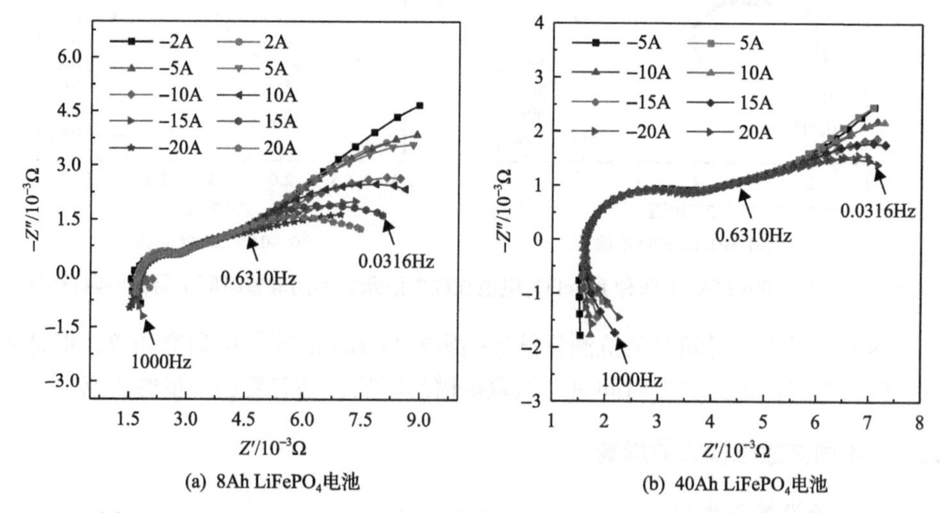

图 4.4　25℃、50% SOC 下充电/放电激励(正电流为充电，负电流为放电)情况下测量得到的阻抗对比

电极过程在低频段主要是由扩散过程控制，充放电模式下所体现出的不同反

映了充放电过程的扩散过程不同。上述实验所得到的结果与 Huang 等[89,180]的研究是相似的。

4.2.4　影响因素总结

通过上述实验可以看到：①在 25℃条件下，静置时间对所获取的 EIS 中低频影响最大，且静置时间达 10s 以上所得到的阻抗与准稳态下 EIS 已非常接近。②阶跃幅值变大会导致 EIS 中低频变小，阻抗谱向实轴弯曲。从两个不同容量的电池结果来看，在小于 2.5C 的幅值对高于 0.6310Hz 的阻抗影响是有限的。③充电阶跃激励下的计算结果与放电阶跃激励下的计算结果基本相同，说明阶跃充放电的模式对阻抗的影响并不显著。

4.3　基于交流激励的电化学阻抗谱测量结果影响因素分析

电池 EIS 通常在电池充分静置后，利用无偏置、小幅值的交流激励来获取，对于 3.3 节所介绍的阻抗在线测量方法，上述理想的激励条件并非都能保证。因此，本节研究不同激励幅值、静置时间和直流偏置(如充电过程中叠加交流激励)对阻抗测量结果的影响。

4.3.1　不同交流激励电流幅值的影响

1. 实验对象

为了研究不同交流激励电流幅值对动力电池交流阻抗的影响，设计测试实验矩阵。实验采用的测试样品为两款不同材料体系的动力电池，一款为 8Ah $LiFePO_4$ 动力电池，其详细规格参数见表 3.3；另一款为 8Ah 软包锰酸锂体系($LiMn_2O_4$)动力电池，其详细规格参数见表 4.5。

表 4.5　8Ah 软包锰酸锂体系车用动力电池参数

参数名称	参数值
动力电池类型	软包电池
额定容量/Ah	8
额定电压/V	3.7
充电截止电压/V	4.2
材料体系	$LiMn_2O_4/C$
长×宽×厚/(mm×mm×mm)	140×115×8
工作温度/℃	–20～55
电池质量/kg	0.32

2. 实验设置与步骤

本部分通过 1.2.2 节所述的 Solartron 测试系统分析不同交流激励电流幅值对阻抗特性的影响。测试中，交流阻抗的频率范围为 100kHz～0.01Hz 和 10～1Hz，交流激励电流幅值分别设置为 1.5A、2A、4A、6A、8A、12A 和 16A；动力电池温度通过恒温箱进行调整，将电池置于恒温箱中保持静置，使电池与恒温箱温度一致。测试过程中温度范围为–20～40℃；电池表面贴有热电偶，温度数据通过温度采集单元进行采集。详细测试参数见表 4.6。

表 4.6　大电流下交流阻抗特性测试参数

8Ah $LiFePO_4$ 电池	SOC	10%～100%
	环境温度	40℃、30℃、20℃、10℃、0℃、–10℃、–20℃
	扫频范围	100kHz～0.01Hz，10～1Hz
	激励电流幅值	1.5A、2A、4A、6A、8A、12A、16A
8Ah $LiMn_2O_4$ 电池	SOC	50%
	环境温度	–20℃
	扫频范围	10kHz～1Hz，10～1Hz
	激励电流幅值	1.5A、2A、4A、6A、8A、12A、16A

3. 实验结果

图 4.5 为当环境温度为 40～10℃时，不同交流激励电流幅值下测试获得的 EIS。对比四幅图可得，阻抗主要受到温度的影响，随着温度降低，阻抗增加显著。交流电流激励幅值对阻抗的影响规律则为：当环境温度高于 10℃时，交流电流激励幅值的变化主要影响低频扩散过程，动力电池阻抗中频和高频基本不受电流幅值变化的影响。由第 2 章中的电极过程机理分析可知，低频阻抗主要受离子浓度梯度的影响，并且与扩散距离(颗粒直径)相关[181]。大电流激励下阻抗弧变小的原因

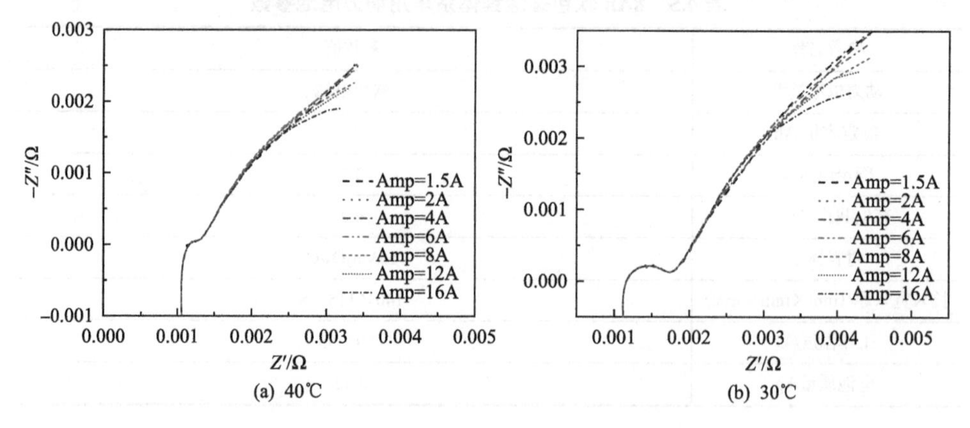

(a) 40℃　　(b) 30℃

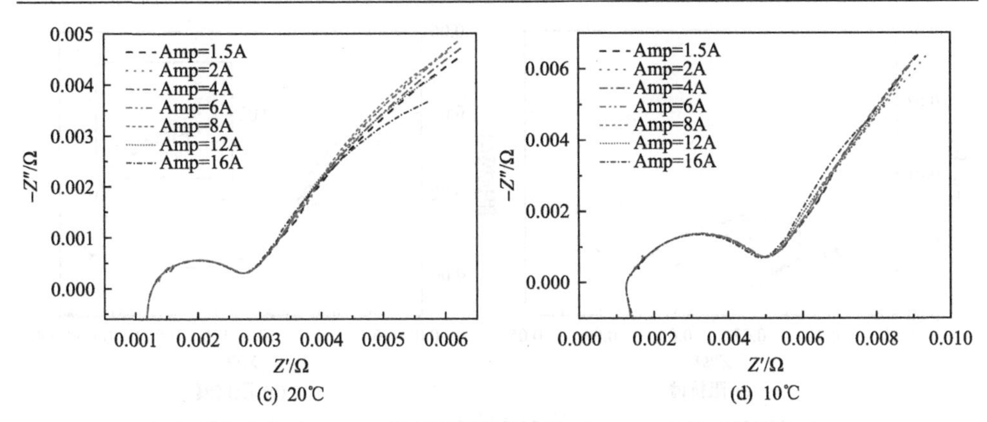

图 4.5　40～10℃不同激励电流幅值下 $LiFePO_4$ 电池的 EIS

Amp 为激励电流幅值

为电池内部电极颗粒表面形成的离子浓度梯度较大，因此锂离子扩散阻力减小，表现为低频阻抗弧变小。

环境温度为 0℃、−10℃和−20℃时，不同交流电流激励有效值下的交流阻抗谱如图 4.6～图 4.8 所示。图中短线的扫频范围为 100kHz～0.01Hz，图标为 10～1Hz。可以看到，当动力电池处于低温环境(＜10℃)时，存在一个阻抗临界点，该点将中频阻抗弧分成两部分，当激励频率高于该点频率时，阻抗不受激励电流大小的影响，但是当激励频率低于该点频率时，阻抗弧随着激励电流幅值的增加呈现有规律的变小现象。从图 4.6～图 4.8 中的伯德图能够更明显地看到阻抗变化规律，对于该款 $LiFePO_4$ 电池样品，阻抗临界点在 10Hz 左右。

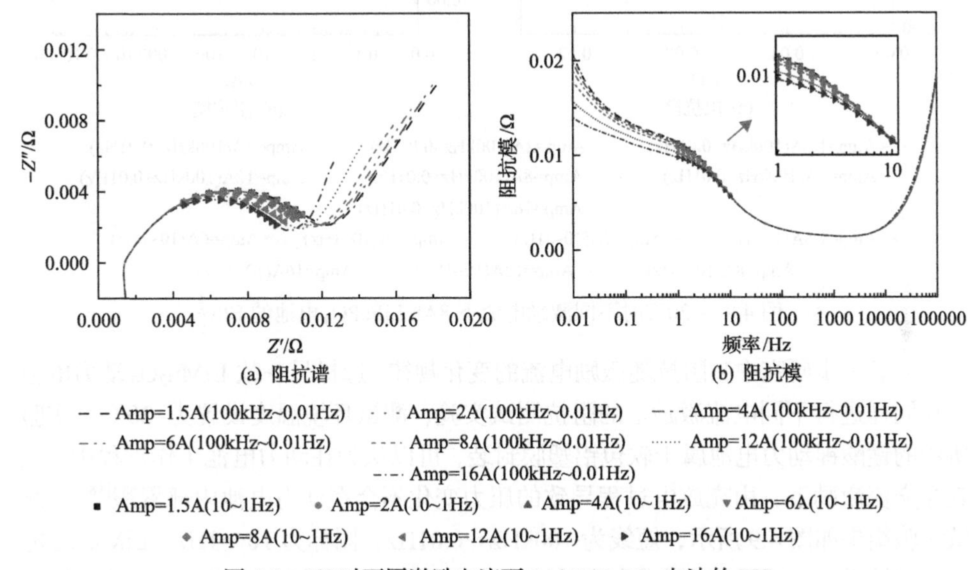

图 4.6　0℃时不同激励电流下 8Ah $LiFePO_4$ 电池的 EIS

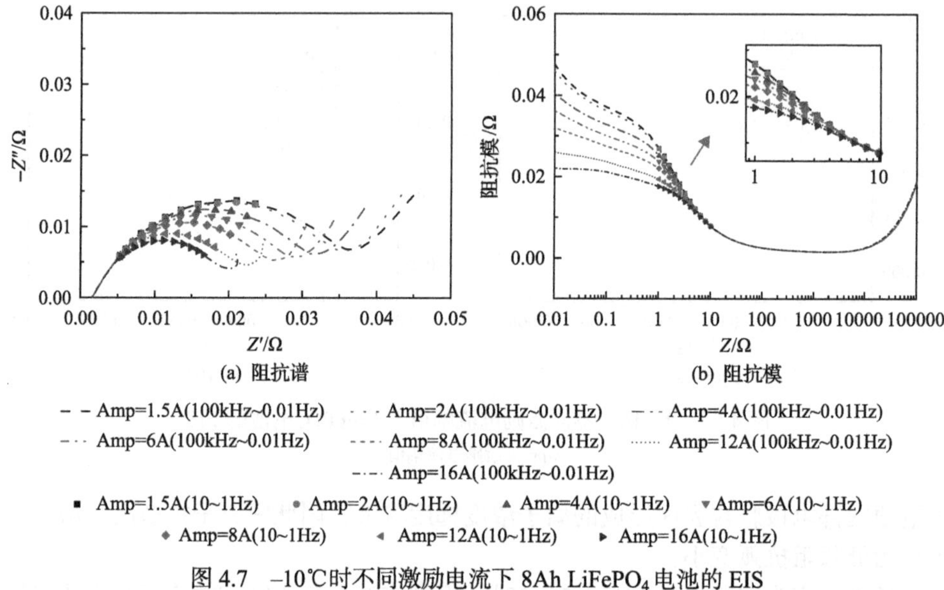

图 4.7　–10℃时不同激励电流下 8Ah $LiFePO_4$ 电池的 EIS

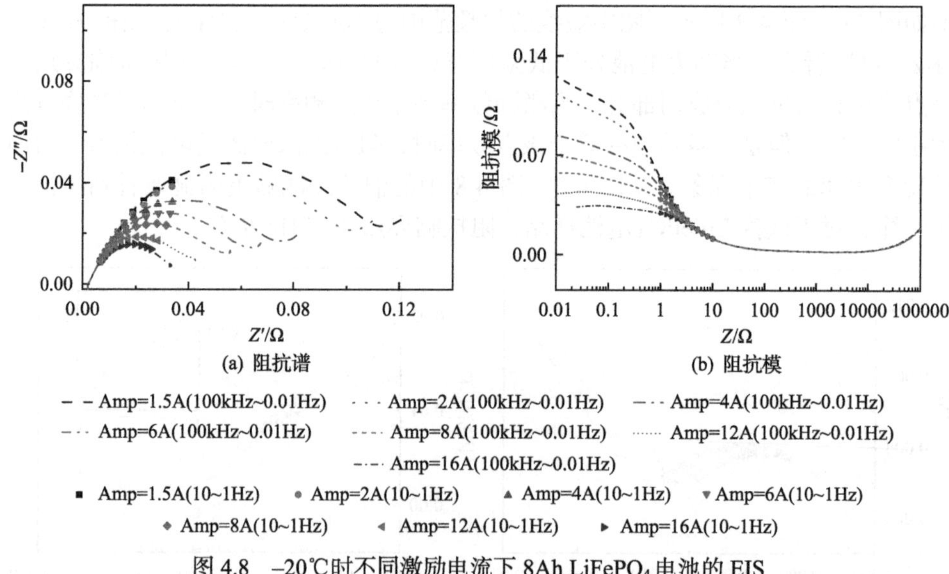

图 4.8　–20℃时不同激励电流下 8Ah $LiFePO_4$ 电池的 EIS

为进一步研究中频阻抗随激励电流的变化规律，选择另一款 $LiMn_2O_4$ 动力电池样品同样进行不同电流激励下的阻抗测试实验，测试环境温度设置为–20℃。实验所用的锰酸锂动力电池属于软包铝塑膜封装，可以认为在动力电池工作过程中，尤其在交流激励下，由充放电过程导致的压力变化不会在动力电池内部累积[182]。测试实验结果如图 4.9 所示，短线为 100kHz～0.01Hz，图标为 10～1Hz。$LiMn_2O_4$ 电池测试结果与 $LiFePO_4$ 电池相似，均表现为随着激励电流幅值的增大，中频阻抗弧

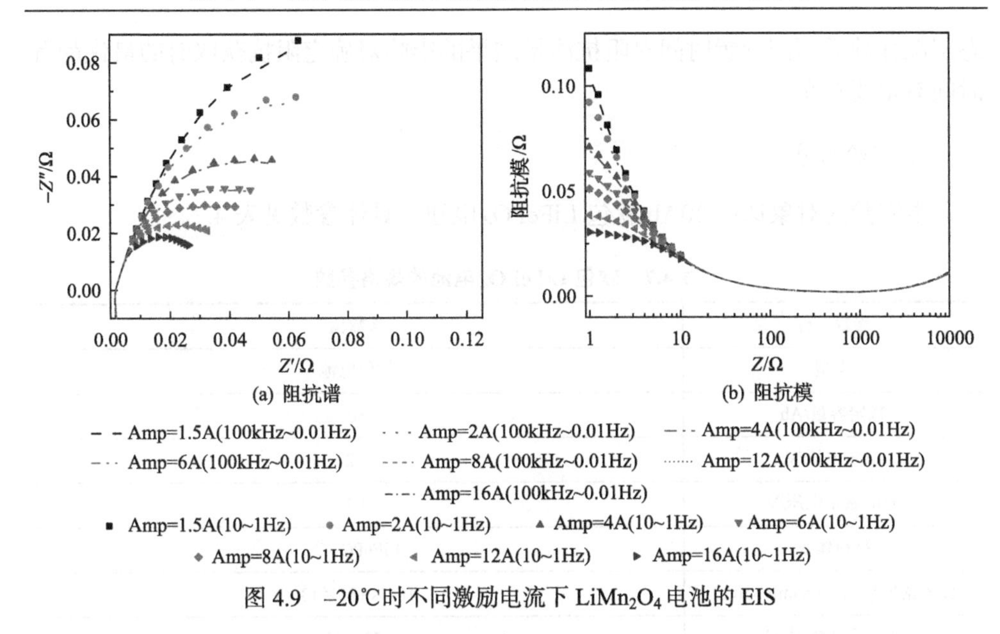

图 4.9　−20℃时不同激励电流下 $LiMn_2O_4$ 电池的 EIS

呈现变小的现象。由于软包铝塑膜包装形式的动力电池在充放电过程中内部没有压力积聚，可以认为中频阻抗弧随激励电流幅值增大而呈变小现象不是由动力电池内部压力变化引起的。

为进一步分析上述测试过程中电池 SOC 变化是否对 EIS 有影响，在对电池进行上述交流阻抗测试过程中，在最大测试电流激励幅值和最低激励频率下（16A 和 0.01Hz），通过安时积分法计算动力电池 SOC 的波动范围为±1.96%，且根据文献研究[183, 184]，对于磷酸铁锂体系动力电池，其交流阻抗的低频阻抗受 SOC 影响较大，而其中频弧基本不受 SOC 变化的影响。因此，可以认为低温下，中频弧随着激励电流幅值增大而变小的现象不是由动力电池测试过程中的动力电池 SOC 变化导致。

在充放电过程中，尤其是大电流充放电条件对动力电池的温度影响显著[185]，而根据第 2 章中的电池电极过程模型的研究结果，温度是影响动力电池阻抗变化的重要因素，随着温度的升高，动力电池阻抗显著减小。为了排除温度升高对圆弧变小的可能，本节设计对比测试实验，保证测试环境温度、动力电池 SOC 等其他测试条件不变，缩短测试频率区间，对两款动力电池只进行 10～1Hz 的扫频测试，测试结果如图 4.6～图 4.9 中的图标所示。可以得出阻抗弧随着电流的增加而变小的现象依然产生，且短频率范围与全频率范围内的阻抗测试结果一致，即表明是电流幅值本身而不是大电流幅值下的温升造成的阻抗圆弧变小，上述结论与 2.4.2 节的仿真结论是一致的。

4.3.2　不同静置时间的影响

考虑到实际应用中，动力电池并不都具备长时间静置的条件。因此，研究动态工况加载后不同静置时间对阻抗测量结果的影响对确定阻抗获取时的最优静置时间有重要意义。

1. 实验对象

本实验的对象选用 30Ah 软包 $LiFePO_4$ 电池，具体参数见表 4.7。

表 4.7 软包 $LiFePO_4$ 电池的规格参数

参数名称	参数值
类型	软包电池
额定容量/Ah	30
额定电压/V	3.2
充电截止电压/V	3.7
材料体系	$LiFePO_4$/C
长×宽×厚/(mm×mm×mm)	184×132×13
工作温度范围/℃	–20～45
电池质量/kg	0.675

2. 实验设置与步骤

首先对电池加载交替充放电电流，如图 4.10 所示。在 250 次加载完成后，经过不同的静置时间(图 4.10 中的弛豫时间)后进行电池 EIS 测量。为了监控脉冲充放电过程中的温度变化，在电池不同位置预先埋置了多个热电偶。具体实验步骤见表 4.8。

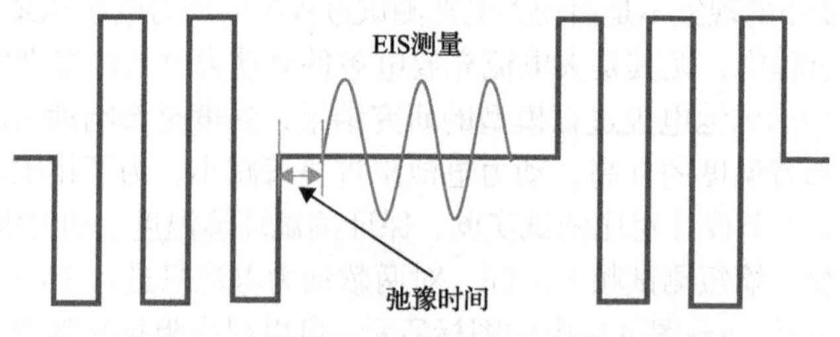

图 4.10 不同静置时间后的阻抗测量电流波形

表 4.8 不同静置时间下 EIS 测量实验步骤

步骤	描述
1	常温(25℃)环境下容量标定
2	常温(25℃)环境下恒流恒压充电至 100% SOC

续表

步骤	描述
3	常温(25℃)环境下恒流放电至 50% SOC
4	恒温箱温度调为 *X*，搁置 3h
5	用 0.8C 倍率进行 250 次脉冲充放电
6	静置 0s 后进行 EIS 测量
7	继续 250 次脉冲充放电
8	分别静置 0s、10s、30s、60s、90s、120s 后进行 EIS 测量
9	变换 *X*，重复步骤 4～8
10	直至所有温度下动态 EIS 测试实验结束

3. 实验结果

通过温度测量可以发现，当动力电池脉冲电流激励停止后，动力电池温度逐渐下降，但是在本实验设计中，由于 EIS 测量时间和弛豫时间相对较短，其脉冲停止后动力电池温度并没有明显降低，根据热电偶实际测量其最大降温幅度为 0.3℃，且每次动力电池脉冲充放电后可以认为其 SOC 状态未发生变化。因此，可以合理假设 EIS 测量时除了弛豫时间参数不同，其他外部条件均保持一致。

图 4.11 为 30Ah $LiFePO_4$ 电池在不同弛豫时间下 EIS 及相角变化规律，其中稳态(static)测试数据为将动力电池温度调整为脉冲激励过程中平均温度且充分静止后的测量值，将该测量值作为电化学稳定状态下的参考值。可以得到，随着弛豫时间的增加，动力电池阻抗弧逐渐增大，随着温度降低，上述现象会逐渐明显，但总体上看，在本实验中弛豫时间对阻抗的影响相对较小。

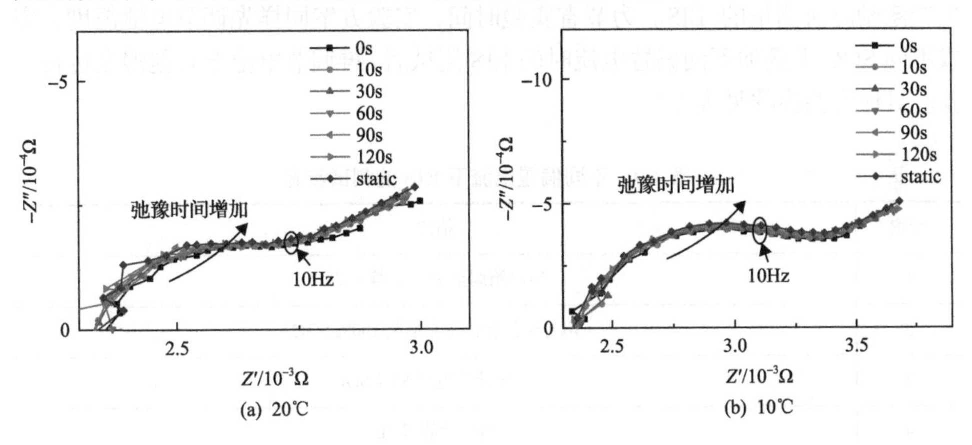

(a) 20℃　(b) 10℃

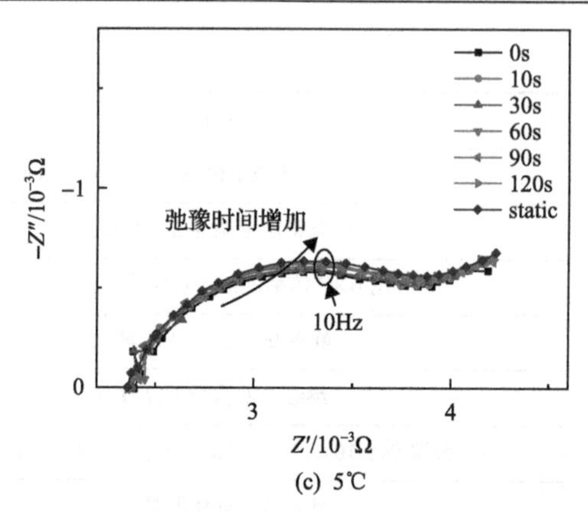

(c) 5℃

图 4.11 30Ah $LiFePO_4$电池在不同弛豫时间下 EIS 及相角变化规律

动力电池的弛豫过程主要与内部扩散过程相关，尤其在动力电池低 SOC、低温和大电流幅值充放电后往往需要几个小时的时间才能达到其电化学稳定状态[186]。因此，图 4.11 中阻抗随弛豫时间的增加而增大的现象与离子在电极材料的浓度梯度变化有关。电极材料内部浓度梯度的变化不是瞬时完成的，其时间常数往往为分钟甚至小时级别。

4.3.3 不同直流偏置的影响

无偏置的交流激励需要由特殊的装置产生，如 3.3 节中介绍的双向充电机。实际应用时，带有直流偏置的阻抗测量有一定的需求(如充电过程中同时进行阻抗测量)。为此，本节进一步探究在直流偏置下进行阻抗测量的可行性。

1. 实验设置与步骤

本实验目的是获取不同温度点和不同 SOC 点下，正弦电流激励叠加不同直流偏置激励时所测量的 EIS。为节省实验时间，实验方案同样先调节电池温度，完成不同 SOC 下叠加不同偏置电流时的 EIS 测试后，再调节电池至其他温度进行实验。具体实验步骤见表 4.9。

表 4.9 不同偏置电流下 EIS 的测试步骤

步骤	描述
1	恒温箱调至 25℃，静置 2h
2	电池恒流转恒压充电至 100% SOC
3	1C 恒流放电至 85% SOC
4	将电池静置 3h

续表

步骤	描述
5	采用有效值 5A 交流叠加 2A 直流方式激励电池得到 EIS
6	将电池静置 3h
7	采用有效值 5A 交流叠加 4A 直流方式激励电池得到 EIS
8	将直流偏置分别设置为 6A、8A、10A，重复步骤 4～7
9	将恒温箱调至–15℃，静置 2h
10	重复步骤 4～8，测得在–15℃电池静置 3h 各直流偏置为 2A、4A、6A、8A、10A 下的 EIS
11	恒温箱调至 25℃，静置 2h
12	1C 恒流放电至 55% SOC
13	重复步骤 4～10，分别测得在 25℃、–15℃下电池为 55% SOC 且静置 3h 后各直流偏置为 2A、4A、6A、8A、10A 下的 EIS

2. 实验结果

通过图 4.12～图 4.14 可以看出，在 25℃、不同 SOC 状态下，直流偏置电流对阻抗的影响主要反映在低频区域，对高频区域几乎没有影响。这一特征同静置时间和激励电流幅值对阻抗影响的频率段分布特点几乎相同，但从影响程度方面，直流偏置相比于静置时间和激励电流大小对低频阻抗的影响更大。无论在 25℃还是–15℃下，随着直流偏置电流的增加，低频区域阻抗幅值都出现减小的趋势，而阻抗相角则呈现增大的规律，并且在低温下，上述幅值和相角的变化程度更大。在 25℃下，因为直流偏置电流的作用，低频区域的扩散阻抗由斜线变成向下弯曲的曲线，并且偏置电流越大，扩散阻抗越小。从–15℃的 EIS 可以看出，随着偏置电流的增大，中频阻抗段相对应的传荷阻抗具有减小的趋势。

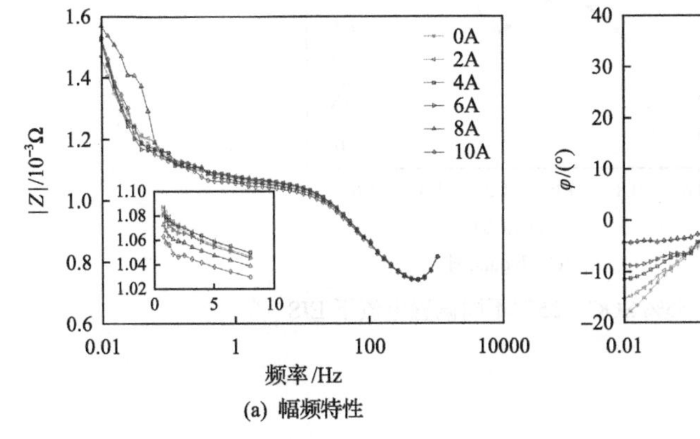

(a) 幅频特性

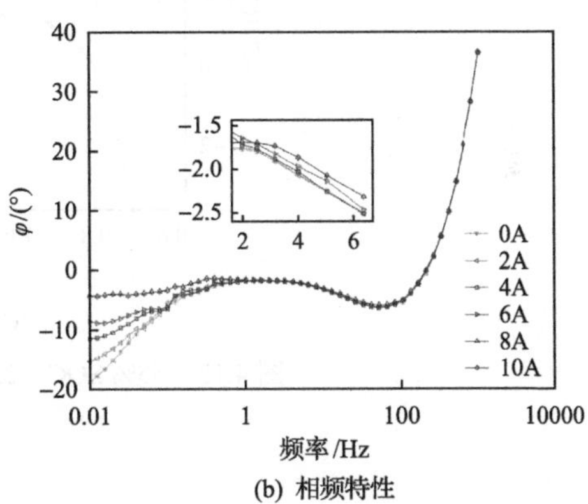

(b) 相频特性

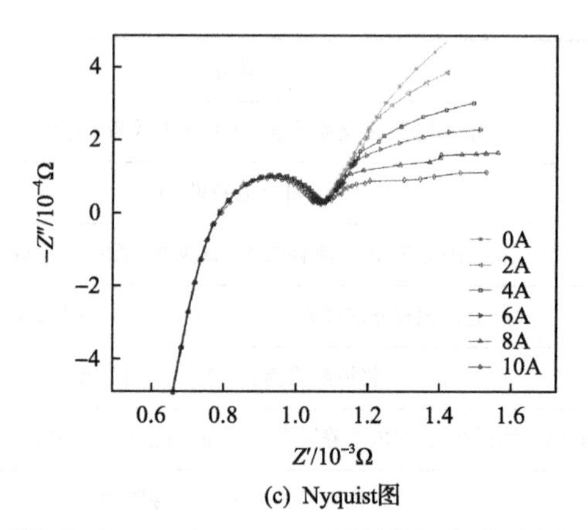

(c) Nyquist图

图 4.12　85% SOC、25℃不同偏置电流下 EIS

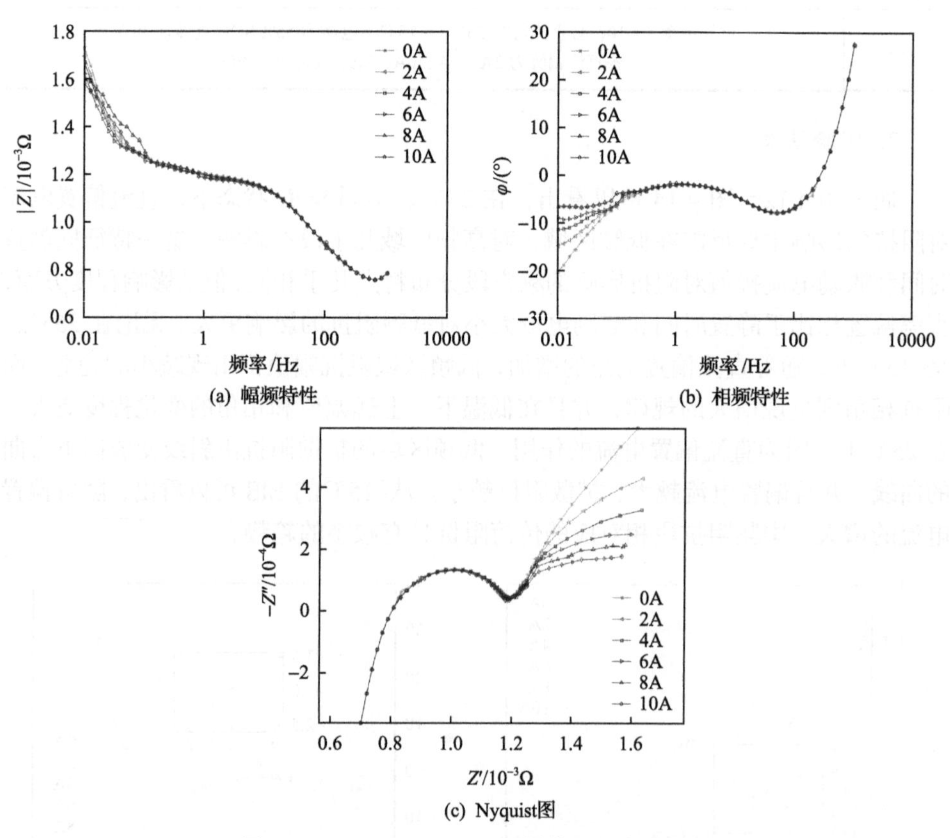

(c) Nyquist图

图 4.13　55% SOC、25℃不同偏置电流下 EIS

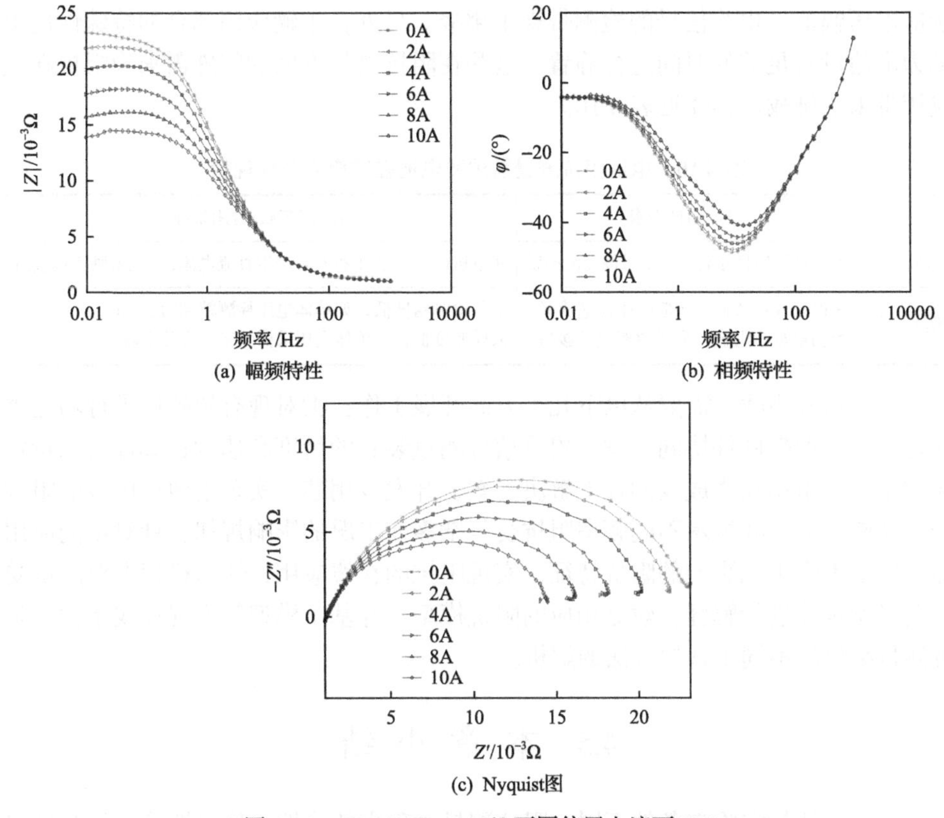

(a) 幅频特性　(b) 相频特性

(c) Nyquist图

图 4.14　55% SOC、−15℃不同偏置电流下 EIS

基于 2.4 节有关非稳态激励下的阻抗模型可对上述现象进行解释。在有直流偏置时，电池将进行持续的充电或放电，电极表面浓度将持续发生变化，进而使电池的法拉第阻抗减小，使得低频的阻抗相角变小，表现为低频更向实轴弯曲，持续时间越长或偏置电流越大产生的影响越明显。

4.4　离线与在线电池电化学阻抗谱测量方法的对比

在离线实验室条件下，借助于通用的电化学工作站或阻抗测量系统可实现电池宽频阻抗测量，且在实验室中离线测量可以充分保证电化学阻抗测量的因果性、线性和稳定性条件，是一种高精度、高可靠性的测量方法。而对于车载应用等在线条件下，尤其是存在动态加载的情况下，受限于成本、集成度等，阻抗测量只能依赖于特定电子装置实现，在激励信号产生、响应信号测量以及阻抗计算等方面受到了更多的限制。例如，离线阻抗测量所采用的无偏置交流小幅值激励，在实车条件下较难实现。为满足阻抗测量线性条件所要求的 10mV 左右的激励或者响应电压幅值，也给信号的检测带来了挑战。另外，车辆应用场合的特殊性使得动力电池没有足够的时间进行静置。这些在阻抗测量方面的特殊需求为阻抗在线应用带来了挑战，具体见表 4.10。

表 4.10　电池阻抗测量需求和电池在线应用条件现状

关键环节	阻抗测量需求	在线(车载)应用条件
激励信号	为保证稳定性条件，采用无偏交流激励	充电机或电机逆变器容易产生直流电流，交流激励实现较难
信号检测	为保证线性条件，响应电压在毫伏级； 为测量宽频阻抗，采样频率应足够高	信号检测精度低，如单体电压检测精度为±2mV； 采样速度低，如单体电压采样频率仅为几十赫兹

面对这些挑战，需要从以下几个方面开展工作：①对现有软硬件进行功能重新定义，借助软硬件协同开发，提升信号测量装置的精度和速度；②针对该特定应用场景，采用高集成度的片上解决方案，开发专用芯片实现电池单体级的阻抗测量功能集成；③揭示不同频率阻抗受复杂多变工况的影响规律，针对不同应用需求确定不受工况影响的阻抗特征，实现阻抗的在线应用；④从机理上对阻抗受工况影响规律进行解释，建立相应的阻抗模型，并基于模型等实现在线条件下阻抗测量结果的不同于常规方法的解析。

4.5　本 章 小 结

车载条件与实验室条件不同，阻抗测量过程中的线性、稳定性等条件较难完全满足。为了探究在不满足这些条件下对阻抗测量结果的影响，本章分别针对基于谐波信号时频分析和基于交流激励的阻抗测量方法，在不同影响因素开展阻抗测量实验，并对阻抗的影响规律进行了分析研究。对于基于谐波信号时频分析的阻抗计算方法，考虑了阶跃幅值、静置时间和充放电模式对阻抗计算结果的影响；对基于交流激励的阻抗测量方法，考虑了激励有效值、静置时间和直流偏置的影响。结果表明，基于在线阻抗获取方法得到的阻抗结果，在低温下和低频段更易受到上述因素的影响，常温和中高频段受上述因素的影响较小，在应用中需要根据实际场景进行选择。另外，本章最后也对考虑离线、在线阻抗测量的差异问题提出了几个解决思路。

第5章　动力电池电化学阻抗谱的等效电路建模

5.1　引　　言

在利用获取的电化学阻抗前，往往需要对 EIS 进行定量解析，基于 ECM 的方法是最常用的解析方法。不同的电池，其 EIS 也有所不同，因此需要根据所得到的 EIS 进行合理的 ECM 选取。在选定模型后，为了定量分析需要进行模型参数的辨识。此外，在基于模型的电池状态估计算法中，模型结构和模型参数的确定也是重要基础，而 EIS 则可为电池模型结构和参数的确定提供重要信息。由于 ECM 是电池 EIS 分析中常用的模型，本章以锂离子电池为例，详细介绍动力电池 EIS 的等效电路建模。

电池 ECM 一般利用电压源、电阻、电容等电气元件的组合来表征电池的充放电过程及动态特性。根据模型中各元件是否为整数阶，分为整数阶(线性)等效电路建模及分数阶(非线性)等效电路建模。

5.2　整数阶等效电路建模

5.2.1　典型的整数阶等效电路模型

常见的电池整数阶(线性)ECM 包括内阻模型、Thevenin 模型、PNGV 模型、多阶 RC 模型、GNL 模型等。

1. 内阻(Rint)模型

Rint 模型是由美国爱达荷国家实验室设计的一种较为简单的模型，是电池模型中最基本的模型，其电路结构如图 5.1 所示。

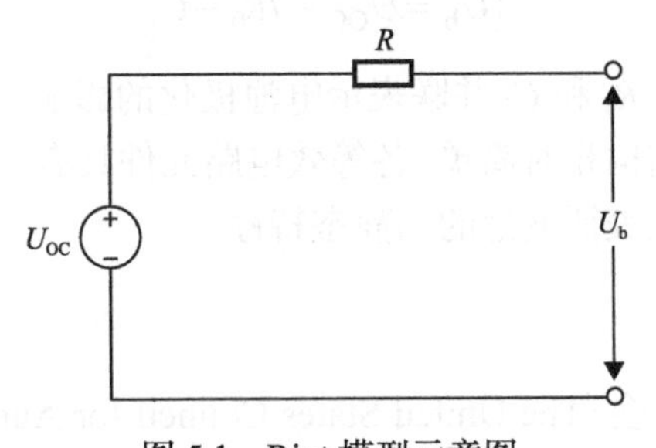

图 5.1　Rint 模型示意图

该模型由一个理想电压源与电阻串联构成，模型表达式如下：

$$R = \left(U_{\mathrm{OC}} - U_{\mathrm{b}}\right) / I \tag{5.1}$$

式中，R 为等效内阻；I 为电流；U_{b} 为电池的端电压；理想电压源 U_{OC} 为电路的开路电压。

对于 Rint 模型，内阻 R 和电压源 U_{OC} 并非常量，二者可以表示为与 SOC、温度和充放电倍率相关的函数，从而模拟电池的外特性。Rint 模型结构简单、参数少，但该模型不考虑电池的极化特性，无法精确表现出电池的动态性能，因此该模型的精度较低。

2. Thevenin 模型

Salameh 等提出的 Thevenin 模型是具有代表性的基本 ECM，其电路结构如图 5.2 所示。

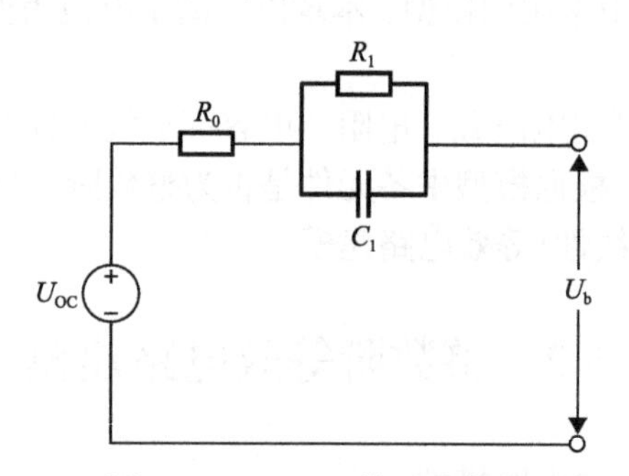

图 5.2　Thevenin 模型示意图

Thevenin 模型在 Rint 模型的基础上增加了一个 RC 并联环节，引入的电容可以用来表征电池的极化现象，使电池模型能够反映电池的动态特性。模型的基本关系可以表示为

$$\begin{cases} \dot{U}_1 = -\dfrac{U_1}{R_1 C_1} + \dfrac{I}{C_1} \\ U_{\mathrm{b}} = U_{\mathrm{OC}} - IR_0 - U_1 \end{cases} \tag{5.2}$$

式中，R_0 为电池内阻；R_1 和 C_1 并联表示电池极化的影响，其两端电压为 U_1。

Thevenin 模型的结构相对简单，各等效电路元件具有一定的物理意义，与 Rint 模型相比，能够更好地表征电池的动静态特性。

3. PNGV 模型

美国汽车研究理事会（The United States Council for Automotive Research LCC, USCAR）在其发表的《PNGV 电池试验手册》（PNGV（Partnership for a New

Generation of Vehicles）指新一代汽车合作计划）中提出了 PNGV 模型[187]，PNGV 模型对电池的动态特性考虑得更加全面，在 Thevenin 模型的基础上增加了电容元件，用于表征负载电流对电池开路电压（open circuit voltage，OCV）的影响。此外，USCAR 也提出了对该模型进行参数辨识的方法，发表在《FreedomCAR 功率辅助型电池测试手册》[188]中，PNGV 模型的电路结构如图 5.3 所示。

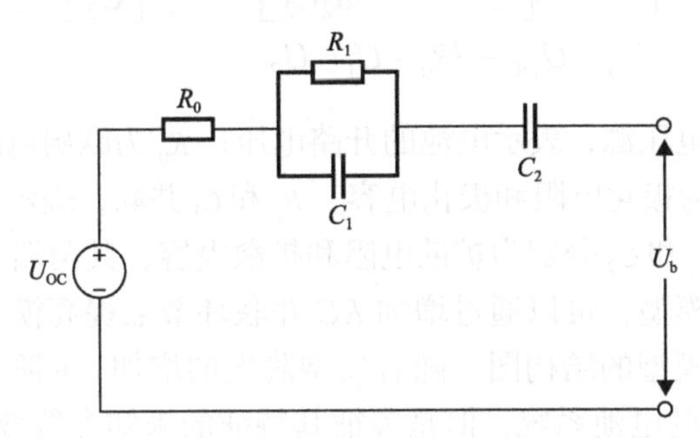

图 5.3　PNGV 模型示意图

PNGV 模型的状态方程如下：

$$\begin{cases} \begin{bmatrix} \dot{U}_1 \\ \dot{U}_2 \end{bmatrix} = \begin{bmatrix} -\dfrac{1}{R_1C_1} & 0 \\ 0 & 0 \end{bmatrix} \begin{bmatrix} U_1 \\ U_2 \end{bmatrix} + \begin{bmatrix} \dfrac{1}{C_1} \\ \dfrac{1}{C_2} \end{bmatrix} I \\ U_b = U_{OC} - IR_0 - U_1 - U_2 \end{cases} \tag{5.3}$$

式中，R_0 为欧姆内阻；R_1 为转移内阻；C_1 为极化电容；电容 C_2 用于描述开路电压随负载电流的时间累积而产生的变化。

4. 多阶 *RC* 模型

多阶 *RC* 模型是在 Thevenin 模型的基础上增加一个或多个 *RC* 并联环节得到的。二阶 *RC* 模型结构如图 5.4 所示。

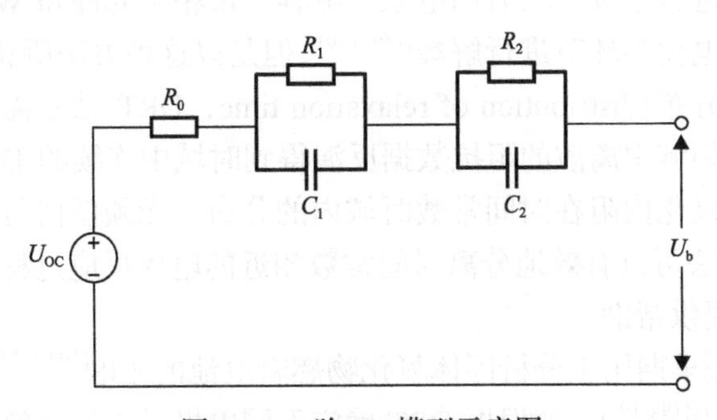

图 5.4　二阶 *RC* 模型示意图

二阶 RC 模型的状态方程如下：

$$\begin{cases}\begin{bmatrix}\dot{U}_1\\ \dot{U}_2\end{bmatrix}=\begin{bmatrix}-\dfrac{1}{R_1C_1} & 0\\ 0 & -\dfrac{1}{R_2C_2}\end{bmatrix}\begin{bmatrix}U_1\\ U_2\end{bmatrix}+\begin{bmatrix}\dfrac{1}{C_1}\\ \dfrac{1}{C_2}\end{bmatrix}I\\ U_\text{b}=U_\text{OC}-IR_0-U_1-U_2\end{cases} \tag{5.4}$$

式中，U_OC 为理想电压源，表示电池的开路电压；R_0 为欧姆电阻，其两端电压为 U_0；R_1 和 C_1 分别为极化电阻和极化电容，R_1 和 C_1 并联，表示活化极化现象，其两端电压为 U_1；R_2 和 C_2 分别为扩散电阻和扩散电容，其两端电压为 U_2。

除了二阶 RC 模型，可以通过增加 RC 并联环节数提高模型描述的准确性。图 5.5 为 n 阶 RC 模型的结构图。随着模型阶次的增加，n 阶 RC 模型表现出的特性更加接近真实的电池系统，但是表征其特征的未知参数数量也会随之增加，计算量也会随之增加。

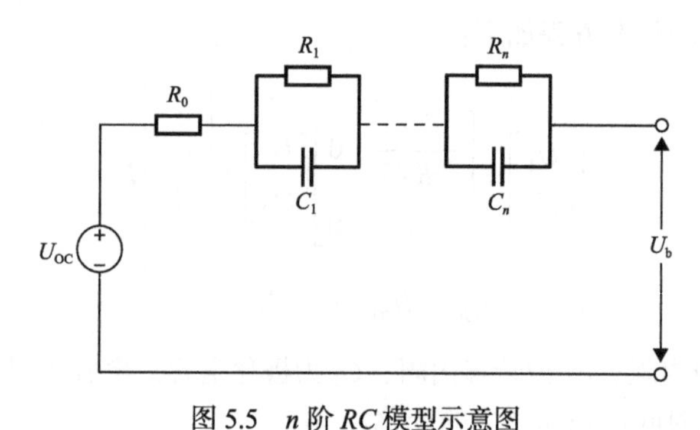

图 5.5　n 阶 RC 模型示意图

5.2.2　等效电路模型阶次确定

使用 ECM 来分析 EIS 数据是最为常见的手段，然而这种方法需要对锂离子电池电化学过程进行假设，然后用电阻、电容、常相位元件和 Warburg 元件组成的等效电路对各电化学环节进行解释[189, 190]。但是以这种方法所获得的 ECM 并不唯一。弛豫时间分布(distribution of relaxation time，DRT)法不需要预先建模，其核心思想是基于频域中离散的阻抗数据反演得到时域中连续的 DRT 函数[191]，从而直接获取电池极化内阻在时间常数时域内的分布，无须任何与电极反应相关的先验信息。DRT 法可以有效地分离时间常数相近的电极反应过程，从而为确定主要的 ECM 阶次提供帮助。

使用 DRT 法早期用于分析固体氧化物燃料电池的 EIS[192,193]，近来已在锂离子电池上得到应用[194-197]，如根据 DRT 确定不同电极过程的弛豫时间常数和极化内阻[198]，分析电池总内阻在正极、负极、电解质及接触界面上的分布[199, 200]，计算等效电路法中数据拟合步骤所需的电路元件参数初值，建立具有实际物理意义的电池时域 ECM[201]等。这些研究工作结合了 EIS 无损检测和 DRT 无须建模的双重优势，在电池反应机理的分析方法上展现了一定的创新性和优越性，同时也预示着在电池状态监测和故障诊断上，DRT 也具有应用潜力。

DRT 通过第一类积分方程与 EIS 数据相关联，DRT 一般形式的积分方程为

$$Z(f)=R_0+\int_0^{+\infty}\frac{\gamma(\tau)}{1+\mathrm{j}2\pi f\tau}\mathrm{d}\tau \tag{5.5}$$

式中，$Z(f)$ 为电池的交流阻抗实验值；R_0 为电池欧姆电阻；$\gamma(\tau)$ 为弛豫时间分布；$K(f,\tau)=(1+\mathrm{j}2\pi f\tau)^{-1}$ 为积分方程的核，τ 为弛豫时间。

虽然 DRT 法有无须建模、分辨率高、表达直观等优点，但是 DRT 函数的求解却存在着数值算法上的挑战性。这是因为 EIS 中的阻抗数据点数通常极为有限，而 DRT 函数在 $(0, +\infty)$ 范围内却是连续的，这种通过少量已知信息求解大量未知数的问题是数学上非常典型的不适定问题，常用的数值积分方法无法得到这类问题的稳定解。

目前，用于求解 DRT 函数的方法主要包括傅里叶变换、最大熵原理、蒙特卡罗方法、遗传算法和正则化方法[202]。傅里叶变换的限制在于需要人为地将 EIS 频率范围外推到 $(0, +\infty)$，且窗口函数的选择对解析结果的影响较为显著；最大熵原理、蒙特卡罗方法和遗传算法均是基于随机过程的非确定性算法，因此它们的计算效率偏低，且只具有概率意义上的收敛性；而正则化方法的基本原理是通过在目标函数中加入正则项来求解不适定问题，本质上是加入额外信息的过程，根据正则项形式的不同可分为 L0 正则化、L1 正则化（又称 LASSO 回归）和 L2 正则化（又称岭回归）等，根据正则项数的不同可分为单参数正则化和多参数正则化[203]，正则化参数的合理选择是正则化方法需要解决的核心问题。正则化方法中的 L2 回归，其运算简单，稳定性高，因此这里选择 L2 来说明 DRT 的实现过程。

首先，令 $\gamma(\ln\tau)=\tau g(\tau)$，则式(5.5)可表示为

$$\begin{aligned}Z(f)&=R_0+\int_{-\infty}^{+\infty}\frac{\gamma(\ln\tau)}{1+\mathrm{j}2\pi f\tau}\mathrm{d}(\ln\tau)\\&=R_0+\int_{-\infty}^{+\infty}\frac{\gamma(\ln\tau)}{1+(2\pi f\tau)^2}\mathrm{d}(\ln\tau)-\int_{-\infty}^{+\infty}\frac{2\pi f\tau}{1+(2\pi f\tau)^2}\gamma(\ln\tau)\mathrm{d}(\ln\tau)\end{aligned} \tag{5.6}$$

这里采用分段线性插值方法对式(5.6)进行离散化处理，令

$$\gamma(\ln\tau) = \sum_{n=1}^{N} x_n \phi_n(\ln\tau) + e_\gamma(\ln\tau) \tag{5.7}$$

式中，x_n 为大于零的系数；$e_\gamma(\ln\tau)$ 为离散误差；N 为离散点数量；$\phi_n(\ln\tau)$ 为

$$\phi_n(\ln\tau) = \begin{cases} \dfrac{\ln\tau - \ln\tau_{n-1}}{\ln\tau_n - \ln\tau_{n-1}}, & \ln\tau_{n-1} \leqslant \ln\tau < \ln\tau_n \\ \dfrac{\ln\tau_{n+1} - \ln\tau}{\ln\tau_{n+1} - \ln\tau_n}, & \ln\tau_n \leqslant \ln\tau < \ln\tau_{n+1} \\ 0, & \text{其他} \end{cases} \tag{5.8}$$

且当 $n=0$ 时，有

$$\phi_0(\ln\tau) = \begin{cases} \dfrac{\ln\tau_1 - \ln\tau}{\ln\tau_1 - \ln\tau_0}, & \ln\tau_0 \leqslant \ln\tau < \ln\tau_1 \\ 0, & \text{其他} \end{cases} \tag{5.9}$$

当 $n=N$ 时，有

$$\phi_N(\ln\tau) = \begin{cases} \dfrac{\ln\tau - \ln\tau_{N-1}}{\ln\tau_N - \ln\tau_{N-1}}, & \ln\tau_{N-1} \leqslant \ln\tau < \ln\tau_N \\ 0, & \text{其他} \end{cases} \tag{5.10}$$

则第一类 Fredholm 积分方程(5.6)的右端对应的极化部分阻抗可以近似表示为

$$Z_{\mathrm{DRT}}(f) \approx \sum_{n=1}^{N} x_n \int_{-\infty}^{+\infty} \frac{\phi_n(\ln\tau)}{1+(2\pi f\tau)^2} \mathrm{d}(\ln\tau) - \mathrm{j}\sum_{n=1}^{N} x_n \int_{-\infty}^{+\infty} \frac{(2\pi f\tau)\phi_n(\ln\tau)}{1+(2\pi f\tau)^2} \mathrm{d}(\ln\tau) \tag{5.11}$$

可以看出，阻抗的实部与虚部均可以近似表示为插值点处 DRT 函数值的加权和。令 $x=[x_1,x_2,\cdots,x_N]^{\mathrm{T}}$，$f=[f_1,f_2,\cdots,f_M]^{\mathrm{T}}$，$M$ 为测试频率点数。$A'_{n,m}$ 和 $A''_{n,m}$ 分别为式(5.11)中实部、虚部对应的权值矩阵，则式(5.11)可以化简为以下矩阵形式：

$$Z_{\mathrm{DRT}}(f) \approx A'_{n,m}x + \mathrm{j}A''_{n,m}x \tag{5.12}$$

式中，权值矩阵的元素为

$$\begin{cases} A'_{n,m} = \displaystyle\int_{-\infty}^{+\infty} \frac{\phi_m(\ln\tau)}{1+\mathrm{j}2\pi f\tau} \mathrm{d}(\ln\tau) \\ A''_{n,m} = -\displaystyle\int_{-\infty}^{+\infty} \frac{(2\pi f\tau)\phi_m(\ln\tau)}{1+\mathrm{j}2\pi f\tau} \mathrm{d}(\ln\tau) \end{cases} \tag{5.13}$$

至此，便将式(5.6)的第一类积分方程进行离散化，得到相应的线性方程组(5.12)。可以通过拟合以 DRT 函数为自变量的阻抗模型 Z_{DRT} 和极化部分阻抗数据 Z_P 求解 DRT 函数值列向量 x。此处使用 L2 正则化方法，因此将式(5.12)转化为 L2 正则化形式：

$$S(x)=\min\left\{\left\|\mathrm{Re}(Z_P(f))-A'_{n,m}x\right\|_2^2+\left\|\mathrm{Im}(Z_P(f))-A''_{n,m}x\right\|_2^2+\lambda P(x)\right\} \tag{5.14}$$

式中，$\mathrm{Re}(Z_P)$ 和 $\mathrm{Im}(Z_P)$ 分别为不同频率下交流阻抗的实部和虚部；$P(x)$ 为正则化项；λ 为正则化参数，通常取值范围为 $10^{-4}\sim10^{0}$。正则化参数 λ 主要用于调整正则项在目标函数中的比重，λ 越大，正则项的惩罚作用越强，数值解越平滑，同时也越偏离真实解。λ 的选择需要在解的稳定性和精确度中做出权衡。因此，选择合适的正则化参数，对于保证近似解的合理性和精确性至关重要。

最优的 λ 值可以通过差异法、交叉验证法、岭脊图法和 L 曲线法等方法来获得[204, 205]。由于式(5.14)分为实部和虚部两部分，同时交叉验证法具有较好的稳定性，这里选择交叉验证法来说明正则化参数的计算方法。

(1) 仅使用 EIS 的实部数据构建式(5.15)所示的最优化问题，即

$$S(x)=\min\left\{\left\|\mathrm{Re}(Z_P(f))-A'_{n,m}x'\right\|_2^2+\lambda P(x)\right\} \tag{5.15}$$

得到 DRT 函数的近似解，记为 x'。

(2) 仅使用 EIS 的虚部数据构建式(5.16)所示的最优化问题，即

$$S(x)=\min\left\{\left\|\mathrm{Im}(Z_P(f))-A''_{n,m}x''\right\|_2^2+\lambda P(x)\right\} \tag{5.16}$$

得到 DRT 函数的近似解，记为 x''。

(3) 分别用极化阻抗测量值的实部、虚部验证 x'、x'' 的拟合精度，当两次拟合的均方根误差(root mean square error，RMSE)取极小值时，对应的 λ 值为正则化参数的最优值，即

$$\mathrm{RMSE}=\sqrt{\frac{\left|\mathrm{Re}(Z_P)-A'_{n,m}x'\right|^2+\left|\mathrm{Im}(Z_P)-A''_{n,m}x''\right|^2}{2N}} \tag{5.17}$$

在获得正则化参数 λ 后，即可根据式(5.14)获得列向量 x，最后由式(5.7)可获得 $\gamma(\tau)$。

这里以某三元锂离子电池为例，通过上述 DRT 解析方法，最终可以得到锂离子电池极化电阻的弛豫时间分布，如图 5.6 所示。

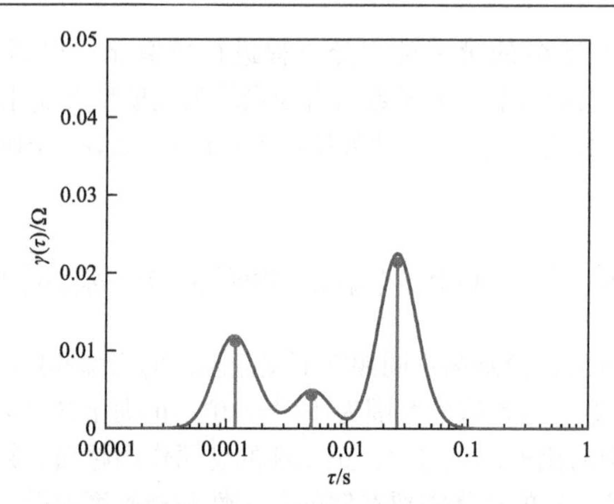

图 5.6　具有 3 个 RC 环节的弛豫时间分布函数

可以看出，该电池 EIS 弛豫时间分布由 3 个大小各异的峰组成，这里每个峰代表一个 RC 环节，即该锂离子电池可以用 3 个 RC 元件串联 1 个欧姆电阻 R_0 表示，如图 5.7 所示。这里需要说明的是，随着弛豫时间分布函数峰个数的增加，相应模型 RC 环节个数随之增加，有时为了简化模型，可以忽略弛豫时间分布函数中较小峰的影响。

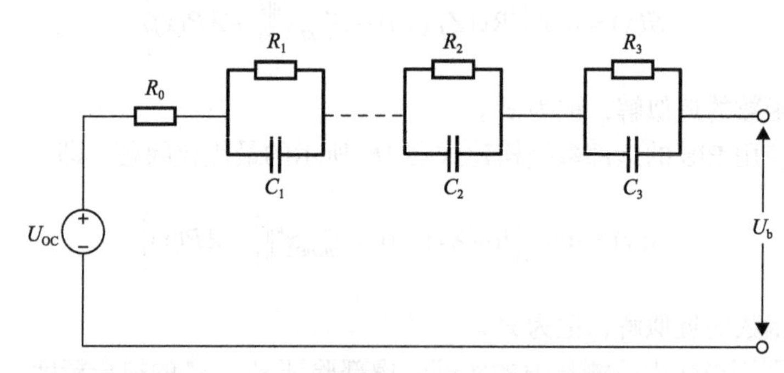

图 5.7　基于弛豫时间分布的三阶 RC 模型

5.3　分数阶等效电路建模

大量研究表明，传统的整数阶 ECM 在 RC 环节数量有限的情况下，不能准确地描述锂离子电池内部复杂的物理化学过程，而为了提高模型精度增加 RC 环节数量则会增加计算量。相比之下，分数阶 ECM 在实现对锂离子电池动态特性的描述上更具有优势。本节基于分数阶微积分理论，利用具有分数阶特性的元件建立分数阶 ECM。

5.3.1 分数阶微积分理论

分数阶微积分是整数阶微积分的延伸，但与整数阶微积分不同的是，其阶次由整数范围拓展到任意实数或复数范围。这个概念最早出现在 17 世纪，源于法国数学家洛必达与德国数学家莱布尼茨的往来书信中。但由于最初没有找到分数阶微积分适用的物理现象，其没有得到足够的关注[206]。近年来，随着研究的深入，分数阶微积分理论在不同研究领域中得到了成功应用，并能够解决具体的工程问题。分数阶微积分能够更好地适用于复杂系统的建模，包括质量传输、扩散动力学和记忆效应等。对于锂离子电池，由于分数阶微积分可以很好地表征电池内部的电化学动力学，包括固相扩散和双层效应等现象而得到了广泛关注。

一般的分数阶微分系统可以表示为

$$y(t)+a_1\mathrm{D}^{\alpha_1}y(t)+\cdots+a_n\mathrm{D}^{\alpha_n}y(t)=b_0\mathrm{D}^{\beta_0}u(t)+\cdots+b_m\mathrm{D}^{\beta_m}u(t) \tag{5.18}$$

式中，$u(t)$ 为系统输入；$y(t)$ 为系统输出；$(a_i,\ b_j)\in\mathbf{R}^2$；排序 $\alpha_1<\alpha_2<\cdots<\alpha_n$，$\beta_1<\beta_2<\cdots<\beta_m$，其中 $(\alpha_i,\ \beta_j)\in\mathbf{R}^+$。

当 α 取非整数值时，使用运算符 D_c^α 来表示分数阶微积分，其具体定义如下：

$$\mathrm{D}_c^\alpha f(t)=\begin{cases}\dfrac{\mathrm{d}^\alpha}{\mathrm{d}t^\alpha}f(t), & \alpha>0\\ f(t), & \alpha=0\\ \displaystyle\int_c^t f(t)\mathrm{d}\tau^\alpha, & \alpha<0\end{cases} \tag{5.19}$$

式中，$\alpha\in\mathbf{R}$，代表分数阶次，当 $\alpha<0$ 时，D_c^α 表示分数阶积分；当 $\alpha>0$ 时，D_c^α 则表示分数阶微分。$c\in\mathbf{R}$，为积分下限，物理含义代表初始时间，这里只考虑系统初始时间为零的情况，即 $c=0$，因此后续的运算符表示可以省略 c。

在分数阶微积分理论的发展过程中，逐渐形成了三种分数阶微积分定义式，分别是 Grünwald-Letnikov 定义、Riemann-Liouville 定义以及 Caputo 定义[206]。其中，Grünwald-Letnikov 定义直接将经典的整数阶微积分阶数推广到分数阶微积分领域，Riemann-Liouville 定义和 Caputo 定义都可以视为对 Grünwald-Letnikov 定义的改进。从控制和信号处理方面来看，Grünwald-Letnikov 定义方法简单明了且容易应用，适合用于数值计算。

任意函数 $f(t)$ 的 α 次 Grünwald-Letnikov 定义如下：

$$\mathrm{D}^{\alpha} f(t) = \lim_{\Delta T \to 0} \frac{1}{\Delta T^{\alpha}} \sum_{i=0}^{[t/\Delta T]} (-1)^{i} \binom{\alpha}{i} f(t - i\Delta T) \tag{5.20}$$

式中，ΔT 为采样时间；$[t/\Delta T]$为 $t/\Delta T$ 的整数部分；$\binom{\alpha}{i}$ 为牛顿二项式系数，定义为

$$\binom{\alpha}{i} = \frac{\alpha!}{i!(\alpha-1)!} = \frac{\Gamma(\alpha+1)}{\Gamma(i+1)\Gamma(\alpha-i+1)} \tag{5.21}$$

将任意信号 $f(t)$ 的 α 阶导数（$\forall \alpha \in \mathbf{R}^{+}$）转换为频域内的表达式，拉普拉斯变换如下：

$$L\left\{\mathrm{D}^{\alpha} f(t)\right\} = s^{\alpha} F(s), \quad f(t) = 0, \quad \forall t \leqslant 0 \tag{5.22}$$

因此，重写分数阶微分方程(5.18)，当 $t=0$ 时(零初始条件)，输入信号 $u(t)$ 和输出信号 $y(t)$ 都等于 0，可得到传递函数形式如下：

$$G(s) = \frac{Y(s)}{X(s)} = \frac{b_0 s^{\beta_0} + b_1 s^{\beta_1} + \cdots + b_m s^{\beta_m}}{1 + a_1 s^{\alpha_1} + \cdots + a_n s^{\alpha_n}} \tag{5.23}$$

5.3.2　分数阶模型的建立

结合第 1 章图 1.3 所示的典型锂离子电池 EIS，分析各频率范围内 EIS 特征的表现形式，同时结合等效电路元件的特性，可以得到不同频率范围适用的等效电路元件，具体见表 5.1。

表 5.1　锂离子电池 ECM 分析

频率区间	等效元件	EIS 表现形式	表征的物理化学过程
高频部分	R_0	实轴上的点	欧姆极化：欧姆电阻
中频部分	R_1 与 CPE_1 并联	压扁半圆	活化极化：锂离子在 SEI 膜上转移
低频部分	R_2 与 CPE_2 并联	曲线段	浓差极化：锂离子在活性材料内的扩散行为

对于中频部分，由于存在电容弥散效应，实际电双层在 EIS 中表现出的特性与理想电容器的特性存在一定程度的偏离。因此，考虑到弥散效应的影响，可以用 CPE 元件替代二阶 RC 模型中的理想电容，从而可以更加准确地描述电双层动态特性。对于低频部分，部分学者采用 Warburg 元件作为低频部分的等效电路元件，在 EIS 上表现为一条斜线。从另一个角度考虑，图 1.3 中 EIS 图形的低频部分也可以看成一条曲率较小的曲线，因此也可用电阻与 CPE 的并联来表示。

针对动力电池 EIS，存在多种不同形式的分数阶 ECM。本章基于上述分析，考虑到建立的分数阶 ECM 不仅需要较好地反映电池的动态特征，而且要保证模型结构简单、便于应用，因此提出在二阶 RC 模型的基础上建立改进的分数阶模型电路结构，其模型结构如图 5.8 所示。需要说明的是，本节所提出的模型结构只是作为一个案例，来分析如何使用分数阶 ECM 描述电池的 EIS。在本书其他章节还有其他类型或结构的分数阶 ECM，在应用和选择时要视具体情况分析。

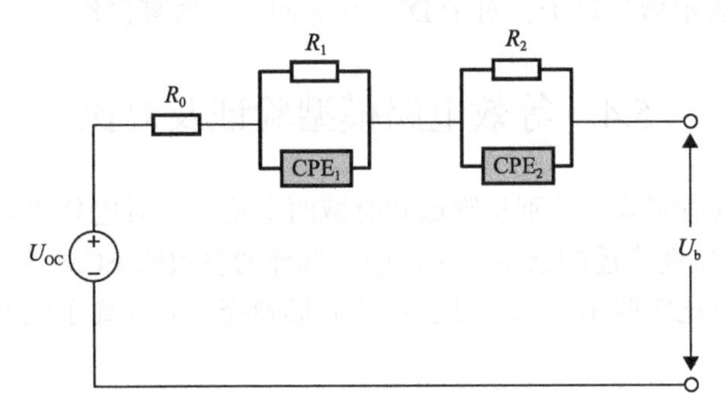

图 5.8　锂离子电池分数阶模型电路结构

根据电化学原理，CPE_1 和 CPE_2 的阻抗可以分别描述为

$$Z_{CPE1}(s)=\frac{1}{C_{CPE1}s^{\alpha}} \tag{5.24}$$

$$Z_{CPE2}(s)=\frac{1}{C_{CPE2}s^{\gamma}} \tag{5.25}$$

式中，C_{CPE1} 和 C_{CPE2} 为阻抗；α 和 γ 为相应的分数阶次。

当分数阶次取特殊值时，CPE 等效于常见的电子元件。当 $\alpha=0$ 时，CPE 等效于电阻；当 $\alpha=1$ 时，CPE 等效于电容元件；当 $\alpha=-1$ 时，CPE 等效于电感元件；当 $\alpha=0.5$ 时，可以将 CPE 看成半无限扩散引起的 Warburg 阻抗。

结合锂离子电池分数阶模型电路结构，可以得到频域内阻抗的传递函数表达式，如式(5.26)所示：

$$\frac{U_{OCV}(s)-U_{d}(s)}{I(s)}=R_0+\frac{R_1}{1+R_1C_{CPE1}s^{\alpha}}+\frac{R_2}{1+R_2C_{CPE2}s^{\gamma}} \tag{5.26}$$

式中，$U_{OCV}(s)$ 为锂离子电池的开路电压；$U_{d}(s)$ 为锂离子电池的端电压；$I(s)$ 为锂离子电池的电流；R_0 为欧姆电阻；R_1 为传荷电阻；R_2 为扩散电阻。

设置系统的输入为 $u(t)=I(t)$，表示锂离子电池的电流，系统的输出为 $y(t)=U_{OCV}(t)-U_{d}(t)$，即锂离子电池开路电压与端电压之间的差值。根据式(5.26)，可以得到锂离子电池分数阶模型在时域内的表达式：

$$
\begin{aligned}
&(R_1C_{\text{CPE1}}\text{D}^{\alpha}+R_2C_{\text{CPE2}}\text{D}^{\gamma}+R_1R_2C_{\text{CPE1}}C_{\text{CPE2}}\text{D}^{\alpha+\gamma})y(t)\\
&=u(t)+[(R_0+R_1+R_2)+(R_0+R_2)R_1C_{\text{CPE1}}\text{D}^{\alpha}\\
&\quad+(R_0+R_1)R_2C_{\text{CPE2}}\text{D}^{\gamma}+R_0R_1R_2C_{\text{CPE1}}C_{\text{CPE2}}\text{D}^{\alpha+\gamma}]u(t)
\end{aligned}
\tag{5.27}
$$

式中，符号 D 表示微分算子：对于 D^n，它等同于 n 次幂操作。

5.4　等效电路模型验证及对比

本节通过电池实验，分别从频域和时域两个角度，对比分数阶 ECM 与整数阶 ECM 对电池特性描述的精度。对比中，选择的整数阶 ECM 为图 5.4 所示的二阶 *RC* 模型。对比实验中，选用某公司的方形硬壳三元锂离子电池，该电池的相关参数见表 5.2。

表 5.2　锂离子电池参数

参数名称	参数值
材料体系	$Li(NiCoMn)O_2/C$
电池尺寸/(mm×mm×mm)	133×16.1×184
电池质量/kg	0.92
额定容量/Ah	42
额定电压/V	3.6
充电截止电压/V	4.2
放电截止电压/V	2.8

由于测试电池的欧姆电阻只有 1mΩ 左右，这里 EIS 测试采用电流激励模式，确保电流激励幅值不会超过设备限值。此外，由于在对电池建模时通常不考虑超高频区域的电感阻抗，高频选择为 1000Hz 已经可以满足需求；根据初步评估，当低频设置为 0.01Hz 时，已经能够充分且完整地表现锂离子电池的特征。综上，测试中设置的激励频率为 1000～0.01Hz。

5.4.1　频域内的模型验证及对比

为了比较频域内分数阶 ECM 与二阶 *RC* 模型之间的精度，将两种模型计算得到的阻抗谱特征与 EIS 实验数据进行比较，结果如图 5.9 所示。

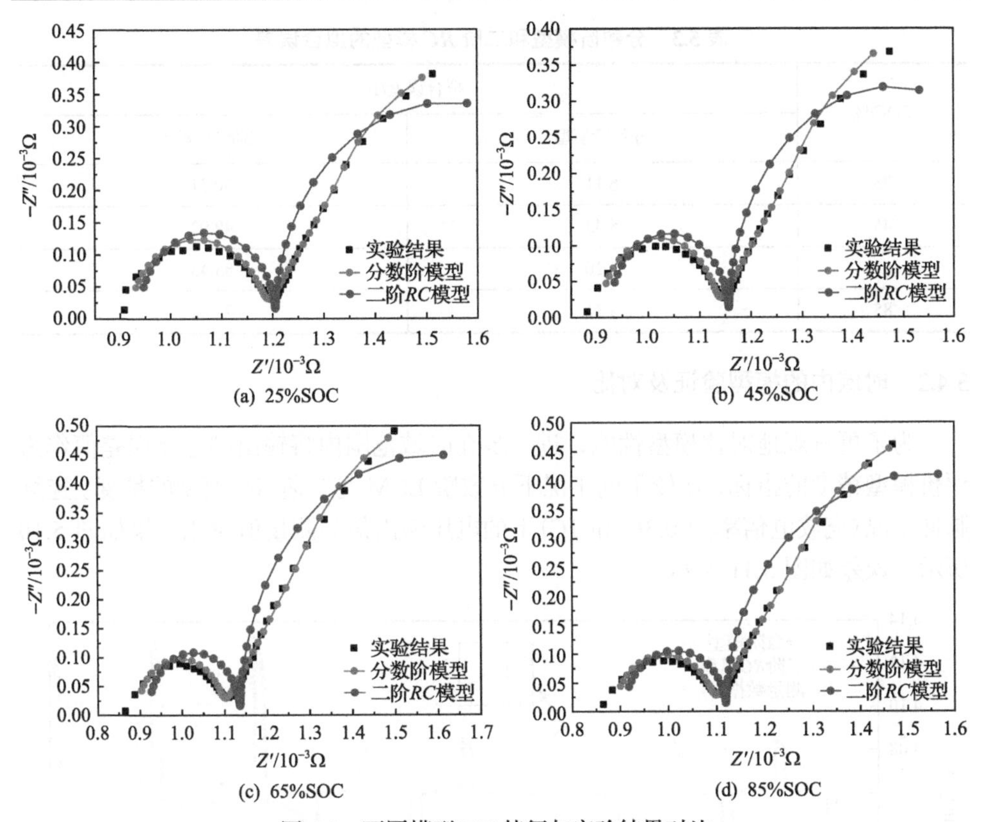

(a) 25%SOC　(b) 45%SOC

(c) 65%SOC　(d) 85%SOC

图 5.9　不同模型 EIS 特征与实验结果对比

根据图 5.9 的结果，在中频部分，由于二阶 *RC* 模型使用一个 *RC* 并联元件进行等效，在 EIS 上表现为一个半圆，与实际实验数据之间存在较大偏差。相比之下，分数阶模型用常相角元件代替了理想电容，在 EIS 中表现为压扁半圆曲线，且曲线弧度可以通过 CPE 元件的阶次来调整，能够与实验结果更好地吻合。在低频部分两种模型的差异表现得更加明显，二阶 *RC* 模型无法拟合出近似斜线的 EIS 图形，与实验数据存在较大误差。

为了进一步定量比较两种模型的精度，利用卡方检验来描述模型输出结果与测量数据之间的偏差。卡方检验统计样本的实际观测值和理论推测值之间的偏差，偏差程度用卡方系数(chi-square)表示，chi-square 值越大，表示二者偏差越大；反之，chi-square 值越接近 0，二者之间偏差越小。经过计算，分数阶模型和二阶 *RC* 模型拟合误差对比见表 5.3。

从表 5.3 中结论可以看出，分数阶模型拟合误差相当于二阶 *RC* 模型拟合误差的 1/10 左右，说明在频域内分数阶 ECM 具有更高的精度。

表 5.3　分数阶模型和二阶 *RC* 模型的拟合误差

SOC/%	拟合误差/10^{-4}	
	分数阶模型	二阶 *RC* 模型
25	6.11	50.31
45	5.43	49.92
65	5.20	83.43
85	5.31	72.64

5.4.2　时域内的模型验证及对比

为了更直观地对比模型性能，进一步在时域范围内将输出端电压误差值作为评价模型精度的指标，比较不同工况下分数阶 ECM 与二阶 *RC* 模型的精度。连续脉冲工况(充放电倍率为 0.3C 和 1C)下的电压输出值与测量值对比结果如图 5.10 所示，误差如图 5.11 所示。

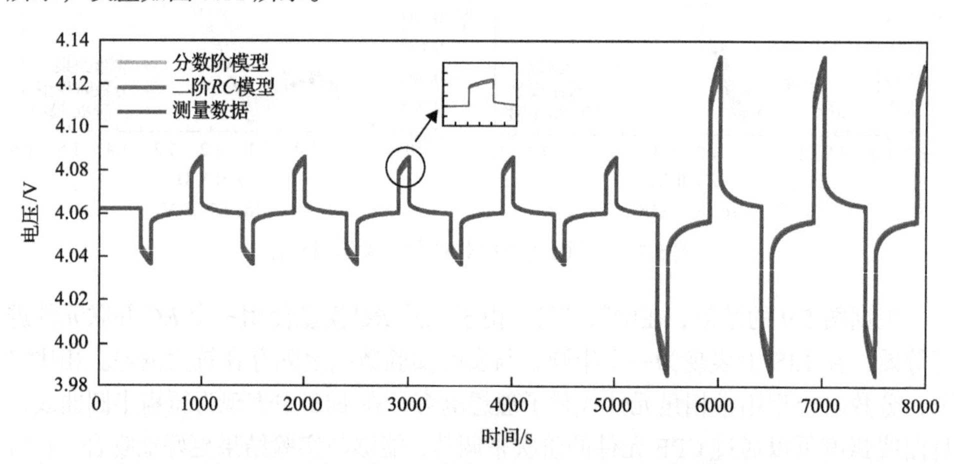

图 5.10　脉冲工况下不同模型电压输出与测量数据对比

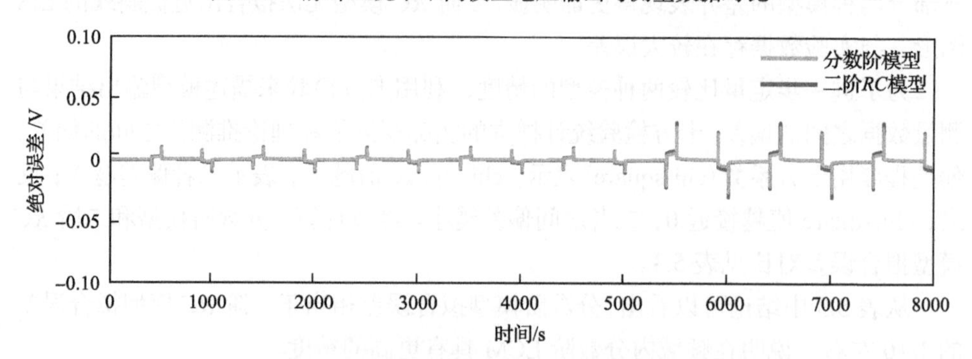

图 5.11　脉冲工况下不同模型电压输出与测量数据绝对误差

为了进一步验证分数阶 ECM 的精度与适用性，采用 NEDC 工况下的电流采样数据作为输入数据并代入模型，得到 NEDC 工况下的电压输出结果对比与误差，如图 5.12 和图 5.13 所示。

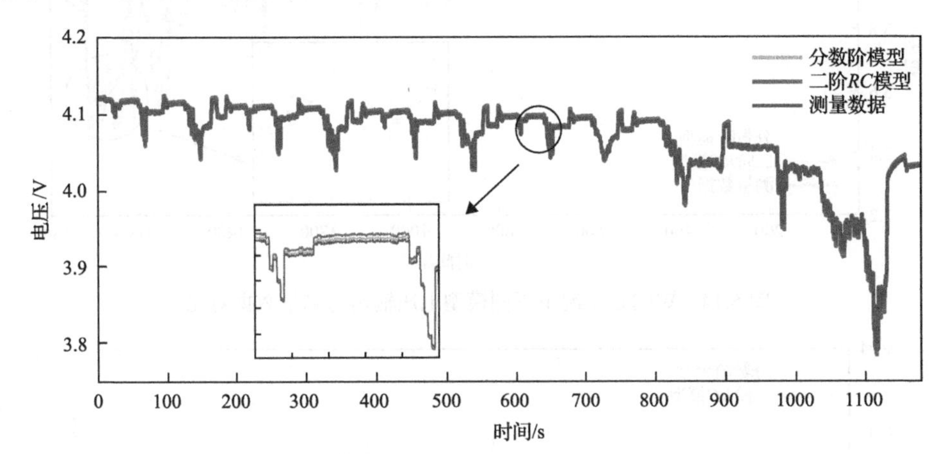

图 5.12　NEDC 工况下不同模型电压输出与测量数据对比

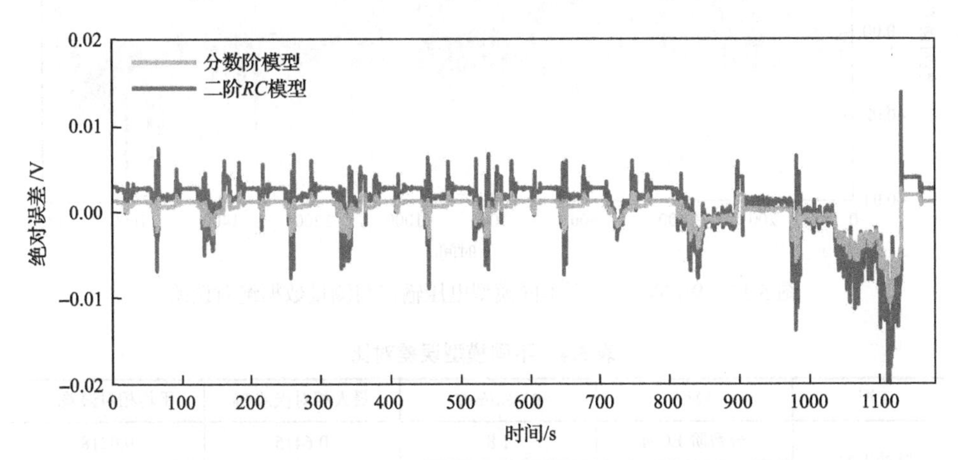

图 5.13　NEDC 工况下不同模型电压输出与测量数据绝对误差

将全球轻型车测试循环(world light vehicle test cycle，WLTC)工况下电流采样数据分别代入模型，得到电压输出结果对比及误差分别如图 5.14 和图 5.15 所示。

由图 5.10～图 5.15 可以看出，相比于脉冲工况，动态工况下分数阶 ECM 在精度上表现出的优势更加明显。进一步定量比较分数阶模型和二阶 *RC* 模型之间的精度，对两种模型输出电压的 RMSE 及相对误差进行计算，结果见表 5.4。

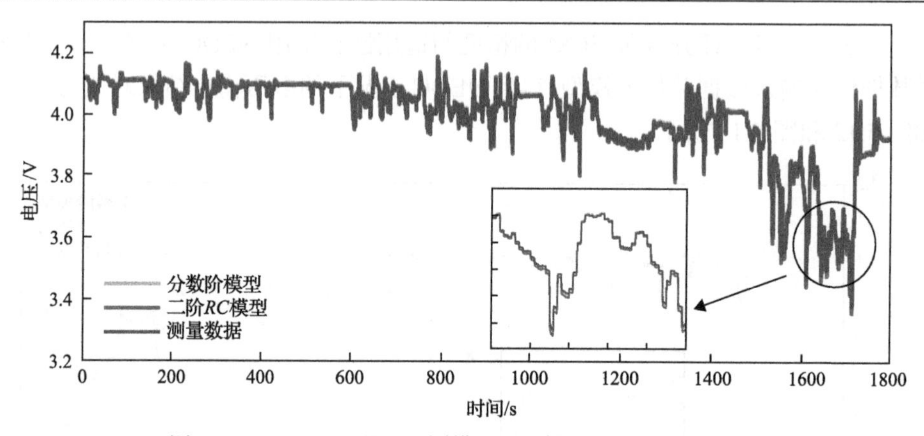

图 5.14　WLTC 工况下不同模型电压输出与测量数据对比

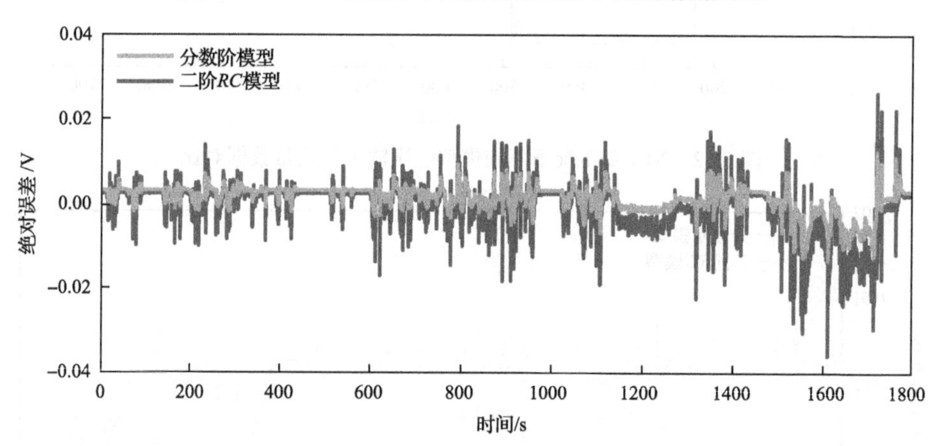

图 5.15　WLTC 工况下不同模型电压输出与测量数据绝对误差

表 5.4　不同模型误差对比

工况	模型	RMSE/mV	最大相对误差/%	平均相对误差/%
脉冲工况	分数阶 ECM	1.8	0.6415	0.0218
	二阶 *RC* 模型	2.2	0.6901	0.0270
NEDC 工况	分数阶 ECM	1.8	0.2579	0.0314
	二阶 *RC* 模型	3.2	1.3730	0.0625
WLTC 工况	分数阶 ECM	2.9	1.5426	0.0968
	二阶 *RC* 模型	5.4	2.6838	0.1196

RMSE 的数值越小，说明模型选择和拟合结果越好，数据预测也越准确，由表 5.4 中结论可知，对于不同工况，二阶 *RC* 模型输出电压的 RMSE 为分数阶模型的 1～2 倍，说明分数阶模型对于时域下的数据拟合效果更好，模型精度更高。且在不同工况下，分数阶模型输出电压的 RMSE 均小于 3mV，最大相对误差小于

2%，说明该分数阶模型的适用性较好。

结合频域以及时域内模型精度的验证结果可知，由于分数阶模型引入了分数阶元件，使得模型能够更好地体现电池动态特性，相比于一般的整数阶模型(如前面对比用的二阶 RC 模型)，在描述锂离子电池特性上具有优势。

5.5　分数阶等效电路模型参数的离线辨识方法

在确定了电池的 ECM 以后，为了能够定量地分析阻抗变化过程中模型参数的变化，需要提出模型参数的辨识方法。关于整数阶(线性)ECM 的参数辨识，目前已有大量研究建立了相对成熟的方法，本书中将不再赘述，读者可参考相应文献[207]。相应地，对分数阶(非线性)ECM 参数的辨识，无论是离线辨识还是在线辨识，目前仍处于研究阶段。因此，在作者团队前期研究的基础上，本章后续两节关于 ECM 参数的辨识方法主要针对分数阶(非线性)ECM。关于动力电池分数阶 ECM 参数的离线辨识，已有研究提出一些方法，如非线性最小二乘算法、粒子群优化算法及差分进化算法等，均取得了一定效果。由于算法本身并非本书重点，本节以非线性最小二乘算法为例，介绍如图 5.8 所示的分数阶 ECM 的离线参数辨识方法。

5.5.1　非线性最小二乘算法

最小二乘算法是模型参数辨识最常用的方法之一。由于阻抗谱中的阻抗值与频率呈非线性关系，故引入非线性最小二乘算法对分数阶 ECM 参数进行离线辨识。对于电化学阻抗谱表现的非线性方程表达式，可以用角频率 ω 以及 m 个参数 $C_1,C_2,\cdots,C_m$ 来表示阻抗 G，如式(5.28)所示：

$$G=G(\omega,C_k)=G'(\omega,C_k)+\mathrm{j}G''(\omega,C_k),\quad k=1,2,\cdots,m \tag{5.28}$$

式中，$G'(\omega, C_k)$ 和 $G''(\omega, C_k)$ 分别为复数的实部与虚部。

在进行 EIS 测量时，可以得到 n 个测量数据 $g_1,g_2,\cdots,g_n$，同样也可以表示为复数形式：

$$g_i=g_i'+\mathrm{j}g_i'' \tag{5.29}$$

参数的辨识过程，即根据 n 个测量数据来估计 m 个参数的过程。令

$$D_i=g_i-G_i=(g_i'-G_i')+\mathrm{j}(g_i''-G_i'') \tag{5.30}$$

式中，g_i 和 G_i 为在复平面上的矢量；D_i 也是一个矢量，代表测量数据与估计数据的矢量之差，其模量可以表示为

$$|D_i|=\sqrt{(g_i'-G_i')^2+(g_i''-G_i'')^2} \tag{5.31}$$

当$C_1,C_2,\cdots,C_m$为辨识结果时，测量数据与辨识结果之间的平方和 S 应该最小，S称为目标函数。对于基于 EIS 的参数辨识，$\sum_{i=1}^{n}D_i^2$ 即为目标函数：

$$S=\sum_{i=1}^{n}D_i^2=\sum_{i=1}^{n}(g_i'-G_i')^2+\sum_{i=1}^{n}(g_i''-G_i'')^2 \tag{5.32}$$

为了实现参数辨识，首先需要确定一个初始值$C_k^0(k=1,2,\cdots,m)$，将初始值与真实值之间的差值设为$\varDelta_k(k=1,2,\cdots,m)$，根据泰勒级数展开公式，同时忽略展开后$\varDelta_k$的高阶次项，可以近似将$G_i$表示为

$$G_i\approx G_i^0+\sum_{k=1}^{m}\frac{\partial G_i^0}{\partial C_k}\cdot\varDelta_k \tag{5.33}$$

将式(5.33)代入式(5.32)可以得到

$$S=\sum_{i=1}^{n}(g_i-G_i)^2\approx\sum_{i=1}^{n}\left(g_i-G_i^0-\sum_{k=1}^{m}\frac{\partial G_i^0}{\partial C_k}\cdot\varDelta_k\right)^2 \tag{5.34}$$

若保证S数值最小，意味着需要满足以下m个方程：

$$\frac{\partial S}{\partial C_k}=0,\quad k=1,2,\cdots,m \tag{5.35}$$

将式(5.34)代入式(5.35)，进一步得到表达式：

$$\frac{\partial S}{\partial C_k}=\sum_{i=1}^{n}(g_i-G_i^0)\frac{\partial G_i^0}{\partial C_k}+\sum_{i=1}^{n}\left(\sum_{l=1}^{m}\frac{\partial G_i^0}{\partial C_k}\cdot\frac{\partial G_i^0}{\partial C_l}\cdot\varDelta_l\right)=0,\quad k=1,2,\cdots,m \tag{5.36}$$

将式(5.36)展开，可以得到由m个线性方程组成的方程组：

$$\begin{cases}a_{11}\varDelta_1+a_{12}\varDelta_2+\cdots+a_{1m}\varDelta_m=b_1\\a_{21}\varDelta_1+a_{22}\varDelta_2+\cdots+a_{2m}\varDelta_m=b_2\\\qquad\vdots\\a_{m1}\varDelta_1+a_{m2}\varDelta_2+\cdots+a_{mm}\varDelta_m=b_m\end{cases} \tag{5.37}$$

式中，系数a_{ki}、b_k分别由式(5.38)和式(5.39)给出：

$$a_{ki}=\sum_{i=1}^{n}\left(\frac{\partial G_i'^0}{\partial C_k}\frac{\partial G_i^0}{\partial C_l}+\frac{\partial G_i''^0}{\partial C_k}\frac{\partial G_i^0}{\partial C_l}\right) \tag{5.38}$$

$$b_k=\sum_{i=1}^{n}\left[\left(q_i'-G_i'^0\right)\frac{\partial G_i'^0}{\partial C_k}+\left(q_i''-G_i''^0\right)\frac{\partial G_i''^0}{\partial C_k}\right] \tag{5.39}$$

根据式(5.37)～式(5.39)可以求得 $\Delta_k(k=1,2,\cdots,m)$，代入下列公式，即可求得 C_k 的估算值：

$$C_k = C_k^0 + \Delta_k \tag{5.40}$$

在下一个循环中，用 C_k 作为新的初始值 C_k^0，重复上述计算过程，可以求得新的 C_k 的估算值。由于新的初始值 C_k^0 与 C_k 真值更接近，新的 Δ_k 应该更小，C_k 估算值进一步接近真实值。通过不断迭代计算，使参数初始值与最佳辨识结果之间的误差减小，因此参数估计值逐渐逼近其真实值。最终，当 Δ_k 足够小而可以忽略时，即得到最终的参数辨识结果。

5.5.2 分数阶等效电路模型离线辨识结果

基于上述非线性最小二乘算法，采用不同温度、不同 SOC 及不同循环次数下的电池 EIS，对如图 5.8 所示的分数阶 ECM 进行参数辨识。

1. 不同温度下参数辨识结果

辨识得到 SOC 为 55%时，不同温度下分数阶 ECM 的参数值见表 5.5。

表 5.5 不同温度下离线参数辨识结果

参数	温度						
	–15℃	–5℃	5℃	15℃	25℃	35℃	45℃
$R_0/10^{-3}\Omega$	1.126	1.078	0.995	0.950	0.902	0.904	0.874
$R_1/10^{-3}\Omega$	22.57	6.662	2.491	0.928	0.307	0.123	0.0311
C_{CPE1}	10.02	14.72	18.50	21.14	20.64	27.31	285.80
α	0.756	0.728	0.724	0.746	0.833	0.893	0.766
$R_2/10^{-3}\Omega$	2.004	2.954	3.110	2.383	1.983	2.214	2.312
C_{CPE2}	21940	12792	9692	9699	10938	12104	13646
γ	0.861	0.813	0.850	0.781	0.732	0.705	0.689

从表 5.5 可以看出，锂离子电池的欧姆内阻 R_0 随温度升高而整体减小，这可能是由于温度升高使电池溶液中离子活性增大，液相离子电导率增加，进而导致欧姆内阻减小。对于传荷电阻 R_1，其变化趋势与 R_0 相似，随温度升高有明显的下降趋势，传荷内阻多用来表示锂离子电池的电化学反应能力，R_1 数值的减小说明电化学反应速率变快。对于参数 C_{CPE1}，当温度升高时 C_{CPE1} 整体增加，表征电荷转移的圆弧的曲率半径不断减小，同样可以说明温度的升高会使电荷转移过程变得更加容易。参数 α 是 CPE 中的阶次，在–15～5℃内，当温度升高时，α 值减小，其原因可能是温度升高导致弥散效应加剧，从而导致容抗弧的圆心下移，引起参数 α 的减小。在图 5.16 中，绘制了 SOC 为 55%时，不同温度下辨识结果与实验测量数据的对比图。

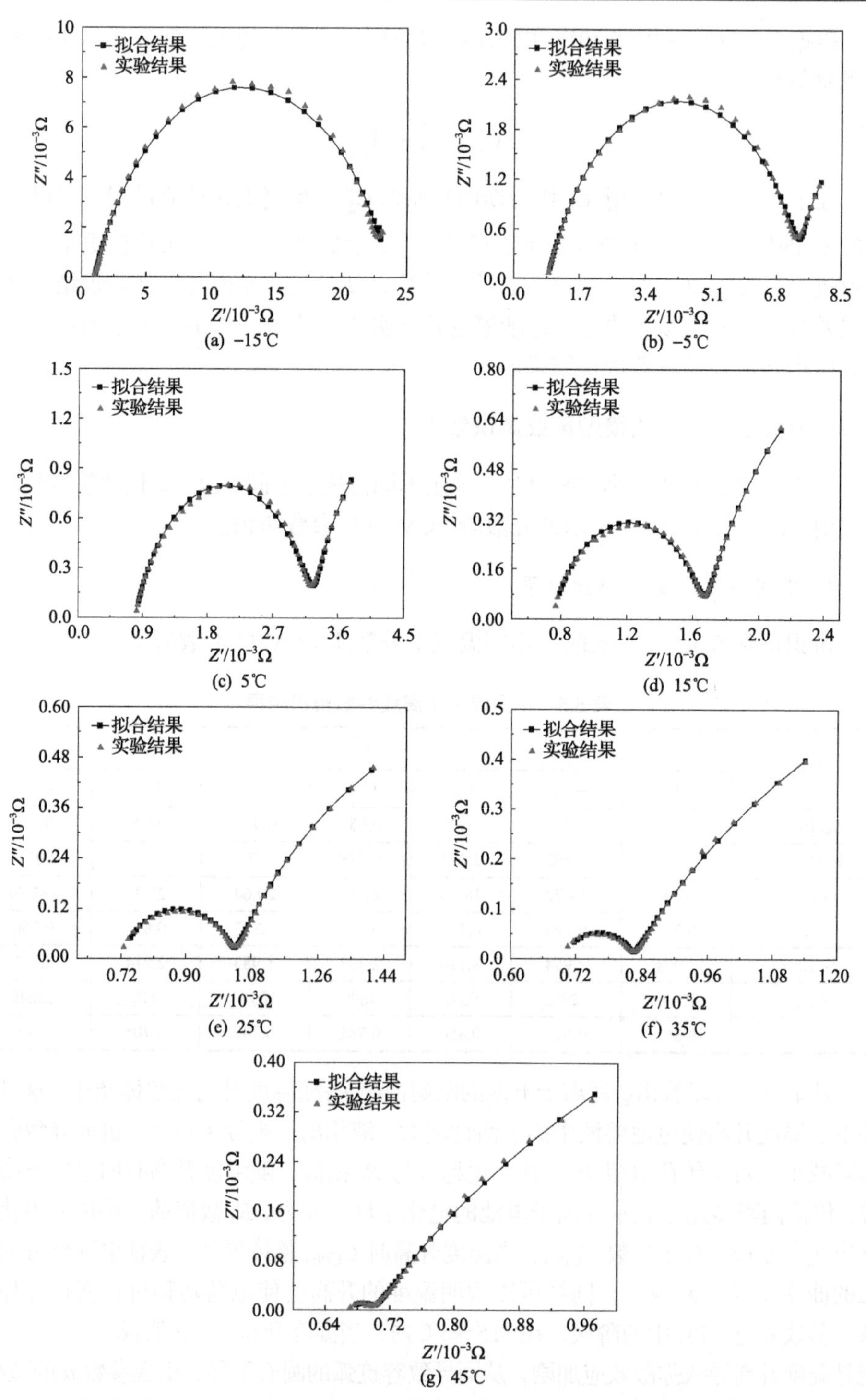

图 5.16　不同温度下辨识结果与实验数据对比图(SOC=55%)

为了定量分析参数辨识误差，利用卡方检验来描述辨识结果与测量数据之间的偏差，得到不同温度下的误差见表5.6。

表5.6　不同温度下离线参数辨识误差

误差	温度						
	–15℃	–5℃	5℃	15℃	25℃	35℃	45℃
chi-square/10^{-4}	10.40	5.73	9.44	8.31	4.61	2.38	2.52

从表5.6中数据可以看出，由于温度对EIS的形态影响较大，不同温度下的误差之间差异较大，尤其是在低温时存在较大误差。低温会导致固相扩散系数的时间常数变大，由于EIS测试实验的最低频设置为0.01Hz，低频扩散曲线可能在EIS图中无法充分体现，导致参数辨识的过程中引入了较大误差。但总体而言，频域内离线参数辨识的chi-square值基本小于10^{-3},说明基于所提出的非线性最小二乘算法能够有效地对频域内锂离子电池实验数据进行辨识，且对不同温度情况下的实验结果均有较好的适用性。

2. 不同SOC下参数辨识结果

除了考虑温度对EIS的影响，此处基于不同SOC下的EIS进行参数辨识，辨识得到温度为25℃，不同SOC下电池各等效电路元件的参数值见表5.7。

表5.7　不同SOC情况下离线参数辨识结果

参数	SOC						
	25%	35%	45%	55%	65%	75%	85%
$R_0/10^{-3}\Omega$	0.915	0.911	0.905	0.901	0.894	0.891	0.890
$R_1/10^{-3}\Omega$	0.265	0.238	0.225	0.215	0.209	0.201	0.199
C_{CPE1}	23.51	21.10	21.45	21.92	26.16	24.24	22.98
α	0.932	0.956	0.951	0.959	0.929	0.945	0.955
$R_2/10^{-3}\Omega$	1.9115	1.5711	1.5480	2.9824	3.8550	3.0388	2.8598
C_{CPE2}	12175	12967	12266	10193	9178	9453	9966
γ	0.709	0.722	0.720	0.697	0.681	0.689	0.692

可见，锂离子电池的欧姆电阻R_0和传荷电阻R_1随SOC增加略有降低，但变化幅度很小。对于参数C_{CPE1}，当SOC增加时C_{CPE1}略有增加，说明SOC的增加会一定程度上使得电荷转移更加容易，从而导致电荷转移圆弧的曲率半径减小。参数α和γ为CPE元件中的阶次，与电荷转移过程有关，当温度不变时，α和γ的数值随SOC变化程度很小。图5.17所示为温度25℃时不同SOC情况下辨识结果与实验结果的对比。

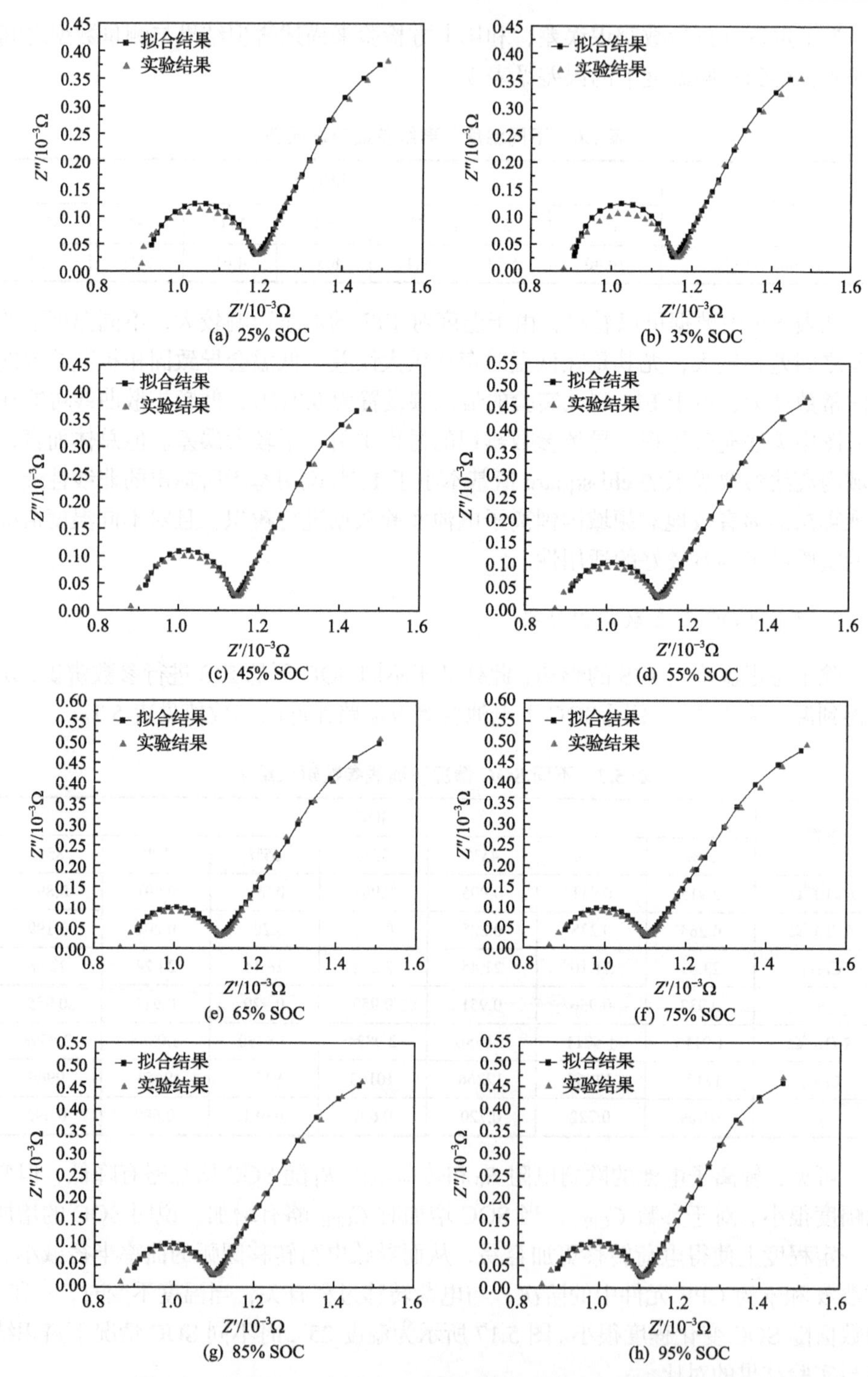

图 5.17　温度 25℃时不同 SOC 情况下辨识结果与实验数据对比

对于辨识误差的计算方法与前文一致，可以得到在不同 SOC 情况下的误差，见表 5.8。

表 5.8 不同 SOC 情况下离线参数辨识误差

误差	SOC						
	25%	35%	45%	55%	65%	75%	85%
chi-square/10^{-4}	6.11	5.69	5.43	5.45	5.20	5.32	5.31

根据表 5.8 中的误差数值可知，chi-square 数值较小，且 SOC 变化带来的 EIS 特性变化不大，因此不同 SOC 情况下的辨识误差比较平均，数值基本分布在 5×10^{-4} 左右，说明该参数辨识算法对不同 SOC 情况下的实验结果均有较好的适用性，该算法能够用于锂离子电池的进一步研究。

3. 不同循环次数下参数辨识结果

考虑老化因素对模型参数的影响，基于不同循环次数下的 EIS 数据进行参数辨识，保证锂离子电池处于相同状态(以温度为 25℃、SOC 为 85%为例)，得到结果见表 5.9。

表 5.9 不同循环次数下离线参数辨识结果

参数	循环次数				
	200	400	600	800	1000
$R_0/10^{-3}\Omega$	1.0962	1.2035	1.2891	1.3384	1.3652
$R_1/10^{-3}\Omega$	0.190	0.184	0.217	0.207	0.225
C_{CPE1}	26.18	26.91	25.55	21.08	21.93
α	0.95281	0.97759	0.94660	0.94830	0.94522
$R_2/10^{-3}\Omega$	6.038	7.231	12.691	7.979	10.377
C_{CPE2}	9736	9488	8959	8656	8479
γ	0.65570	0.65646	0.63809	0.63108	0.62956

可见，锂离子电池的欧姆电阻 R_0 随电池循环次数的增加而增加，说明电池老化会导致欧姆内阻增加，这是由于随着电池老化，电解液浓度增大且溶液中锂离子浓度减小，导致锂离子液相和固相电导率减小，表现为欧姆内阻增加。传荷电阻 R_1 也随循环次数增加而增加，这主要是由于电解液界面会逐渐退化，导致电荷转移过程变得更加困难，进而导致了传荷电阻的增加。

5.6 分数阶等效电路模型参数的在线辨识方法

由 5.5 节中分数阶模型离线参数辨识的结果可知，模型参数在不同状态下并不一样。考虑实车应用时电池状态不断变化，仅依靠离线辨识的模型参数对电池端电压进行描述适应性差，在线辨识模型参数是必需的。本节针对分数阶模型参数确定的问题，进一步介绍模型参数的在线辨识方法。模型参数在线辨识是指在电池实际工作过程中，采用实时采样获取的电压和电流等信息，通过参数辨识算法，在线计算或估计电池模型参数。本节采用最常用的最小二乘算法对实现模型参数辨识进行介绍。

5.6.1 最小二乘算法原理及其递推形式

考虑如下受控自回归(controlled auto regressive，CAR)模型：

$$A(z^{-1})y(k)=B(z^{-1})u(k)+\xi(k) \tag{5.41}$$

式中，$A(z^{-1})=1+a_1z^{-1}+a_2z^{-2}+\cdots+a_nz^{-n}$；$B(z^{-1})=b_0+b_1z^{-1}+b_2z^{-2}+\cdots+b_nz^{-n}$；$u(k)$为在$k$时刻系统输入量的观测值；$y(k)$为在$k$时刻系统输出量的观测值；$\xi(k)$为系统白噪声，则该系统存在如式(5.42)所示的差分方程：

$$\begin{aligned}y(k)&=-a_1y(k-1)-\cdots-a_ny(k-n)+b_0u(k)+\cdots+b_nu(k-n)+\xi(k)\\&=\varphi^{\mathrm{T}}(k)\theta(k)+\xi(k)\end{aligned} \tag{5.42}$$

式中，$\varphi(k)=\left[y(k-1),y(k-2),\cdots,y(k-n),u(k),u(k-1),\cdots,u(k-n)\right]^{\mathrm{T}}$，称为数据向量；$\theta=\left[-a_1,-a_2,\cdots,-a_n,b_0,b_1,\cdots,b_n\right]^{\mathrm{T}}$，称为待估计参数向量。

令$k=n+1,n+2,\cdots,n+N$，得到N维的观测值$Y=\left[y(n+1),y(n+2),\cdots,y(n+N)\right]^{\mathrm{T}}$、$N$维的噪声向量$e=\left[e(n+1),e(n+2),\cdots,e(n+N)\right]^{\mathrm{T}}$以及$N\times(2n+1)$维的数据矩阵$\Phi=\begin{bmatrix}y(n+1)&\cdots&y(1)&u(n+1)&\cdots&u(1)\\y(n+2)&\cdots&y(2)&u(n+2)&\cdots&u(2)\\\vdots&&\vdots&\vdots&&\vdots\\y(n+N)&\cdots&y(N)&u(n+N)&\cdots&u(N)\end{bmatrix}$。

于是，差分方程可以进一步整理为

$$Y=\Phi\theta+e \tag{5.43}$$

引入最小二乘准则，使得残差平方和最小：

$$J(\theta)=\sum_{k=n+1}^{n+N}\left(y(k)-\varphi^{\mathrm{T}}(k)\theta\right)^2=(Y-\Phi\theta)^{\mathrm{T}}(Y-\Phi\theta)=\min \tag{5.44}$$

求J对θ的偏导，并令该偏导等于0，得到

$$\frac{\partial J}{\partial \theta}=\frac{\partial}{\partial \theta}(Y-\Phi\theta)^{\mathrm{T}}(Y-\Phi\theta)=0$$
$$\Rightarrow -2\Phi^{\mathrm{T}}(Y-\Phi\theta)=0 \tag{5.45}$$

得到方程 $\Phi^{\mathrm{T}}\Phi\theta=\Phi^{\mathrm{T}}Y$，当 $\Phi^{\mathrm{T}}\Phi$ 为非奇异矩阵，即 Φ 满秩时，可得

$$\hat{\theta}_{\mathrm{LS}}=(\Phi^{\mathrm{T}}\Phi)^{-1}\Phi^{\mathrm{T}}Y \tag{5.46}$$

式中，$\hat{\theta}_{\mathrm{LS}}$ 为待估计参数的最小二乘估计值。

最小二乘算法便于计算，在工程领域得到了广泛应用，但该方法具有缺陷：数据矩阵的阶数较大时，需要进行复杂的矩阵乘法及求逆运算；当数据矩阵 Φ 不满秩时，$\Phi^{\mathrm{T}}\Phi$ 会成为病态矩阵，无法继续求解。递归最小二乘算法通过在一次计算最小二乘算法的基础上添加递推过程得到，改善了一次计算最小二乘算法的缺陷。与一次计算最小二乘算法相比，递归最小二乘算法简单清晰、运算量小，适于在线参数辨识。递归最小二乘算法的迭代计算公式如式(5.47)～式(5.49)所示：

$$K_k=\frac{P_{k-1}\varphi_k}{1+\varphi_k^{\mathrm{T}}P_{k-1}\varphi_k} \tag{5.47}$$

$$\hat{\theta}_k=\hat{\theta}_{k-1}+K_k(y_k-\varphi_k^{\mathrm{T}}\hat{\theta}_{k-1}) \tag{5.48}$$

$$P_k=P_{k-1}-K_k\varphi_k^{\mathrm{T}}P_{k-1} \tag{5.49}$$

式中，k 表示时刻；K_k 为增益系数；P_k 为协方差矩阵；$\hat{\theta}_k$ 为 k 时刻根据观测数据得到的参数估计值。

但递归最小二乘算法在递推过程中会存在“数据饱和”现象，即随着时间推移和采集数据增加，旧数据的占有比例逐渐增加，导致新数据作用降低，使得参数辨识结果与真实值之间存在较大误差。为了说明“数据饱和”现象存在的原因，根据递归最小二乘算法的递推公式，将式(5.47)代入式(5.49)，可以得到

$$P_k=P_{k-1}-\frac{P_{k-1}\varphi_k\varphi_k^{\mathrm{T}}P_{k-1}}{1+\varphi_k^{\mathrm{T}}P_{k-1}\varphi_k} \tag{5.50}$$

由于 $P(0)>0$，有

$$P_k-P_{k-1}=-\frac{P_{k-1}\varphi_k\varphi_k^{\mathrm{T}}P_{k-1}}{1+\varphi_k^{\mathrm{T}}P_{k-1}\varphi_k}<0\Rightarrow P_k<P_{k-1} \tag{5.51}$$

由式(5.51)可知，在递推过程中，协方差矩阵 P_k 各个元素的数值会逐渐减小，

最终趋近于零，这将导致增益矩阵 K_k 对估计值的修正作用逐渐减弱，最终也趋近于零。为了解决上述问题，可以增加新数据在总体数据中的占有比例，从而降低旧数据的干扰作用，即引入遗忘因子为系统观测数据进行加权，由此形成了带遗忘因子的递归最小二乘(recursive least squares with forgetting factor，FFRLS)算法。该算法能够保持对待估计参数的修正能力，同时也能使算法始终保持较快的收敛速度。

加入遗忘因子 $\lambda(0<\lambda<1)$ 的 FFRLS 算法的递推公式如式(5.52)～式(5.54)所示：

$$K_k=\frac{P_{k-1}\varphi_k}{\lambda+\varphi_k^{\mathrm{T}}P_{k-1}\varphi_k} \tag{5.52}$$

$$\hat{\theta}_k=\hat{\theta}_{k-1}+K_k\left(y_k-\varphi_k^{\mathrm{T}}\hat{\theta}_{k-1}\right) \tag{5.53}$$

$$P_k=\frac{1}{\lambda}\left(P_{k-1}-K_k\varphi_k^{\mathrm{T}}P_{k-1}\right) \tag{5.54}$$

式中，λ 越小，遗忘速度越快，但 λ 过小会导致 FFRLS 算法不稳定从而发散，所以 λ 一般取值为 $0.95\leqslant\lambda\leqslant1$；当 $\lambda=1$ 时，表示所有数据权值一致，等同于递归最小二乘算法。

5.6.2　分数阶等效电路模型简化

为了建立能够使用递归最小二乘算法的分数阶模型参数辨识，首先需要对锂离子电池的模型进行分析和简化，表 1.7 总结了很多分数阶的 ECM。部分学者针对分数阶元件的简化方法进行了研究，提出了可以将电阻与 CPE 并联的复合元件降阶等效为电阻与电容并联的形式，如图 5.18 所示。简化后等效电容可以表示为 $C=C_{\mathrm{CPE}}^{1/\alpha}\cdot R^{(1-\alpha)/\alpha}$ [208]。

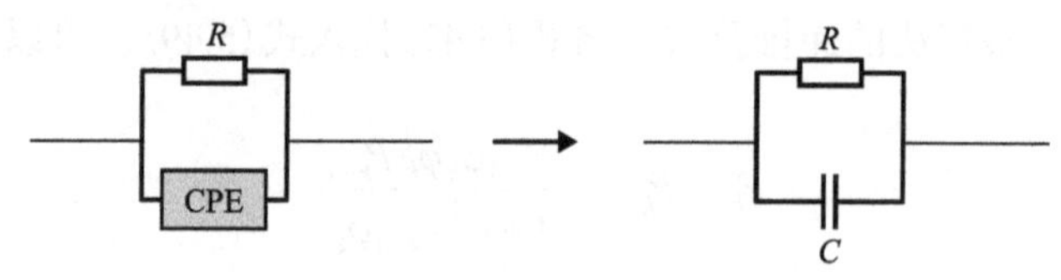

图 5.18　复合元件(R//CPE)的等效变换

根据图 5.8 所示的分数阶 ECM，模型中 R 与 CPE 并联部分的降阶等效表达式可以写为

$$\frac{U_1(s)}{I(s)}=\frac{R_1}{1+C_{\mathrm{CPE1}}^{1/\alpha}\cdot R_1^{(2-\alpha)/\alpha}s} \tag{5.55}$$

$$\frac{U_2(s)}{I(s)}=\frac{R_2}{1+C_{\mathrm{CPE2}}^{1/\gamma}\cdot R_2^{(2-\gamma)/\gamma}s} \tag{5.56}$$

式中，R_1 和 CPE_1 并联表征电荷转移反应和电双层效应，其两端电压为 U_1；R_2 和 CPE_2 并联主要描述电极粒子内部的扩散效应，其两端电压为 U_2。

该模型的传递函数可简化表示为

$$G(s)=\frac{E(s)}{I(s)}=R_0+\frac{R_1}{1+C_{\mathrm{CPE1}}^{1/\alpha}\cdot R_1^{(2-\alpha)/\alpha}s}+\frac{R_2}{1+C_{\mathrm{CPE2}}^{1/\gamma}\cdot R_2^{(2-\gamma)/\gamma}s} \tag{5.57}$$

为了便于进一步计算，令 $C_{\mathrm{eq1}}=C_{\mathrm{CPE1}}^{1/\alpha}$，$C_{\mathrm{eq2}}=C_{\mathrm{CPE2}}^{1/\gamma}$，$R_{\mathrm{eq1}}=R_1^{2/\alpha}$，$R_{\mathrm{eq2}}=R_2^{2/\gamma}$，将式(5.57)展开可以得到简化的传递函数：

$$G(s)=\frac{R_0s^2+\dfrac{C_{\mathrm{eq1}}R_0R_{\mathrm{eq1}}+C_{\mathrm{eq1}}R_{\mathrm{eq1}}R_2+C_{\mathrm{eq2}}R_0R_{\mathrm{eq2}}+C_{\mathrm{eq2}}R_1R_{\mathrm{eq2}}}{C_{\mathrm{eq1}}C_{\mathrm{eq2}}R_{\mathrm{eq1}}R_{\mathrm{eq2}}}s+\dfrac{R_0+R_1+R_2}{C_{\mathrm{eq1}}C_{\mathrm{eq2}}R_{\mathrm{eq1}}R_{\mathrm{eq2}}}}{s^2+\dfrac{C_{\mathrm{eq1}}R_{\mathrm{eq1}}+C_{\mathrm{eq2}}R_{\mathrm{eq2}}}{C_{\mathrm{eq1}}C_{\mathrm{eq2}}R_{\mathrm{eq1}}R_{\mathrm{eq2}}}s+\dfrac{1}{C_{\mathrm{eq1}}C_{\mathrm{eq2}}R_{\mathrm{eq1}}R_{\mathrm{eq2}}}} \tag{5.58}$$

考虑递归最小二乘算法的原理公式(5.41)，可以得到如下递推公式：

$$G(z^{-1})=\frac{a_3+a_4z^{-1}+a_5z^{-2}}{1-a_1z^{-1}-a_2z^{-2}} \tag{5.59}$$

式中，a_1、a_2、a_3、a_4 和 a_5 均为待辨识参数。

令 $z^{-1}=\dfrac{1-\dfrac{T}{2}s}{1+\dfrac{T}{2}s}$，并代入式(5.59)，则式(5.59)可以转化为

$$G(s)=\frac{\dfrac{a_3-a_4+a_5}{1+a_1-a_2}s^2+\dfrac{4(a_3-a_5)}{T(1+a_1-a_2)}s+\dfrac{4(a_3+a_4+a_5)}{T^2(1+a_1-a_2)}}{s^2+\dfrac{4(1+a_2)}{T(1+a_1-a_2)}s+\dfrac{4(1-a_1-a_2)}{T^2(1+a_1-a_2)}} \tag{5.60}$$

在本研究中，时域电压和电流信号采样周期为 0.1s，故令 T=0.1s，由式(5.58)和式(5.60)可以得到锂离子电池内部阻抗参数与相应系数的对应关系，如下所示：

$$\begin{cases} a = R_0 = \dfrac{a_3 - a_4 + a_5}{1 + a_1 - a_2} \\ b = C_1 C_2 R_{1A} R_{2B} = \dfrac{T^2 (1 + a_1 - a_2)}{4(1 - a_1 - a_2)} \\ c = C_1 R_{1A} + C_2 R_{2B} = \dfrac{T(1 + a_2)}{1 - a_1 - a_2} \\ d = R_0 + R_1 + R_2 = \dfrac{a_3 + a_4 + a_5}{1 - a_1 - a_2} \\ e = (C_1 R_0 R_{1A} + C_1 R_{1A} R_2 + C_2 R_0 R_{2B} + C_2 R_1 R_{2B}) = \dfrac{T(a_3 - a_5)}{1 - a_1 - a_2} \end{cases} \tag{5.61}$$

对于分数阶元件的阶次的确定，可以根据离线参数辨识的结果得到阶次的值。由于这里工况运行温度为 25℃，通过利用分数阶 ECM 对电化学阻抗谱拟合可得 α=0.95，γ=0.7。经过相应数学计算过程，分数阶模型的参数可以由辨识得到的参数$\{a,b,c,d,e\}$表示：

$$\begin{cases} R_0 = a \\ R_1 = -\dfrac{2ab}{4b-c^2} + \dfrac{ac^2}{2(4b-c^2)} + \dfrac{ac\sqrt{-4b+c^2}}{2(4b-c^2)} + \dfrac{2bd}{4b-c^2} \\ \qquad - \dfrac{c^2 d}{2(4b-c^2)} + \dfrac{c\sqrt{-4b+c^2}\,d}{2(4b-c^2)} - \dfrac{\sqrt{-4b+c^2}\,e}{4b-c^2} \\ R_2 = -a + \dfrac{2ab}{4b-c^2} - \dfrac{ac^2}{2(4b-c^2)} - \dfrac{ac\sqrt{-4b+c^2}}{2(4b-c^2)} + d \\ \qquad - \dfrac{2bd}{4b-c^2} + \dfrac{c^2 d}{2(4b-c^2)} - \dfrac{c\sqrt{-4b+c^2}\,d}{2(4b-c^2)} + \dfrac{\sqrt{-4b+c^2}\,e}{4b-c^2} \\ C_{\mathrm{CPE1}}^{1/\alpha} = \dfrac{1}{2}\left(c - \sqrt{-4b+c^2}\right)\left[-\dfrac{2ab}{4b-c^2} + \dfrac{ac^2}{2(4b-c^2)} + \dfrac{ac\sqrt{-4b+c^2}}{2(4b-c^2)} + \dfrac{2bd}{4b-c^2}\right. \\ \qquad \left. - \dfrac{c^2 d}{2(4b-c^2)} + \dfrac{c\sqrt{-4b+c^2}\,d}{2(4b-c^2)} - \dfrac{\sqrt{-4b+c^2}\,e}{4b-c^2}\right]^{-\frac{2}{\alpha}} \end{cases}$$

$$
\left\{
\begin{aligned}
C_{\mathrm{CPE2}}^{1/\gamma}=\frac{1}{2}\Bigg\{ & c\left[-a+\frac{2ab}{4b-c^2}-\frac{ac^2}{2\left(4b-c^2\right)}-\frac{ac\sqrt{-4b+c^2}}{2\left(4b-c^2\right)}+d-\frac{2bd}{4b-c^2}+\frac{c^2d}{2\left(4b-c^2\right)}\right.\\
& \left.-\frac{c\sqrt{-4b+c^2}d}{2\left(4b-c^2\right)}+\frac{\sqrt{-4b+c^2}e}{4b-c^2}\right]^{-\frac{2}{\gamma}}+\sqrt{-4b+c^2}\left[-a+\frac{2ab}{4b-c^2}\right.\\
& -\frac{ac^2}{2\left(4b-c^2\right)}-\frac{ac\sqrt{-4b+c^2}}{2\left(4b-c^2\right)}+d-\frac{2bd}{4b-c^2}+\frac{c^2d}{2\left(4b-c^2\right)}\\
& \left.-\frac{c\sqrt{-4b+c^2}d}{2\left(4b-c^2\right)}+\frac{\sqrt{-4b+c^2}e}{4b-c^2}\right]^{-\frac{2}{\gamma}}\Bigg\}
\end{aligned}
\right.
\tag{5.62}
$$

5.6.3 在线参数辨识过程

递推公式(5.59)经过离散化后可以转化为差分方程:

$$E(k)=a_1E(k-1)+a_2E(k-2)+a_3I(k)+a_4I(k-1)+a_5I(k-2) \tag{5.63}$$

令 $\varphi(k)=\left[E(k-1),E(k-2),I(k),I(k-1),I(k-2)\right]^{\mathrm{T}}$，$\theta(k)=\left[a_1,a_2,a_3,a_4,a_5\right]^{\mathrm{T}}$，$y(k)=\varphi(k)\cdot\theta(k)$，将 $\varphi(k)$ 作为系统输入量，$\theta(k)$ 作为待测量，$y(k)$ 作为系统输出量，则可以将式(5.63)转化为能够用 FFRLS 算法辨识的形式，基于 FFRLS 算法的参数在线辨识流程如图 5.19 所示。

FFRLS 算法的具体实现步骤如下。

(1) 计算增益矩阵 $K(k)$。

$$K(k)=\frac{P(k-1)\varphi^{\mathrm{T}}(k)}{\lambda+\varphi(k)P(k-1)\varphi^{\mathrm{T}}(k)} \tag{5.64}$$

(2) 计算协方差矩阵 $P(k)$。

$$P(k)=\frac{P(k-1)-K(k)\varphi(k)P(k-1)}{\lambda} \tag{5.65}$$

(3) 计算估计误差 $e(k)$。

$$e(k)=E(k)-\varphi(k)\hat{\theta}(k-1) \tag{5.66}$$

(4) 系统参数估计值 $\hat{\theta}(k)$。

$$\hat{\theta}(k)=\hat{\theta}(k-1)+K(k)e(k) \tag{5.67}$$

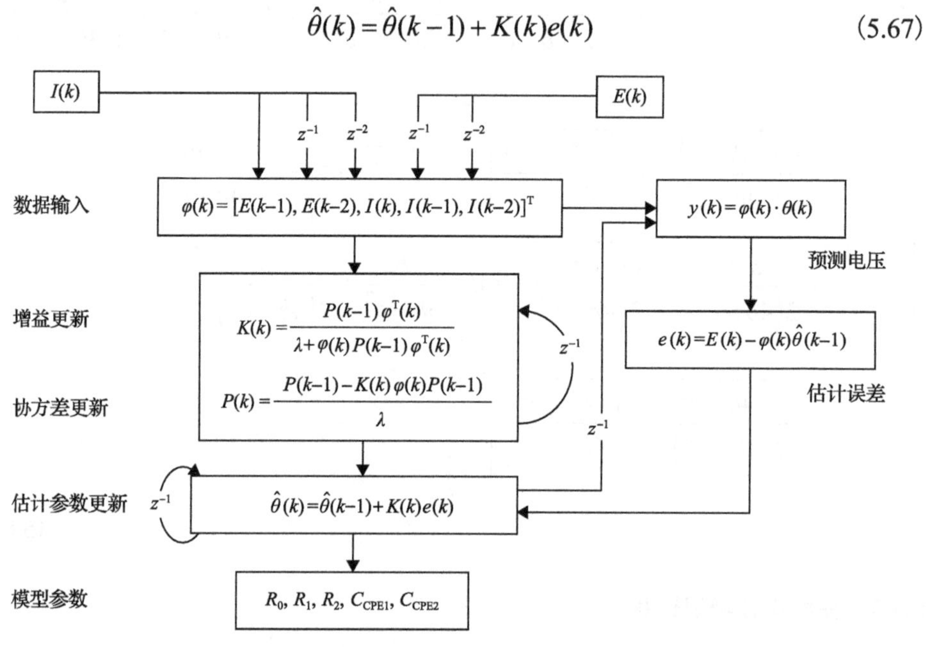

图 5.19　基于 FFRLS 算法的参数在线辨识流程

5.6.4　在线参数辨识结果分析与验证

为了验证上述递归最小二乘算法在线参数辨识方法的适用性，本节通过输入不同工况下的电压及电流数据，利用简化的锂离子电池 ECM，在线辨识得到分数阶模型参数，并对结果进行分析。

1. NEDC 工况验证

构建基于 FFRLS 算法的仿真模型，将 NEDC 工况下的采样数据输入模型，得到在线参数辨识结果如图 5.20 所示。观察在线辨识得到的参数可以发现，在工况起始阶段(电流为 0 时)，参数辨识结果会产生明显的振荡现象，但随着辨识算法递推过程的进行，辨识结果会逐渐趋于稳定。根据图 5.20 中的结果，在线辨识得到的欧姆内阻数值与离线辨识得到的欧姆内阻的区别较小，但是两个 R//CPE 并联环节中的参数值与离线辨识参数结果存在较大差异，这可能是由在对电池模型简化的过程中引入了误差造成的。

图 5.21 为 NEDC 工况下输出电压与测量数据的对比结果，基本重合。图 5.22 为两者之间的误差。根据辨识结果可知，电压最大误差小于 10mV，电压误差平均值为 0.255mV，RMSE 为 0.4mV。

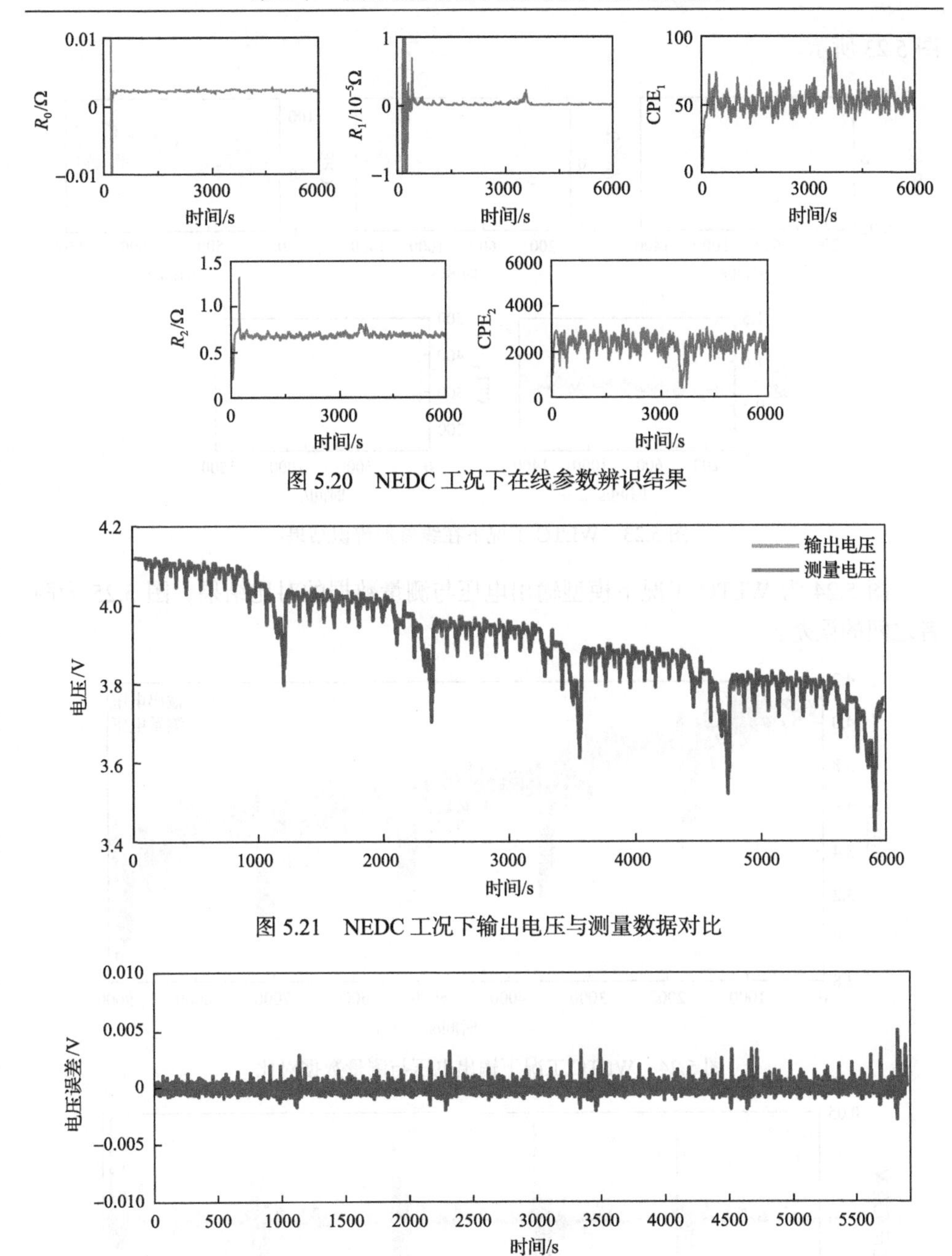

图 5.20　NEDC 工况下在线参数辨识结果

图 5.21　NEDC 工况下输出电压与测量数据对比

图 5.22　NEDC 工况下输出电压与测量数据误差

2. WLTC 工况验证

利用 WLTC 工况下的采样电流和电压数据对模型进行在线参数辨识，结果如

图 5.23 所示。

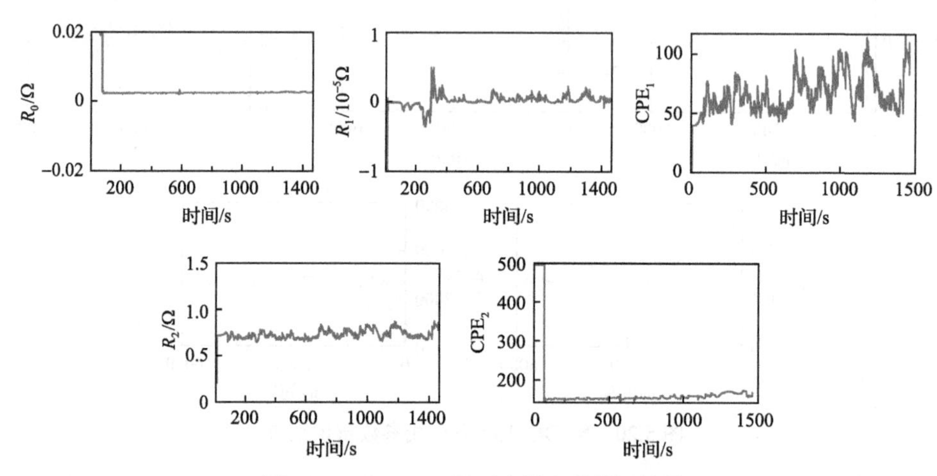

图 5.23　WLTC 工况下在线参数辨识结果

图 5.24 为 WLTC 工况下模型输出电压与测量数据的对比结果，图 5.25 为两者之间的误差。

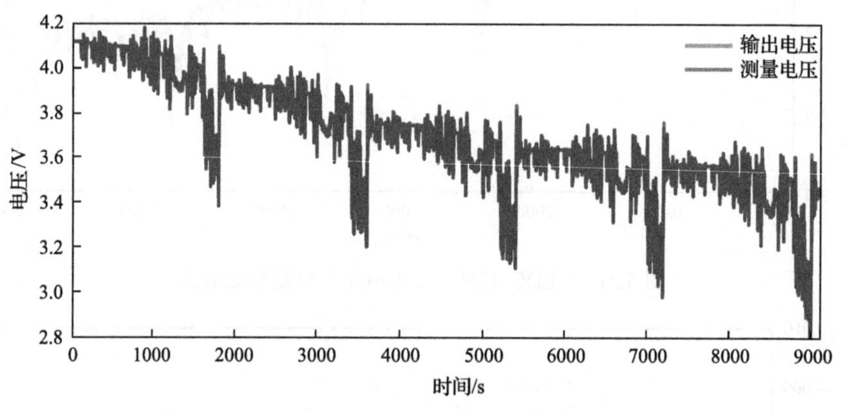

图 5.24　WLTC 工况下输出电压与测量数据对比

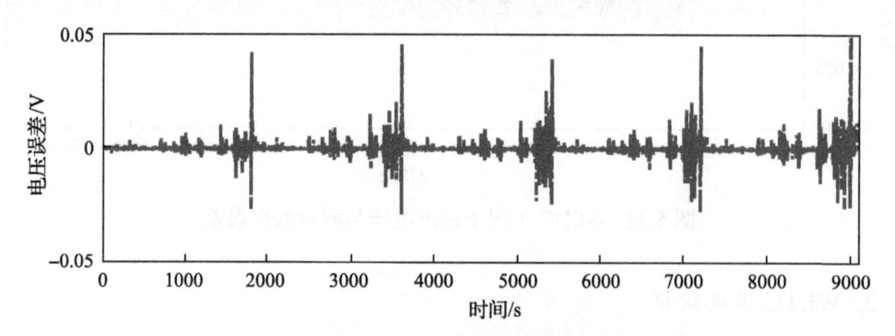

图 5.25　WLTC 工况下输出电压与测量数据误差

由图 5.25 可知，在 WLTC 工况下，最大误差为 0.049V，误差平均值为 0.679mV，模型输出电压值与实际电压值之间的 RMSE 为 1.7mV。

3. 城市道路循环工况验证

采用城市道路循环(urban dynamometer driving schedule, UDDS)工况进行模型参数辨识，所得到的模型参数辨识结果如图 5.26 所示。

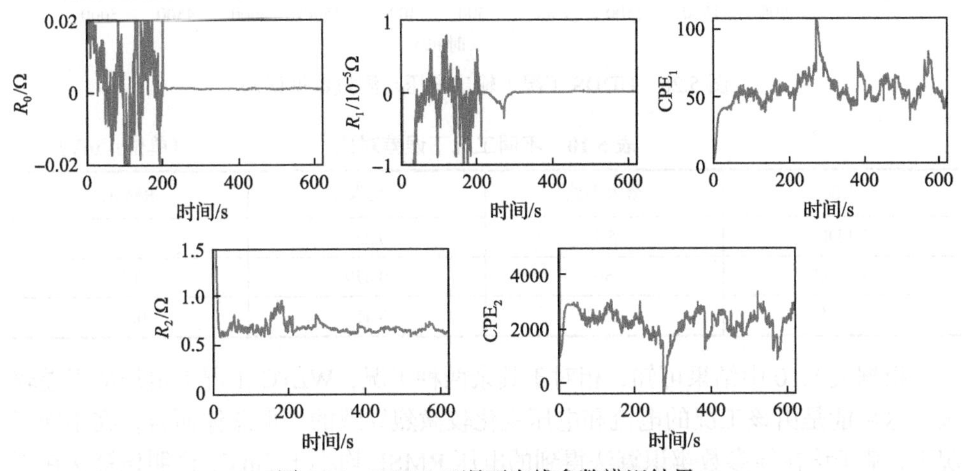

图 5.26　UDDS 工况下在线参数辨识结果

图 5.27 为 UDDS 工况下输出电压与测量数据的对比结果，图 5.28 为二者之间的误差。根据辨识结果可知，在 UDDS 工况下，最大误差小于 15mV，误差平均值为 0.417mV，输出电压的 RMSE 为 0.65mV。

为了验证参数辨识效果，进一步列出了不同工况下基于 FFRLS 在线辨识算法得到的端电压误差数值，见表 5.10。

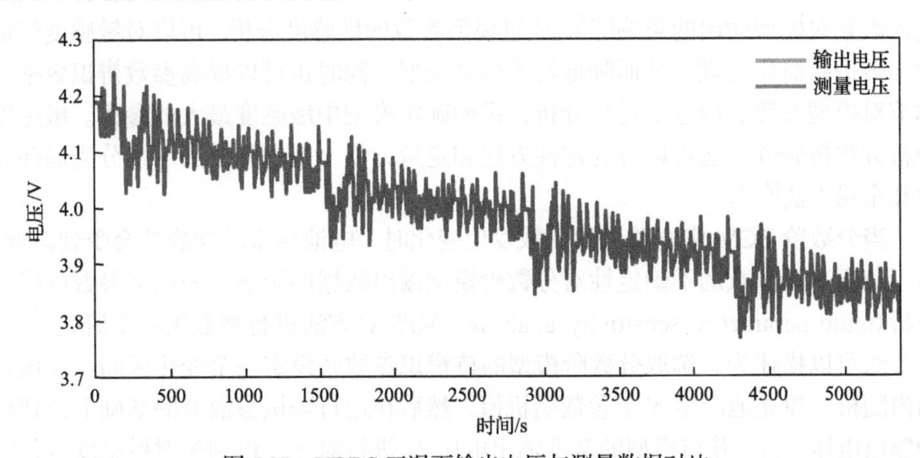

图 5.27　UDDS 工况下输出电压与测量数据对比

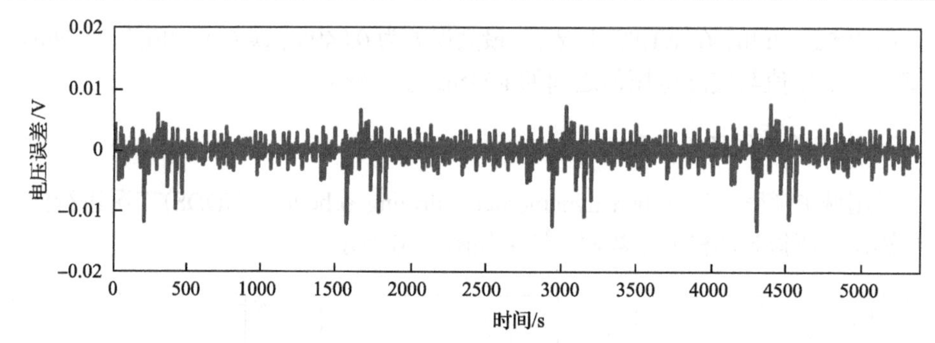

图 5.28 UDDS 工况下输出电压与测量数据误差

表 5.10 不同工况下误差对比 （单位：mV）

工况	最大误差	平均误差	RMSE
NEDC	5.1	0.255	0.4
WLTC	56	0.679	1.7
UDDS	13.3	0.417	0.65

根据表 5.10 中结果可知，相对于其余两种工况，WLTC 工况下电压的误差较大，这可能是由该工况的电流和电压变化较激烈导致的。但总体而言，在不同工况下，基于该在线参数辨识算法得到的电压 RMSE 均小于 2mV，说明该算法在不同工况情况下均具有较高的辨识精度，且对不同工况的适应性较好。这为实现电池的阻抗模型参数在线辨识奠定了基础。

5.6.5 参数在线辨识的影响因素分析

分数阶 ECM 中的参数改变对于模型输出精度的影响程度不同，因此不同模型参数也具有不同的辨识难度和价值，可以采用敏感度分析方法研究各种不确定输入因素对模型输出的影响[209]。通过模型参数的敏感度分析，可以对敏感度较低的参数进行简化处理，从而降低模型的复杂度，同时也可以提高参数辨识效率。本节对模型参数的敏感度进行分析，进而确定模型中敏感度最大的参数。敏感度分析方法按研究方法可以分为定性方法和定量方法，按研究范围可以分为局部方法和全局方法[210]。

当分数阶 ECM 中电路元件参数发生变化时，电池模型的准确性会受到影响，为了分析不同参数的不确定性对分数阶模型输出数据的影响，采用多参数敏感性分析(multi-parametric sensitivity analysis，MPSA)方法进行参数灵敏度研究[211]。该方法可以描述为：选取分数阶模型的待辨识参数并设定一个变化区间，在该区间内随机、独立地产生 N 个参数随机值，然后在运行随机参数值的基础上得到扰动输出电压 $U_{d,i}$，并与模型的基准输出电压 U_t 进行对比，得到相对敏感度 S_i，以

分析参数不确定性对模型输出的影响，S_i可以表示为

$$S_i = \sum_{i=1}^{N} \frac{\left| U_{\mathrm{t}} - U_{\mathrm{d},i} \right|}{U_{\mathrm{t}}} \tag{5.68}$$

式中，S_i为相对敏感度；i为模型参数数量；U_{t}为基准输出电压；$U_{\mathrm{d},i}$为在参数扰动情况下的输出电压。

根据上述局部敏感度分析方法，令 N=100，设定参数的变化区间为±20%，对分数阶 ECM 中的参数进行敏感度分析，得到不同模型参数在不同工况下的敏感度系数，如图 5.29 所示。

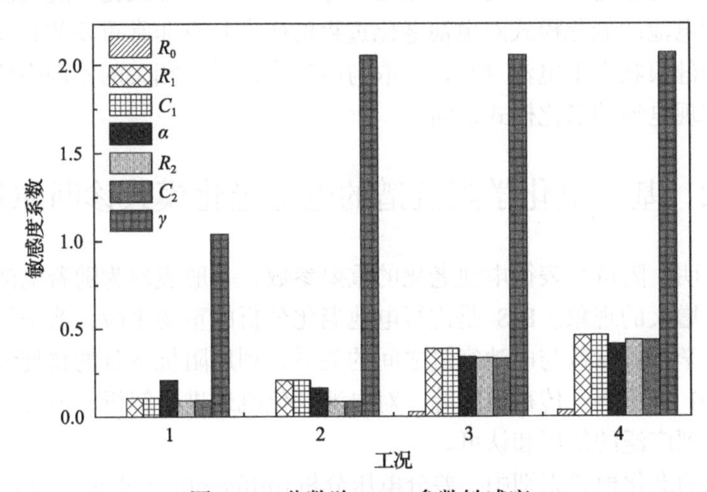

图 5.29　分数阶 ECM 参数敏感度

根据图 5.29 中结论，不同参数对分数阶模型辨识结果的影响是不同的。其中，敏感度最大的是低频区域 CPE 元件的分数阶次 γ，因此为了提高分数阶模型的准确性与参数辨识效果，需要对分数阶参数谨慎选择。

5.7 本 章 小 结

本章详细介绍了动力电池 EIS 的等效电路建模及其参数确定问题。首先分析了电池 EIS 的整数阶和分数阶 ECM 结构及建模思想，在此基础上，通过实验分别从时域和频域两方面对比分析了不同的模型结构对电池特性的描述效果；然后介绍了如何采用非线性最小二乘算法实现分数阶 ECM 的离线参数辨识，并分析了分数阶模型参数的变化规律；进一步引出了分数阶 ECM 在线参数辨识算法设计，通过实验验证了分数阶 ECM 在线参数辨识算法的精度，并分析了参数辨识的影响因素。

第6章 电化学阻抗谱在动力电池老化模式诊断中的应用

6.1 引言

动力电池的老化是非常复杂的过程，是内部多个物理及化学过程演变的综合体现，识别电池的老化模式对电池老化过程的研究具有非常重要的意义。本章通过解析不同健康状态下电池 EIS，获取与电池内部过程相关的不同阻抗成分的变化，进而实现电池的老化模式诊断。

6.2 基于电化学阻抗谱的电池老化模式诊断原理

研究表明，阻抗是表征电池老化的重要参数，一般表现为随着电池老化程度增加，阻抗增大的现象。EIS 是进行电池老化分析的重要手段，典型的应用方法是研究电化学阻抗参数与电池容量之间的关系，利用阻抗本身的物理含义，如欧姆电阻、SEI 膜电阻、传荷电阻等，对电池老化机理进行解析，该方法具有通用性，已经得到广泛的使用和认可。

在电池的老化模式识别中，差分电压分析(differential voltage analysis，DVA)和增量容量分析(incremental capacity analysis，ICA)也是常采用的研究方法。Pastor-Fernández 等[104]通过对比不同健康状态下的电池电化学阻抗成分和 ICA 变化，提出了基于电化学阻抗进行电池老化模式诊断的基本方法。锂离子电池老化模式一般分为活性锂离子损失(loss of lithium inventory，LLI)、活性材料损失(loss of active material，LAM)以及导电损失(conductivity loss，CL)。通过对 EIS 进行拟合后得到的参数变化来量化老化模式。欧姆电阻是阻抗谱高频部分与实轴相交的点，其值改变很大程度上反映电池内部包括集流体、固相和液相的电子或离子导电特性的改变，进而可用来反映 CL 的程度。SEI 膜形成于化成阶段，之后伴随副反应不断生长而消耗活性锂，SEI 膜电阻与 SEI 膜的增长相关；传荷电阻主要表现为锂离子进行法拉第过程的难易程度，影响着锂离子在电极中嵌入脱出反应的速度，其也与锂离子浓度相关。故使用 SEI 膜电阻和传荷电阻评定 LLI 程度。Warburg 阻抗主要表征固相颗粒内的离子扩散难易程度，这种扩散与电池活性材料结构变化有关，故采用 Warburg 阻抗来表示 LAM 程度。

也有学者提出了不同的映射关系。Schindler 和 Danzer[212]采用三电极体系测定老化过程中正负极的充放电电压曲线，借助 DVA 和 ICA 方法分析老化电池的热力学损失，基于电化学阻抗进行动力学损失分析，并对热力学和动力学参数进行了物理耦合，其提出的阻抗参数和老化机理的映射关系与 Pastor-Fernández 等[104]不同。Schindler 和 Danzer[212]在对 EIS 的量化中主要提取欧姆电阻、传荷电阻和 Warburg 阻抗。欧姆电阻与腐蚀、表面钝化膜和颗粒的团聚或分解有关，其研究使用欧姆内阻表征 LLI。传荷电阻与表面钝化膜的生长、组分变化、活性颗粒破裂及空隙阻塞有关，Warburg 阻抗与颗粒破裂、团聚或分离有关，因此传荷电阻和 Warburg 阻抗共同表征 LAM。

可见阻抗与老化模式的对应关系尚未形成统一的结论，该对应关系与电池的材料体系、电池类型密切相关，是领域内的研究热点和难点。本节重点针对阻抗和老化模式的对应关系展开研究，介绍如何采用实验分析手段建立阻抗与老化模式的对应关系。

6.2.1　基于差分电压法对老化机理量化

DVA 是使用差分电压曲线来分析电池老化机理的一种方法，这种方法通过研究差分电压曲线随循环次数的变化来分析电池的内部状态，目前也得到了很多学者的广泛使用[83,213,214]。具体来说，差分电压法是指通过分析差分电压曲线峰值的位置变化来得到参与相关反应的电量变化，进而可以推断电池内部的老化模式。其原理与电极材料在不同脱/嵌锂状态时的电极电势的变化有关。电极电势一般是指电极材料对锂单质的相对电势，正负极电势分别取决于其自身脱/嵌锂过程中的吉布斯自由能变化，电势结果以自由能的导数形式体现，所以不同的电极材料会体现出不同的电势。在电池充放电过程中，多数电极会产生相变，而当其在相变过程中出现两相共存时，由于吉布斯自由能会遵循“杠杆”原理，使得两相共存区域的自由能沿着两个波谷的公共切线移动，反映为导数是一个不随锂含量变化的常数，对外体现为一个水平的电压平台，在 dV/dQ 曲线上则是两峰之间的波谷，这与晶体熔化过程中虽然吸热但混合物温度保持不变类似。与之相对，电压快速变化的区域，也就是 dV/dQ 曲线的峰值则代表正、负极活性材料处于单相情况，两个峰值之间的距离代表了两相转变所需的电量，该电量产生变化则说明电极材料有损失，即老化过程中存在 LAM。此外，LLI 会引起正、负极电势的错位，也就是正负极电化学窗口的相对偏移。差分电压法就是基于上述理论，在不破坏电池结构的情况下，研究电池在循环老化过程中内部的老化模式。

6.2.2　电池容量测试结果和三电极测试

实验用 18650 圆柱电池的具体规格参数见表 6.1。此案例中，电池按照以下三种条件（a、b、c）进行循环，其中恒流充电（CC）是使用 1C（2.5A）电流将电池充电至 4.2V，恒压(CV)充电是将电池保持在 4.2V，截止电流为 C/25(0.1A)，放电电流均为 1C，放电截止电压为 2.5V。充电和放电的时间间隔 10min。电池在 25℃下循环了 700 次，在 0℃下循环了 1100 次。测试过程中每隔 100 个循环会在 25℃的环境中测试电池剩余容量。剩余容量是使用 0.5C 恒流充电加恒压充电，然后使用 1C 放电的电量作为电池的剩余容量。之后以 C/25 电流倍率对电池进行一次充放电，用于 d*V*/d*Q* 差分电压曲线分析，最后进行交流阻抗测试。交流阻抗的测试参数为激励电流幅值 1A、频率范围为 10kHz～0.01Hz，测试的 SOC 点是 50%。

a: 25℃环境中 1C 恒流充电+1C 恒流放电(记为 CY25-CC)。

b: 25℃环境中 1C 恒流-恒压充电+1C 恒流放电(记为 CY25-CC-CV)。

c: 0℃环境中 1C 恒流充电+1C 恒流放电(记为 CY0-CC)。

表 6.1　INR18650-25R 电池参数

参数名称	参数值
电池类型	18650
负极	石墨
正极	42%(质量分数) $Li(NiCoMn)O_2$ (NCM)+58% $Li(NiCoAl)O_2$ (NCA)混合电极
电解液	$LiPF_6$
标称电压/V	3.6
截止电压/V	2.5～4.2
标称容量/Ah	2.5
电池质量/g	45.0

图 6.1 为电池在三种循环条件下剩余容量随循环次数的变化。从图中可以看

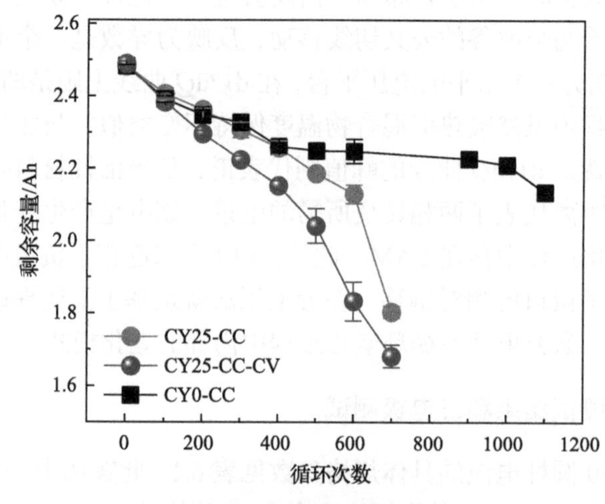

图 6.1　电池剩余容量与循环次数的关系

出，在 400 次循环之前，三个循环条件下的电池容量呈线性衰减规律，其中 25℃环境中 CC-CV 比 CC 衰减略快，400 次循环后两者均衰减加速。在 0℃环境中发现在 400～1000 次循环衰减减慢，1000 次循环后再表现出加速衰减的趋势。

在差分电压曲线上，不同的电池材料类型及配比往往会表现出不同的峰位，因此对待特定的某款电池，首先需要对其进行三电极测试，获取电池正负极材料对锂的电压(正负极电压)，以及正负极电压的相对电压窗口。对于商用电池，一般难以直接从厂家获取电极材料，所以一般做法是使用材料学分析方法，对电池进行拆解(拆解方法见 6.2.3 节)，提取正负极材料制成三电极电池进行测试，本案例中对于三电极电池的测试条件为 25℃，电流为 0.1mA，测试结果如图 6.2 所示。

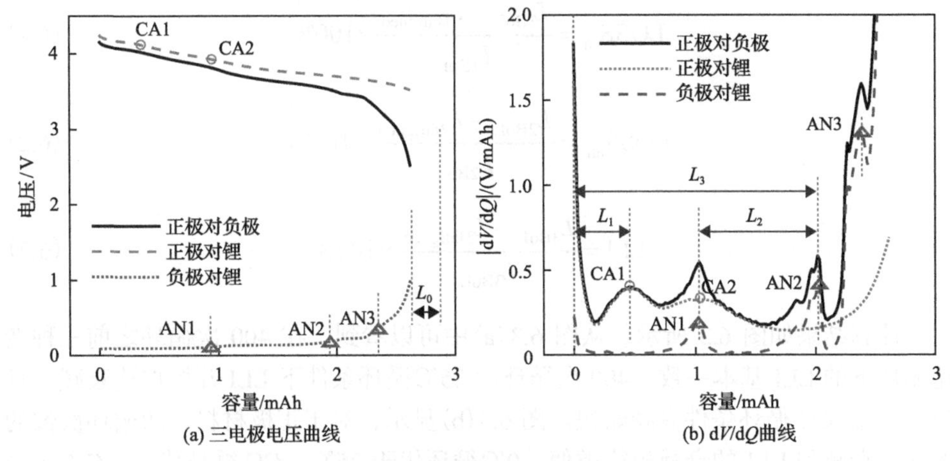

(a) 三电极电压曲线　　(b) dV/dQ曲线

图 6.2　三电极电压曲线及其对应的 dV/dQ 曲线

图 6.2(a)为三电极电压曲线，包含全电池的电压曲线，以及正极/负极半电池的电压曲线。图 6.2(b)为通过微分分别得到的对应的 dV/dQ 曲线，可以观察到在全电池 dV/dQ 曲线上出现四个峰，这四个峰分别由正极的 CA1、CA2 两个特征峰和负极的 AN1、AN2、AN3 三个特征峰贡献，其中 CA2 由于变化比较平缓与 AN1 重叠。其中，L_1 是放电起始点和 CA1 峰的距离，L_1 的缩短代表循环过程中正极材料的损失；L_2 为负极 AN1 和 AN2 峰之间的距离，与 Li_xC_6 在循环中相转变相关，L_2 的缩短代表负极材料的损失；L_3 代表正极曲线和负极曲线的相对电压窗口，其变化则和活性锂离子损失(LLI)相关。对于该款被测试电池，五个特征峰所在的位置见表 6.2。

表 6.2　正极峰和负极峰所在的位置

项目	容量/mAh	电压/V	$\lvert dV/dQ\rvert$/(V/mAh)
CA1	0.449	4.081	0.397
CA2	1.033	3.897	0.359

续表

项目	容量/mAh	电压/V	|dV/dQ|/(V/mAh)
AN1	1.016	0.122	0.186
AN2	2.034	0.214	0.393
AN3	2.402	0.418	1.282

对于三种循环条件下的容量衰减，使用 dV/dQ 的方法，采用式(6.1)～式(6.3)进行计算分别得到正极材料损失、负极材料损失和 LLI。这里下标 BoL 指新电池，fatigued 指老化电池。

$$\text{LOSS}_{\text{ca}} = \frac{L_{1\text{BoL}} - L_{1\text{fatigued}}}{L_{1\text{BoL}}} \times 100\% \tag{6.1}$$

$$\text{LOSS}_{\text{an}} = \frac{L_{2\text{BoL}} - L_{2\text{fatigued}}}{L_{2\text{BoL}}} \times 100\% \tag{6.2}$$

$$\text{LLI} = \frac{L_{3\text{BoL}} - L_{3\text{fatigued}}}{L_{3\text{BoL}}} \times 100\% \tag{6.3}$$

计算结果如图 6.3 所示。从图 6.3(a)中可以看到，在 400 次循环之前三种老化循环下的 LLI 基本一致，400 次循环后 25℃循环条件下 LLI 开始加速衰减，且 CC-CV 比 CC 循环条件衰减略快。图 6.3(b)显示，对于正极材料，随循环次数的增加其衰减和 LLI 的衰减规律类似，0℃循环优于 25℃，CC 循环优于 CC-CV 循环。而对于负极材料损失主要发生在前 200 次循环，后续随着循环的进行基本保持不变。相对于 LLI 和正极材料，负极材料的损失总体相对较小，如图 6.3(c)所示。对于被测电池，在采用的三种循环条件下，可以总结为容量的衰减主要由 LLI 和正极材料损失导致。

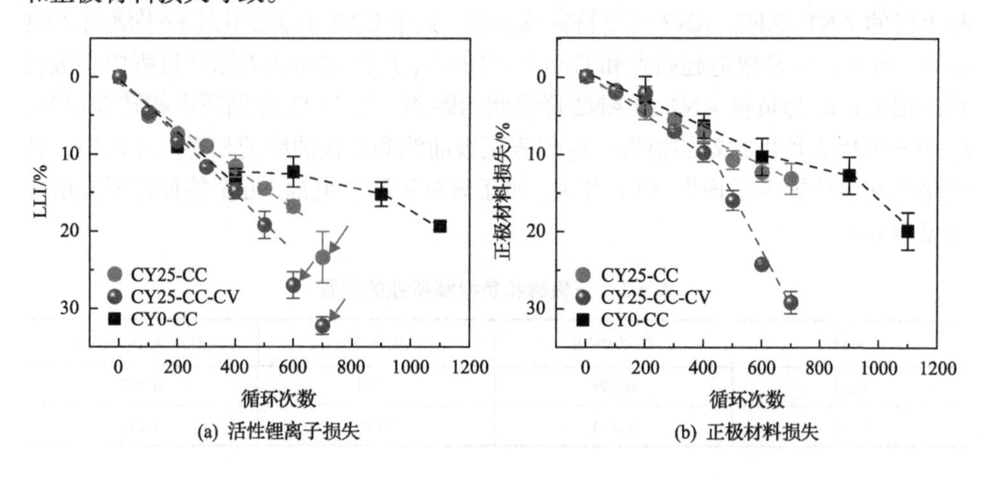

(a) 活性锂离子损失

(b) 正极材料损失

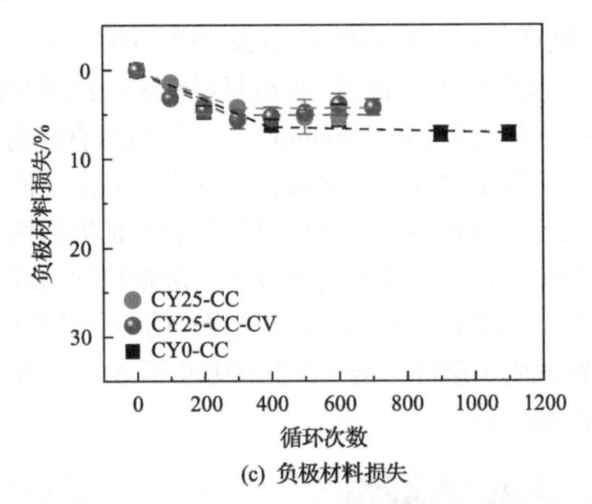

(c) 负极材料损失

图 6.3　活性锂离子、正极材料和负极材料损失计算结果

6.2.3　基于扫描电子显微镜和中子衍射技术的老化模式分析

1. 基于扫描电子显微镜的定性分析

为提取电池内部的电极材料，需要将电池在手套箱中进行拆解，本书展示一种通用的 18650 电池拆解过程，详细步骤如图 6.4 所示。拆解过程中对外部壳体进行剥离时，需要尽量减轻对电芯的压力。同时需要注意对极耳的绝缘工作，避免引发内短路。获取电极材料后，将其转移到扫描电子显微镜(scanning electron microscope, SEM)下，进行 SEM 测试分析。

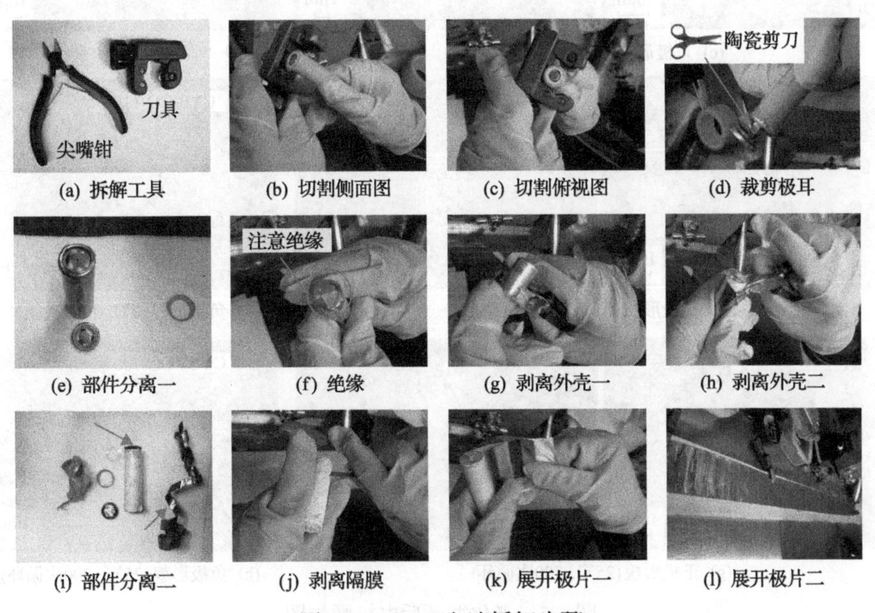

(a) 拆解工具　(b) 切割侧面图　(c) 切割俯视图　(d) 裁剪极耳
(e) 部件分离一　(f) 绝缘　(g) 剥离外壳一　(h) 剥离外壳二
(i) 部件分离二　(j) 剥离隔膜　(k) 展开极片一　(l) 展开极片二

图 6.4　18650 电池拆解步骤

图 6.5 为 0℃下循环 400 次和 1100 次以及 25℃下恒流充电循环 700 次后的正极及负极 SEM 图片，从图中可以看到，正极材料都为一次颗粒团聚而形成的二次颗粒，其中一次颗粒的直径为 250～900nm，二次颗粒的直径为 5～10μm，在经过循环后部分二次颗粒出现了裂纹和破碎现象，这主要是由在嵌锂和脱锂过程中形成的不均匀应力导致的，这种裂纹的产生可能是引起正极活性物质损失的主要原因，同时这些裂纹产生后也会导致电解液侵入二次颗粒的内部，导致界面副反应的增加，进而导致活性锂离子损失。相对于正极，循环后的负极形貌变化比较小，仅有少量的负极颗粒发生了破碎，与 6.2.2 节中基于 dV/dQ 曲线分析得出的负极老化相对较小的结论相一致。

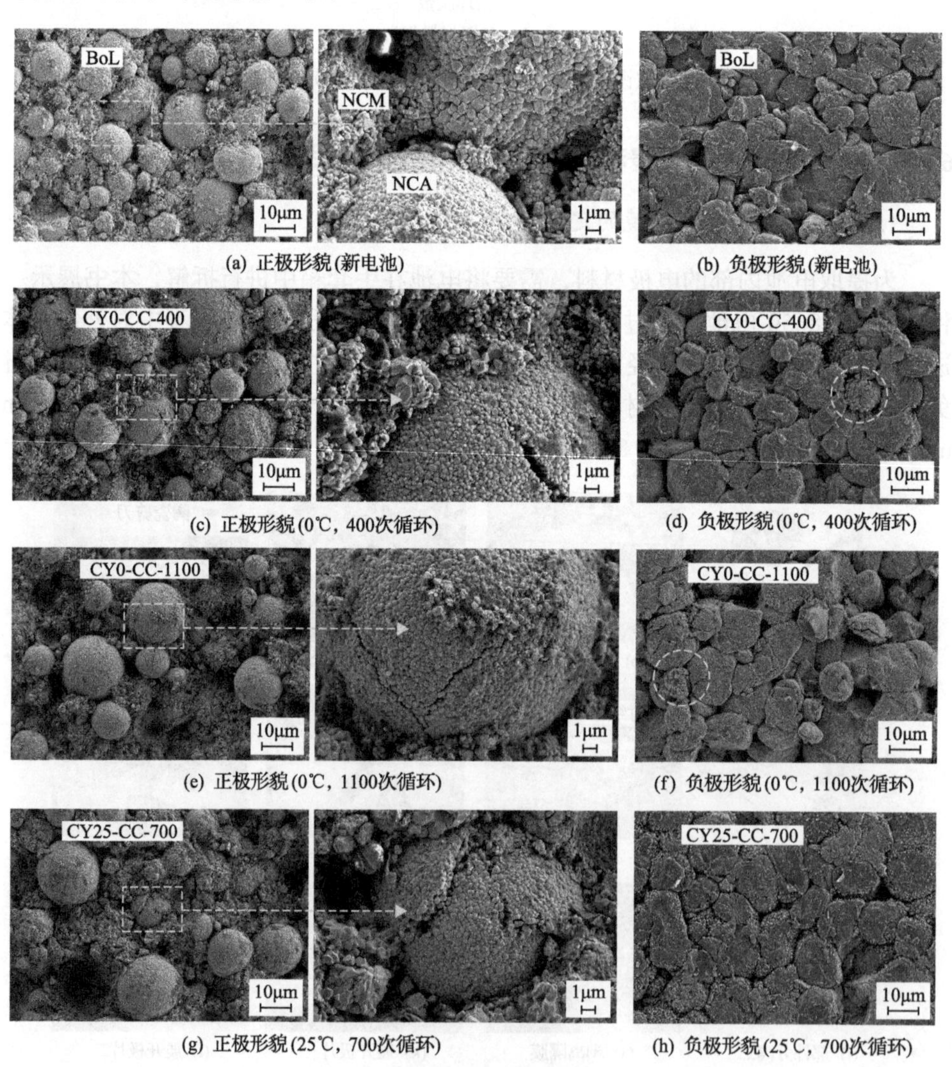

(a) 正极形貌(新电池)　(b) 负极形貌(新电池)

(c) 正极形貌(0℃，400次循环)　(d) 负极形貌(0℃，400次循环)

(e) 正极形貌(0℃，1100次循环)　(f) 负极形貌(0℃，1100次循环)

(g) 正极形貌(25℃，700次循环)　(h) 负极形貌(25℃，700次循环)

图 6.5　老化循环后电极颗粒图

2. 基于中子衍射技术的定量分析

中子衍射技术是一种利用不同材料对中子辐射的遮挡率不同，对材料进行分析的技术，凭借着中子辐射强大的穿透力，能够在不破坏锂离子电池结构的前提下对锂离子电池内部锂的分布及活性材料体相的结构变化进行分析。

图 6.6 为电池单体的中子衍射图谱，被测对象为 25℃下恒流充电循环 400 次和 700 次的电池样品。测试条件为常温，被测电池处于 100% SOC 满电状态。下面分别对正极材料和负极材料展开讨论。从图 6.6(b)的 NCM 和 NCA 材料的(003)特征峰可以看到，NCM 材料在循环后(003)特征峰的强度出现了一定程度降低，并且出现了一定程度的偏移，表明材料的结构出现了一定的改变，通过 Rietveld 精修，对中子衍射图谱计算分析得到 NCM 和 NCA 材料的晶胞参数(表 6.3)。图 6.6(d)是三颗电池的晶胞体积，可以看到随着循环次数的增加，正极材料的晶胞体积是持续增加的。正极材料的晶胞体积与其中嵌入的锂的含量有着密切的关系，对于三元层状氧化物的正极材料，随着嵌锂数量的减少，其晶胞体积会明显下降，一般在 4.1V 附近正极材料的晶胞体积会出现一个快速的收缩。图 6.6(d)中出现的正极材料晶胞体积增加的现象表明正极材料中有部分锂没有完全脱出，晶胞体积越大说明未脱出的锂越多。这部分锂占据正极材料的位置会导致正极材料和锂离子损失同时发生。

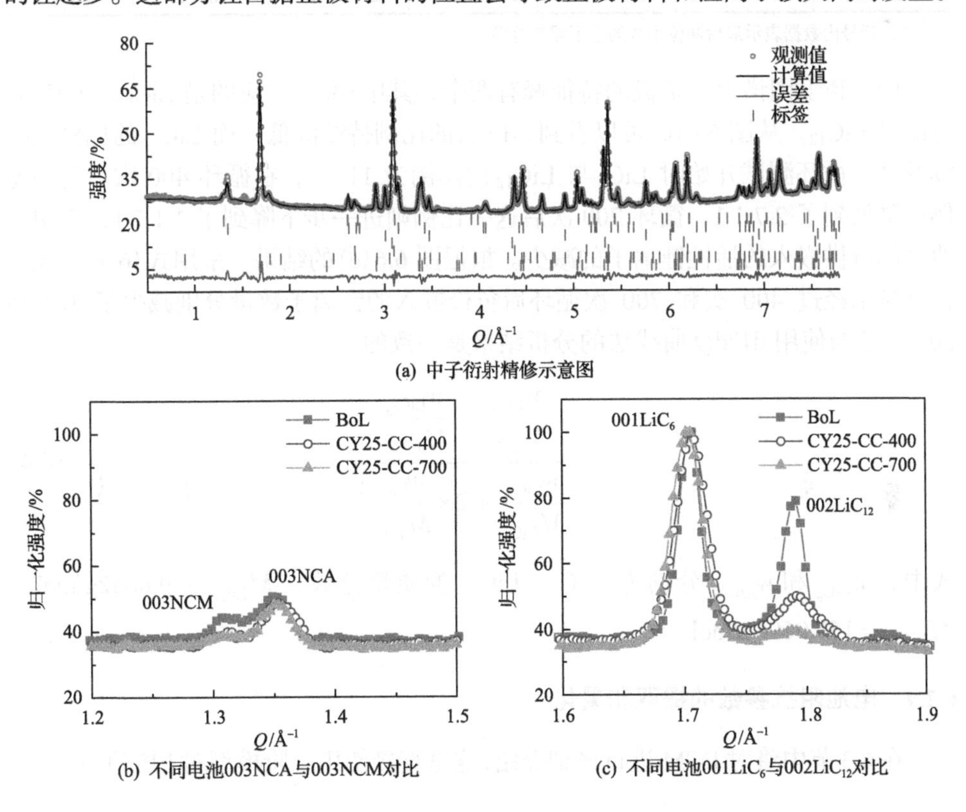

(a) 中子衍射精修示意图

(b) 不同电池003NCA与003NCM对比

(c) 不同电池001LiC_6与002LiC_{12}对比

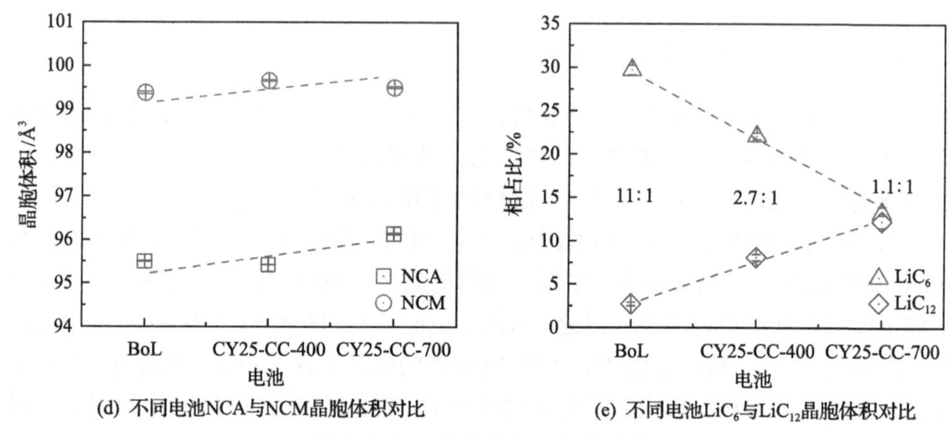

(d) 不同电池NCA与NCM晶胞体积对比 (e) 不同电池LiC_6与LiC_{12}晶胞体积对比

图 6.6 电池单体的中子衍射图谱

表 6.3 基于中子衍射分析的正极材料中 NCA 和 NCM 的晶胞尺寸

电池	NCA 相			NCM 相		
	晶格参数 *a*/Å	晶格参数 *c*/Å	晶胞体积/Å³	晶格参数 *a*/Å	晶格参数 *c*/Å	晶胞体积/Å³
BoL	2.8097(1)	13.9691(12)	95.501(8)	2.8197(2)	14.4339(38)	99.383(28)
CY25-CC-400	2.8096(1)	13.9589(10)	95.426(7)	2.8184(2)	14.4884(22)	99.664(17)
CY25-CC-700	2.8124(1)	14.0348(21)	96.139(15)	2.8164(2)	14.4858(25)	99.506(19)

注：括号内数据表示最后两位小数的上下浮动范围。

中子衍射图谱上，负极的特征峰有两个，其中(001)对应的是 LiC_6，(002)对应的是 LiC_{12}，从图 6.6(e)可以看到，LiC_6 的比例持续降低，而 LiC_{12} 的比例则持续升高，循环测试开始时 LiC_6 与 LiC_{12} 的比例为 11∶1，在循环 400 次后这一比例就降低到了 2.7∶1，循环 700 次后这一比例则进一步下降到了 1.1∶1，表明电池内部可供嵌入的活性锂离子的减少。根据图 6.6(e)的结果，采用式(6.4)，经过计算显示经过 400 次和 700 次循环后负极嵌入的锂离子数量分别减少了 10%和 20%，这与使用 d*V*/d*Q* 曲线法的分析结果是一致的。

$$x=\frac{\dfrac{w_{LiC_6}}{M_{LiC_6}}+\dfrac{w_{LiC_{12}}}{M_{LiC_{12}}}}{\dfrac{w_{LiC_6}}{M_{LiC_6}}+2\times\dfrac{w_{LiC_{12}}}{M_{LiC_{12}}}} \tag{6.4}$$

式中，w_{LiC_6} 和 $w_{LiC_{12}}$ 分别为 LiC_6、LiC_{12} 的质量分数。M_{LiC_6} =79.0052g/mol，$M_{LiC_{12}}$ =151.0694g/mol。

6.2.4 电池阻抗参数的提取和量化

在 6.3 节中将对 ECM 进行详细介绍，这里直接使用二阶模型对 EIS 进行拟合。

对于三种循环条件下的电池在不同循环次数进行阻抗的拟合量化后，得到 R_0、R_1、R_2、$W_{.eff}$ 随循环次数的变化曲线，具体结果如图 6.7(a)～(d)所示。从图 6.7(a)的欧姆阻抗变化趋势可以看到，随着循环的进行，电池的欧姆阻抗都有一定程度的增加，特别是在 25℃下循环的电池，在 400 次循环以后欧姆电阻增加较快，表明电池内部电解液减少和隔膜阻抗增加。从图 6.7(b)可以看到，SEI 膜电阻在循环过程中也有一定程度的增加，特别是在 25℃下循环的电池，在 400 次循环后 SEI 膜电阻也出现了明显的增加，表明 SEI 膜加速生长。从图 6.7(c)可以看到，传荷电阻在循环过程中的增长速度要明显快于欧姆电阻和 SEI 膜电阻，并且在 25℃下循环的电池在 400 次以后也出现了明显的加速现象，表明电池在循环过程中动力学特性的持续下降。图 6.7(d)中 $W_{.eff}$ 的变化与 R_2 基本一致，这里不再赘述。

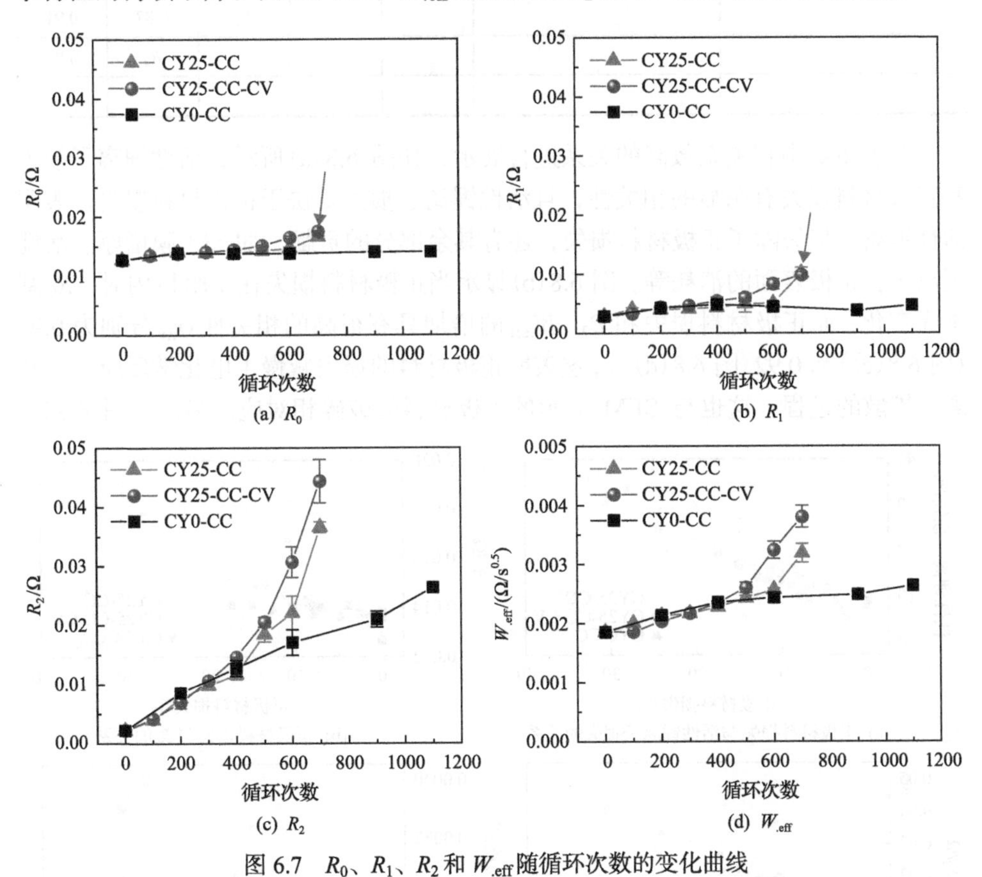

图 6.7　R_0、R_1、R_2 和 $W_{.eff}$ 随循环次数的变化曲线

6.2.5　阻抗与老化模式的相关性分析

本节使用相关性分析对三种老化模式(正极材料损失、负极材料损失、活性锂离子损失)和四种阻抗参数(R_0、R_1、R_2、$W_{.eff}$)合计七个因子，进行相关性分析，

得到表 6.4 内的值 r_{xy}，其中 r_{xy} 越接近于 1，代表相关性越高。

$$r_{xy} = \frac{\sum (X_i - \bar{X})(Y_i - \bar{Y})}{\sqrt{\sum (X_i - \bar{X})^2} \sqrt{\sum (Y_i - \bar{Y})^2}} \tag{6.5}$$

表 6.4　老化因子与阻抗参数的相关系数 r_{xy}

正极材料损失	0.25	0.94	0.86	0.75	0.91	0.92
	负极材料损失	0.34	0.08	0.01	0.27	0.19
		LLI	0.91	0.86	0.96	0.97
			R_0	0.92	0.92	0.94
				R_1	0.87	0.91
					R_2	0.98
						$W_{.\text{eff}}$

对表 6.4 中相关系数高的关系进行展示，如图 6.8(a)所示，活性锂离子损失和正极材料损失有明显的相关性，且活性锂离子损失要快于正极材料损失。表明活性锂离子损失除了正极材料损失，还有其余部分的贡献，如 SEI 膜增厚、活性锂离子在正极表面的消耗等。图 6.8(b)显示当正极材料损失在 10%以内时，R_0 基本无变化；而正极材料损失和 R_2、$W_{.\text{eff}}$ 的增加具有很高的相关性(r_{xy} 分别为 0.91(图 6.8(c))和 0.92(图 6.8(d)))，这表明正极材料的损失减慢了电化学反应速率和离子扩散的过程。这也与 SEM 显示的正极材料的破碎相对应。另外，图 6.8(c)

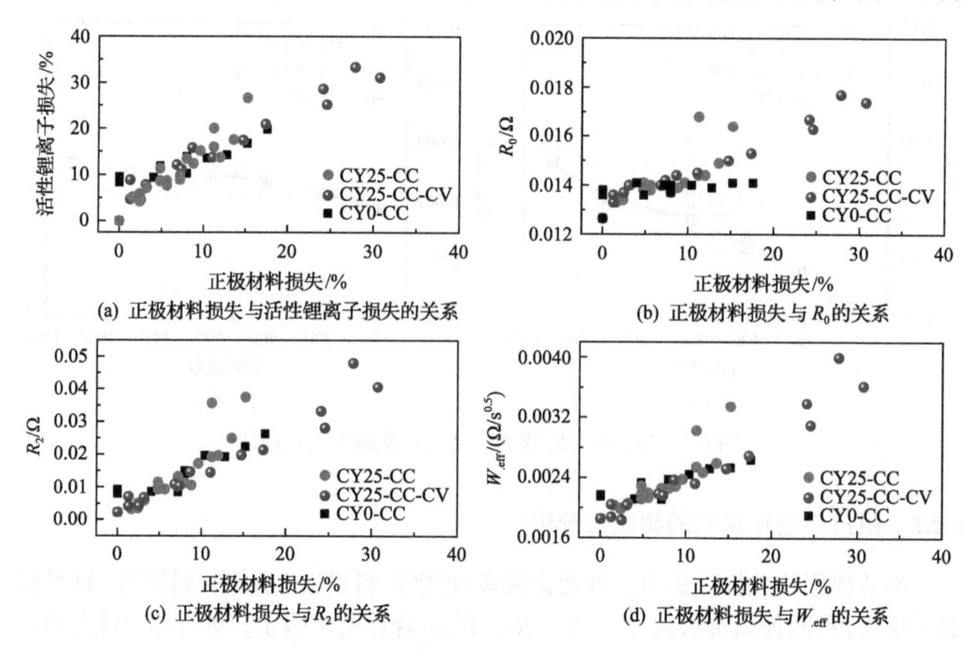

(a) 正极材料损失与活性锂离子损失的关系

(b) 正极材料损失与 R_0 的关系

(c) 正极材料损失与 R_2 的关系

(d) 正极材料损失与 $W_{.\text{eff}}$ 的关系

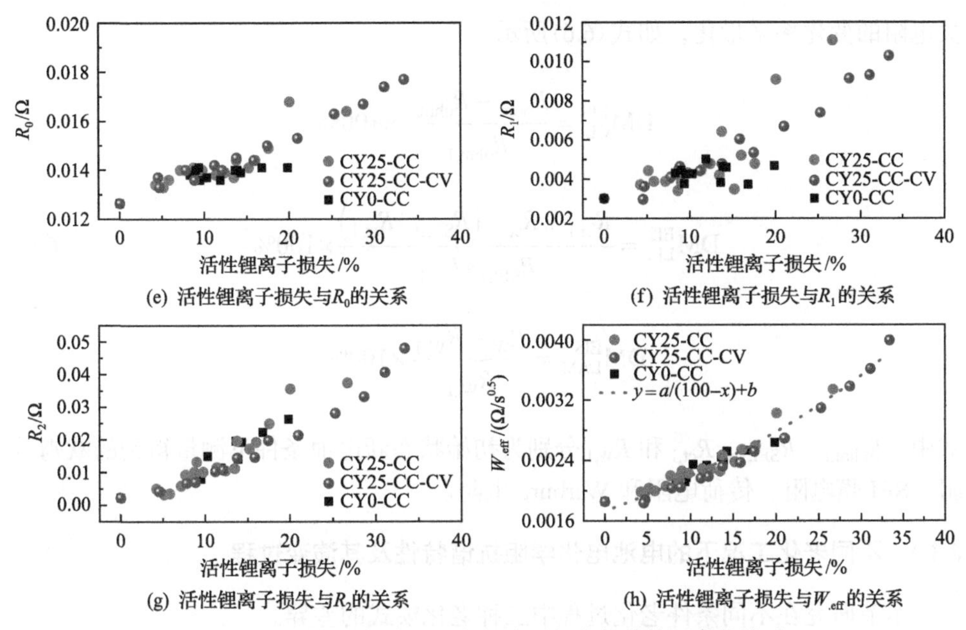

(e) 活性锂离子损失与R_0的关系

(f) 活性锂离子损失与R_1的关系

(g) 活性锂离子损失与R_2的关系

(h) 活性锂离子损失与$W_{.eff}$的关系

图 6.8　正极材料损失、活性锂离子损失与其他因素的关系

和(d)中偏离主趋势散点也预示着一些副反应因子对容量衰减的影响。图 6.8(e)～(h)展示了活性锂离子损失和所有阻抗部分的相关性，可以得到 R_2 和活性锂离子损失具有强相关性。$W_{.eff}$ 与活性锂离子损失的相关关系与本研究中的循环条件无关。

6.3　基于等效电路模型的电池老化模式分析

6.3.1　老化模式分析方法确定

为便于描述，此处直接使用 Pastor-Fernández 等[104]建立的阻抗与老化模式对应关系(图 6.9)对老化模式进行量化诊断。

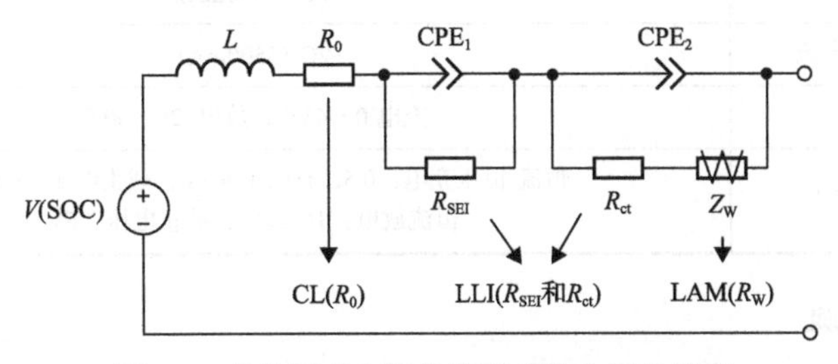

图 6.9　老化模式和阻抗模型参数之间的关系

为了便于定量分析，本书将三种老化模式 CL、LLI 和 LAM 的影响程度用相

关电阻的变化率来量化，如式(6.6)所示：

$$\mathrm{DM}_{\mathrm{CL}}^{\mathrm{EIS}}=\frac{R_{\mathrm{ohm}}-R_{\mathrm{ohm},1}}{R_{\mathrm{ohm},1}}\times 100\%$$

$$\mathrm{DM}_{\mathrm{LLI}}^{\mathrm{EIS}}=\frac{R_{\mathrm{SEI}}+R_{\mathrm{ct}}-\left(R_{\mathrm{SEI},1}+R_{\mathrm{ct},1}\right)}{R_{\mathrm{SEI},1}+R_{\mathrm{ct},1}}\times 100\% \tag{6.6}$$

$$\mathrm{DM}_{\mathrm{LAM}}^{\mathrm{EIS}}=\frac{R_{\mathrm{W}}-R_{\mathrm{W},1}}{R_{\mathrm{W},1}}\times 100\%$$

式中，$R_{\mathrm{ohm},1}$、$R_{\mathrm{SEI},1}$、$R_{\mathrm{ct},1}$和$R_{\mathrm{W},1}$分别为初始状态新电池条件下测量得到的欧姆电阻、SEI膜电阻、传荷电阻和Warburg电阻。

6.3.2 不同老化工况下的电池电化学阻抗谱特性及其演变过程

本节研究在不同条件老化过程中三种老化模式的差异。

1. 实验对象

所选取的研究对象为型号INR18650-29E的18650型三元锂离子电池，该款电池内阻在20mΩ左右，电池参数见表6.5。

表6.5 INR18650-29E电池参数

参数名称	参数值
正/负极材料	Li(NiCoAl)O_2/C
标称放电容量	2750mAh
充电截止电压	4.2V
放电截止电压	2.5V
最大充电电流	1C (2750mA)
最大持续放电电流	2C (5500mA)
工作温度	充电0～45℃，放电–20～60℃
标准充放电方式	恒流-恒压充电：0.5C充电至4.2V，截止电流138mA。 恒流放电：1C放电，截止电压2.5V

2. 实验步骤

首先按照表6.6对电池进行不同循环工况下的老化，循环实验一共有4组，分别命名实验组1～实验组4。

表 6.6　循环实验具体工况

实验组	实验条件
实验组 1	25℃、1C 倍率恒流充电，1C 倍率恒流放电
实验组 2	25℃、0.5C 倍率恒流充电，1C 倍率恒流放电
实验组 3	45℃、1C 倍率恒流充电，1C 倍率恒流放电
实验组 4	45℃、0.5C 倍率恒流充电，1C 倍率恒流放电

对于每个实验组，在不同的老化阶段进行电池 EIS 测试，整个 EIS 测试过程在 25℃恒温环境下完成。分别以每个老化阶段的容量为基准，将电池 SOC 调整至 20%、50%、80%并静置 3h 后进行 EIS 测试。测试采用电流激励模式，电流有效值为 500mA，所采用的测试设备为第 1 章提及的 TOYO 电化学阻抗测试系统。

3. 实验结果

四组实验中 EIS 随老化变化的趋势如图 6.10(a)～(d)所示。可以发现，随着电池老化加剧，EIS 图谱表现为整体向右偏移，以及阻抗弧的增大。在同样的循

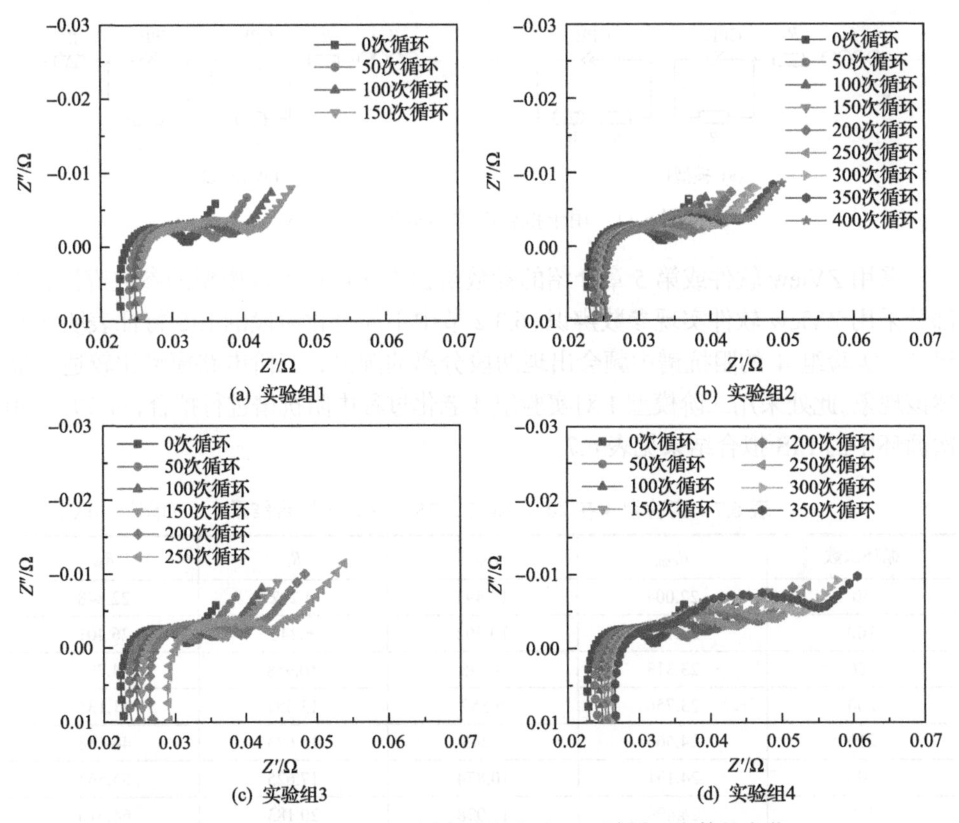

图 6.10　20% SOC 下不同实验组电池 EIS 随循环次数的变化

环次数下，1C 充电倍率条件下的实验组 1 和实验组 3 的 EIS 曲线向右偏移距离更明显，能比较清楚地区分开，而 0.5C 充电倍率条件下实验组 2 和实验组 4 曲线偏移变化相对 1C 的情况则要小，曲线间隔较密。EIS 阻抗曲线向右偏移加剧表明电池的老化变快，因此上述结果说明了大充电倍率会加速老化，结果直观地反映到 EIS 曲线的变化上。

对比观察，发现实验组 2、3 和 4 的老化过程中，中频段出现明显的两段圆弧分离现象，且中频段圆弧跨度和曲率半径逐渐增大；其他 SOC 下的阻抗谱也可以得到类似的规律。根据第 5 章中 DRT 分析相关内容可知，不同的圆弧组成会导致不同的 ECM 结构。接下来探究不同模型阶次和模型结构对老化模式分析诊断的影响。

6.3.3 基于二阶等效电路模型的阻抗拟合

本节用于 EIS 拟合所采用的 ECM 如图 6.11 所示，包括模型 1 和模型 2 两种。两种模型均包含欧姆电阻、SEI 电阻、传荷电阻和 Warburg 电阻，因此可以利用式(6.6)量化 CL、LLI 和 LAM 三种老化模式。图中，二阶模型得到 R_1 描述为 R_{ohm}、R_2 描述为 R_{SEI}、R_3 描述为 R_{ct}、W 的实部描述为 R_W。

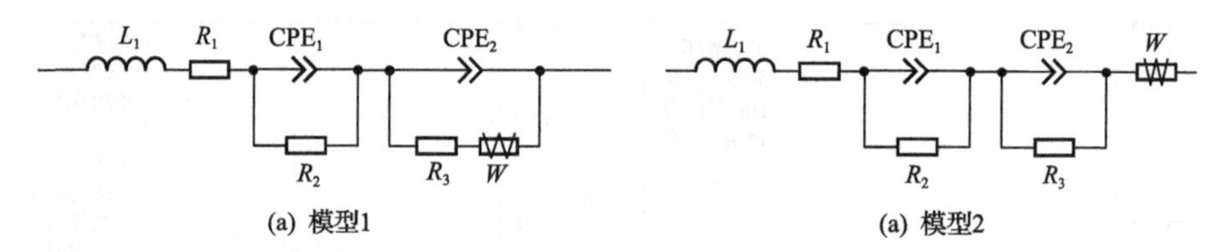

图 6.11　用于拟合电化学阻抗谱的 ECM

采用 ZView 软件或第 5 章介绍的参数辨识方法可以实现模型的参数辨识，本部分采用 ZView 软件实现参数辨识。6.3.2 节中不同老化阶段的 EIS 特征表明实验组 2～实验组 4 的阻抗谱中频会出现两段分离的圆弧，二阶电路模型比较适合描述该现象。此处采用二阶模型 1 对实验组 4 老化过程中阻抗谱进行拟合，对 50～350 次循环中的 EIS 拟合结果见表 6.7。

表 6.7　实验组 4 在 20% SOC、25℃下 EIS 拟合结果　(单位：mΩ)

循环次数	R_{ohm}	R_{SEI}	R_{ct}	R_W
50	22.004	10.497	4.202	22.848
100	22.740	10.502	6.248	26.401
150	23.313	9.396	10.958	34.797
200	23.756	9.557	13.382	41.136
250	24.563	9.243	15.073	44.638
300	24.131	10.874	17.625	55.563
350	24.499	11.028	20.183	64.616

R_{ohm}、R_{ct} 和 R_W 在老化过程中呈现出比较有规律的增大趋势，而 SEI 膜电阻基本在 10mΩ 左右波动。这一定程度上说明对于曲线呈现分离双圆弧的情况下，采用该二阶模型是合理的，获得的阻抗值可以分析和识别电池的老化模式。

6.3.4　改进一阶电路模型的阻抗拟合

在实验组 1 的整个老化过程中，EIS 均呈现出一段圆弧的情况。对于如图 6.11 所示的模型，SEI 膜阻抗和传荷阻抗都是电阻和常相位元件并联结构，这种结构的交流阻抗曲线是一个弧形结构，中心频率是弧形结构最高点的频率。电阻和常相位元件并联的导纳值如式(6.7)所示，中心频率点的导纳值如式(6.8)所示，最终可以依据式(6.9)计算出各个环节的中心频率。

$$Y=\frac{1}{R}+Y_0(\mathrm{j}\omega)^n=\frac{1}{R}+Y_0\omega^n\cos\left(\frac{n\pi}{2}\right)+\mathrm{j}Y_0\omega^n\sin\left(\frac{n\pi}{2}\right) \tag{6.7}$$

$$Y=\frac{1}{\dfrac{R}{2}+\mathrm{j}\dfrac{R(1-\sin\theta)}{2\cos\theta}}=\frac{2\cos\theta}{R}\frac{1}{\cos\theta+\mathrm{j}(1-\sin\theta)} \tag{6.8}$$

$$\omega=\left(\frac{1}{Y_0R}\right)^{\frac{1}{n}} \tag{6.9}$$

针对实验组 1，采用式(6.9)得到的 R_{SEI} 和 R_{ct} 分别对应的并联环节中心频率见表 6.8。可以看到，两个环节对应的中心频率在整个老化过程中均比较接近，体现在 EIS 上即 SEI 膜和传荷电阻对应的阻抗谱段由于太过集中导致圆弧重合，无法呈现两段分离的圆弧。对 50% SOC 和 80% SOC 下的 EIS 进行拟合可以得出相同的结论。

表 6.8　R_{SEI} 和 R_{ct} 阻抗结构中心频率老化分布

循环次数	ω_{SEI}/Hz	ω_{ct}/Hz
0	266.62	275.13
50	310.25	299.33
100	271.21	163.96
150	146.67	105.23
200	200.84	112.94
250	198.77	189.47

根据上面的结果，为能更好地拟合一段圆弧 EIS，这里保留欧姆电阻和

Warburg 电阻这两个部分，而将 SEI 膜电阻和传荷电阻组合成为一个电阻与常相位元件并联模块，将如图 6.11 所示的 ECM 简化成一阶模型，得到如图 6.12(a)和(b)所示的两种一阶模型。下面使用统计学的方法对一阶模型的适用性进行讨论。图中，一阶模型得到的 R_1 描述为 R_{ohm}，R_2 描述为 R_{ct}，W 的实部描述为 R_W。

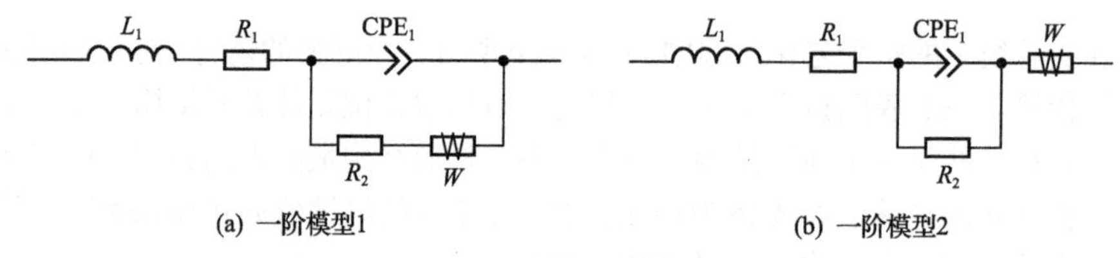

图 6.12 改进后的 ECM

6.3.5 老化模式识别方法

分别对呈现两段分离圆弧的 EIS 和单一圆弧的 EIS 采用二阶和一阶模型进行拟合。在表 6.9 中，对于实验组 1，全过程使用如图 6.12(a)所示的一阶模型拟合，对于实验组 2～实验组 4，使用如图 6.11(a)所示的二阶模型拟合。

表 6.9 实验模型选择具体方案

循环次数	实验组 1	实验组 2	实验组 3	实验组 4
0	一阶模型	二阶模型	二阶模型	二阶模型
50	一阶模型	二阶模型	二阶模型	二阶模型
100	一阶模型	二阶模型	二阶模型	二阶模型
150	一阶模型	二阶模型	二阶模型	二阶模型
200	一阶模型	二阶模型	二阶模型	二阶模型
250	一阶模型	二阶模型	二阶模型	二阶模型
300		二阶模型		二阶模型
350		二阶模型		二阶模型
400		二阶模型		二阶模型
450		二阶模型		
500		二阶模型		

根据 6.2 节提出的原理，将二阶模型和一阶模型的老化模式 CL、LLI 和 LAM 计算方法重新整理，见表 6.10。

表 6.10　两种阶次模型的老化模式计算公式

模型选择	二阶模型	一阶模型
CL	$DM_{CL}^{EIS}=\frac{R_{ohm}-R_{ohm,1}}{R_{ohm,1}}\times 100\%$	$DM_{CL}^{EIS}=\frac{R_{ohm}-R_{ohm,1}}{R_{ohm,1}}\times 100\%$
LLI	$DM_{LLI}^{EIS}=\frac{R_{SEI}+R_{ct}-(R_{SEI,1}+R_{ct,1})}{R_{SEI,1}+R_{ct,1}}\times 100\%$	$DM_{LLI}^{EIS}=\frac{R_{ct}-R_{ct,1}}{R_{ct,1}}\times 100\%$
LAM	$DM_{LAM}^{EIS}=\frac{R_{W}-R_{W,1}}{R_{W,1}}\times 100\%$	$DM_{LAM}^{EIS}=\frac{R_{W}-R_{W,1}}{R_{W,1}}\times 100\%$

6.4　不同等效电路结构对电池老化模式分析的影响

6.4.1　统计学分析方法

本节的一个重要目标是对老化数据进行分析，对老化模式分析方法给出一个分析评估和检验结果。实验数据有四组，研究的因素包含温度和充电倍率这两个外部条件，因此采用支持多因素分析的统计方法。同时，实验还需要针对不同模型进行分析与验证，采用相关性分析方法。此处采用统计学方法中常用的分析一种或几种因素对因变量影响的方法——显著性检验来实现上述评估。显著性检验可以基于实验数据样本对实验整体情况进行一个合理估计，并给出一个普遍性的结论，适合分析两种条件下的相似性，也适合分析单一因素或多种因素对因变量是否有显著关联。

显著性分析中的常用方法为方差分析方法。该方法是用于分析两个及两个以上样本之间均数差别的方法，可以用来分析单因素或者多因素对因变量的影响情况。方差分析基本原理是认为多组数据的误差由实验条件误差和随机误差共同组成，实验条件误差反映不同组别间的差异程度，是由实验条件变化引起的；而组内的误差则是随机测量误差引起的。方差分析构造一个 F 指标，用组间误差与组内误差比值决定，比值越大，说明组间因素的影响越大，实验条件变化对结果影响越显著；相反，比值越小，说明实验条件变化对结果影响越小，两者关联越小。通常会引入置信度来分析 F 的临界值，一般取置信度 0.05，表示 5%的概率由误差带来，另外 95%的概率是可信的。

6.4.2　等效电路模型阶次对单阻抗弧老化模式分析的影响

本节采用方差分析方法来判定一阶模型和二阶模型的老化模式计算值是否有很大差异。若差异较大，则说明引入一阶模型会对原来基于二阶模型的老化模式计算方法带来一定偏差影响；反过来，若差异不明显，则说明引入一阶模型并不会对原来基于二阶模型的老化模式计算方法带来很大偏差，也说明采用一阶模型来描述实验组 1 中没有呈现明显两段分离圆弧的 EIS，实现电池老化模式分析是适用的。

首先，基于 20% SOC 下的 EIS 测量结果，针对实验组 1，分别使用二阶模型和一阶模型来拟合 EIS，二阶模型得到 R_{ohm}、R_{SEI}、R_{ct} 和 R_W 四个阻值，一阶模型得到 R_{ohm}、R_{ct} 和 R_W 三个阻值。基于老化模式改进计算方法，分别计算 CL、LLI 和 LAM 三种老化模式的值，结果见表 6.11 和表 6.12。

表 6.11　利用不同 ECM 计算的老化模式结果(基于二阶模型)

循环次数	R_{ohm}/mΩ	R_{SEI}+R_{ct}/mΩ	R_W/mΩ	CL	LLI	LAM
0	21.456	10.097	17.093	0.0000	0.0000	0.0000
50	22.992	9.705	23.128	0.0716	–0.0387	0.3531
100	23.784	10.959	29.424	0.1085	0.0854	0.7214
150	23.920	12.508	33.260	0.1148	0.2389	0.9458
200	25.345	13.632	38.420	0.1813	0.3502	1.2477
250	26.853	16.306	44.779	0.2515	0.6150	1.6197

表 6.12　利用不同 ECM 计算的老化模式结果(基于一阶模型)

循环次数	R_{ohm}/mΩ	R_{ct}/mΩ	R_W/mΩ	CL	LLI	LAM
0	21.109	10.728	17.462	0.0000	0.0000	0.0000
50	21.940	11.132	23.511	0.0394	0.0377	0.3464
100	22.311	14.277	32.248	0.0569	0.3308	0.8468
150	23.262	14.359	35.372	0.1020	0.3385	1.0257
200	24.250	16.507	41.705	0.1488	0.5387	1.3883
250	26.506	18.748	48.817	0.2557	0.7476	1.7956

为进行双因素方差分析，首先需要将以上两组数据整合成基于老化模式和 ECM 两种因素构成的数据，见表 6.13。

表 6.13　双因素老化模式数据整合结果

模型	CL	LLI	LAM
二阶模型	0.0000	0.0000	0.0000
二阶模型	0.0716	–0.0387	0.3531
二阶模型	0.1085	0.0854	0.7214
二阶模型	0.1148	0.2389	0.9458
二阶模型	0.1813	0.3502	1.2477

续表

模型	CL	LLI	LAM
二阶模型	0.2515	0.6150	1.6197
一阶模型	0.0000	0.0000	0.0000
一阶模型	0.0394	0.0377	0.3464
一阶模型	0.0569	0.3308	0.8468
一阶模型	0.1020	0.3385	1.0257
一阶模型	0.1488	0.5387	1.3883
一阶模型	0.2557	0.7476	1.7956

使用 MATLAB 工具箱中的 anova2 函数可以进行相应的双因素方差分析，得到方差分析结果如图 6.13 所示。指标 Source 表示双因素方差分析来源，Columns 是列元素，也就是老化模式影响因素，Rows 是行元素，也就是模型影响因素，Interaction 是两种因素的共同作用，Error 是组内随机误差因素。SS 表示数据平方和，df 是数据自由度，MS 是均方差(衡量数据误差的指标)。可以看出，老化模式因素造成的组间误差是 1.8555，模型影响因素造成的组间误差是 0.03563，老化模式与模型共同作用的组间误差是 0.01686，而随机组内误差是 0.15708。根据组间与组内误差，可计算 F 统计量，最后 Prob＞F 是 F 统计的置信度，用来衡量置信程度。

ANOVA Table

Source	SS	df	MS	F	Prob>F
Columns	3.71101	2	1.8555	11.81	0.0002
Rows	0.03563	1	0.03563	0.23	0.6374
Interaction	0.03371	2	0.01686	0.11	0.8986
Error	4.71238	30	0.15708		
Total	8.49273	35			

图 6.13　20% SOC 下实验组 1 的二阶模型与一阶模型方差分析结果

可以发现，老化模式因素的 F 统计量远远超过 1，对应的 F 统计的置信度小于 0.05，所以有极高的概率认为老化模式对老化量化值造成影响。这个是很显然的，因为不同老化模式量化值是具有明显差异的；另外，模型因素的 F 统计值明显小于 1，老化模式与模型的共同作用因素 F 值也小于 1，也就表明模型造成的影响差异在随机误差范畴内，没有足够的影响程度。相应的 F 统计值置信度大于 0.05，所以模型对老化模式造成影响的可信度不足 95%。上述基于方差分析的统计学结论说明对于实验组 1，一阶模型和二阶模型对老化模式计算值的差异可以忽略，引入一阶模型并不会给电池的老化模式分析带来很大影响。

同样，可以用类似方法分析 50% SOC 和 80% SOC 条件下电池老化模式计算值的差异。图 6.14(a)和(b)分别给出了 50% SOC 和 80% SOC 条件下的方差分析结果。

ANOVA Table

Source	SS	df	MS	F	Prob>F
Columns	0.94583	2	0.47292	6.28	0.0053
Rows	0.01061	1	0.01061	0.14	0.7101
Interaction	0.02011	2	0.01005	0.13	0.8755
Error	2.25941	30	0.07531		
Total	3.23596	35			

(a) 50% SOC

ANOVA Table

Source	SS	df	MS	F	Prob>F
Columns	1.33939	2	0.66969	6.54	0.0044
Rows	0.02165	1	0.02165	0.21	0.6489
Interaction	0.04949	2	0.02474	0.24	0.7867
Error	3.07014	30	0.10234		
Total	4.48067	35			

(b) 80% SOC

图 6.14　二阶模型与一阶模型的方差分析结果

可见，50% SOC、80% SOC 和 20% SOC 条件结果类似，老化模式因素对应的影响达到明显的程度，*F* 值置信度小于 5%；模型对应的影响因素则可以当作随机误差忽略，相应置信度远远超出 5%的范畴。因此，使用一阶模型相对二阶模型不会对 CL、LLI 和 LAM 老化模式计算值产生明显差异。

以上分析表明，在老化过程中，若电池的 EIS 表现出一个圆弧的特征，则为简化分析，可以直接将一阶模型应用到该电池的老化模式分析中，结果和二阶模型相比不会产生明显差异。

6.4.3　不同等效电路模型结构对电池老化模式计算结果的影响

前面提出了两种电池阻抗的二阶模型(图 6.11)和两种一阶模型(图 6.12)，这四种 ECM 均可计算出电池的老化模式，即 CL、LLI 和 LAM 的量化值。本节分析这四种不同模型是否对老化模式计算值产生差异。采取方差分析方法，这里对实验组 1 老化过程选择一阶模型拟合，实验组 2、3、4 老化过程选择用二阶模型拟合，下面以实验组 1 和实验组 4 为例进行综合分析。

1. 一阶模型计算得到的老化模式结果

实验组 1 适合使用一阶模型拟合，拟合出基于两种一阶模型的阻抗值，然后根据老化模式计算公式(表 6.10)求解出 CL、LLI 和 LAM 三种电池老化模式量化值，见表 6.14，实验中，EIS 的测试条件为 20% SOC。

表 6.14　基于两种一阶模型的电池老化模式计算结果比较

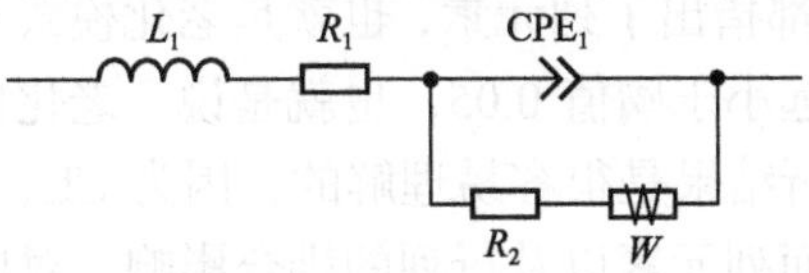

L_1 R_1 CPE_1 R_2 W			L_1 R_1 CPE_1 W R_2		
CL	LLI	LAM	CL	LLI	LAM
0.0000	0.0000	0.0000	0.0000	0.0000	0.0000
0.0394	0.0377	0.3464	0.0391	0.0286	0.3415
0.0569	0.3308	0.8468	0.0587	0.3086	0.8196
0.1020	0.3385	1.0257	0.1035	0.3139	0.9997
0.1488	0.5387	1.3883	0.1511	0.5012	1.3422
0.2557	0.7476	1.7956	0.2585	0.7005	1.7321

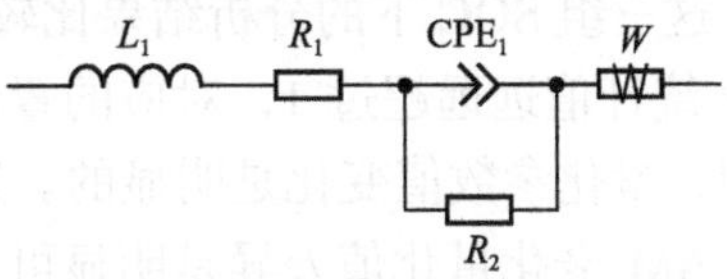

同样可以采取双因素方差分析方法，将模型差异作为影响老化模式量化的一个因素，将不同老化模式作为另一个影响因素，然后数据整合成包含两种因素共同作用的矩阵形式，使用 MATLAB 的 anova2 函数进行双因素分析，得到方差分析结果如图 6.15(a)所示。类似地，采用 50% SOC 和 80% SOC 条件下的 EIS 测量

ANOVA Table

Source	SS	df	MS	*F*	Prob>*F*
Columns	3.94094	2	1.97047	11.68	0.0002
Rows	0.00250	1	0.0025	0.01	0.9039
Interaction	0.00149	2	0.00075	0	0.9956
Error	5.05932	30	0.16864		
Total	9.00425	35			

(a) 20% SOC

ANOVA Table

Source	SS	df	MS	*F*	Prob>*F*
Columns	0.98087	2	0.49043	6	0.0064
Rows	0.00034	1	0.00034	0	0.9491
Interaction	0.00012	2	0.00006	0	0.9993
Error	2.45116	30	0.08171		
Total	3.43249	35			

(b) 50% SOC

ANOVA Table

Source	SS	df	MS	*F*	Prob>*F*
Columns	1.46391	2	0.73196	6.45	0.0047
Rows	0.00066	1	0.00066	0.01	0.9397
Interaction	0.00019	2	0.0001	0	0.9992
Error	3.40333	30	0.11344		
Total	4.86809	35			

(c) 80% SOC

图 6.15　不同状态下的模型方差分析结果(实验组 1)

结果，应用同样的方法分析，分别得到方差分析结果如图 6.15(b)和(c)所示。

这三组 SOC 下的分析结果比较类似，都指出了列元素，也就是老化模式对应的 F 统计值远远超过 1，对应的置信度远远小于阈值 0.05，也就是说，老化模式不同，量化参数值变化是明显的。这个分析结果是很容易理解的，因为 CL、LLI 和 LAM 老化量化值差异是明显可见的。而列元素以及行列的耦合影响，对应 F 统计值明显小于 1，说明两种模型的差异以及模型和老化模式的耦合影响因素对老化模式量化值的影响不超过随机误差的范畴，这两种不同模型并未对老化模式计算带来很大影响。而置信度达到 0.9 以上则从概率方面说明模型差异影响计算的置信度不足 10%，在 20% SOC、50% SOC 和 80% SOC 下，两种一阶模型对电池老化模式分析的结果几乎没有太大差异。

2. 二阶模型计算得到的老化模式结果

实验组 4 在电池老化开始后阻抗曲线呈现分离的两段圆弧，因此采用二阶模型拟合。基于 MATLAB 的双因素方差分析过程不再重复，表 6.15 是实验组 4 采用如图 6.11 所示的两种二阶模型拟合数据的比较，其中 EIS 的测试条件为 20% SOC。

表 6.15　基于两种二阶模型的电池老化模式计算结果比较

L_1 R_1 CPE_1 CPE_2 R_2 R_3 W			L_1 R_1 CPE_1 CPE_2 W R_2 R_3		
CL	LLI	LAM	CL	LLI	LAM
0.0000	0.0000	0.0000	0.0000	0.0000	0.0000
0.0054	0.4624	0.3616	0.0019	0.4589	0.3327
0.0391	0.6665	0.5734	0.0394	0.6406	0.5341
0.0653	1.0251	1.0737	0.0646	0.9918	1.0250
0.0855	1.2823	1.4515	0.0856	1.2408	1.4086
0.1224	1.4193	1.6602	0.1219	1.3723	1.6143
0.1026	1.8355	2.3113	0.1036	1.7686	2.5998
0.1194	2.1053	2.8508	0.1190	2.0246	2.7424
0.0876	2.3761	3.6406	0.0887	2.2716	3.4766

图 6.16(a)、(b)、(c)分别为 20% SOC、50% SOC 和 80% SOC 标定条件下的方差分析结果。同样，查看三组不同 SOC 条件下的列元素的 F 统计值，均远远大于 1，对应的置信度也不足阈值 0.05；行元素的 F 统计值相反，远远小于 1，对应置信度则远超阈值 0.05。所以与实验组 1 类似，实验组 4 采用的两种二阶模型

计算电池老化模式的结果也并未产生很大差异，由模型差异带来的影响不超过随机误差范畴，相反，不同老化模式对应的数值变化则十分明显。

ANOVA Table

Source	SS	df	MS	F	Prob>F
Columns	21.443	2	10.7215	15.78	0
Rows	0.0066	1	0.0066	0.01	0.9221
Interaction	0.0045	2	0.0022	0	0.9967
Error	32.6136	48	0.6795		
Total	54.0677	53			

(a) 20% SOC

ANOVA Table

Source	SS	df	MS	F	Prob>F
Columns	1.50917	2	0.75459	9.37	0.0004
Rows	0.00322	1	0.00322	0.04	0.8424
Interaction	0.00107	2	0.00053	0.01	0.9934
Error	3.8675	48	0.08057		
Total	5.38096	53			

(b) 50% SOC

ANOVA Table

Source	SS	df	MS	F	Prob>F
Columns	3.6912	2	1.84562	11.9	0.0001
Rows	0.0037	1	0.00366	0.02	0.8786
Interaction	0.0196	2	0.0098	0.06	0.9388
Error	7.4419	48	0.15504		
Total	11.1564	53			

(c) 80% SOC

图 6.16　不同状态下的模型方差分析结果(实验组 4)

基于对两组等效一阶模型和两组等效二阶模型的方差分析，可以认为上述电池老化模式计算方法对不同模型具有一定程度的稳定性。老化模式 CL、LLI 和 LAM 的计算以及变化趋势不会因为模型形式改变而受到较大影响。

6.5　基于电化学阻抗谱的电池老化模式量化分析

6.5.1　三种老化模式在不同老化过程中的影响分析

基于 20% SOC 下获取的 EIS 对四组老化实验组中的电池老化模式 CL、LLI 和 LAM 进行计算，结果如图 6.17(a)～(d)所示。初步观察四组老化数据可以发现，四组实验组中 CL 都是最小的，且比 LLI 和 LAM 量化值要小很多；而四组实验组中 LAM 量化值均是最大的，LLI 量化值位居第二，但 LLI 和 LAM 之间的数值上比较接近。对 50% SOC 和 80% SOC 下测量的 EIS 进行老化模式分析后，可以得到类似的结论，此处不再赘述。

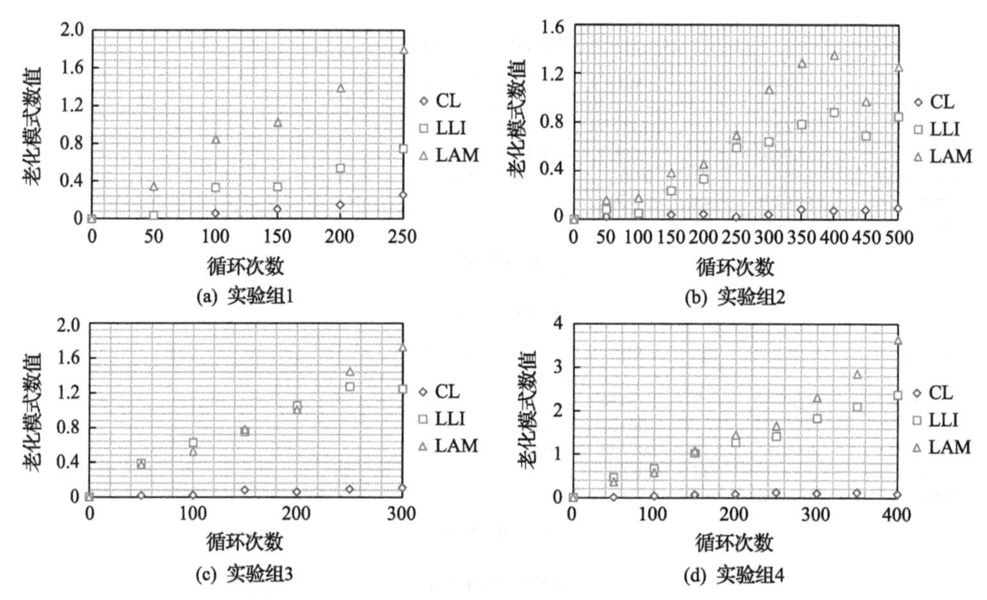

图 6.17　20% SOC 下不同实验组的老化模型变化趋势

在本实验的老化条件下(25℃和 45℃、1C 充电倍率和 0.5C 充电倍率)，基于 EIS 方法计算的三种老化模式有比较相似的几个特征：①CL 的量化值最小，其老化模式作用最小；②LAM 在各种老化条件下都是影响最明显的老化模式，其量化值最大；③LLI 老化模式的影响处于中间位置，但与 LAM 量化值相差不大。综合来看，可以认为在四组老化实验中，电池老化主要是 LAM 和 LLI 两种老化模式共同作用的结果。

6.5.2　温度和充电倍率对老化模式的影响

基于四组实验之间老化模式数值差异，可以进一步分析不同温度和充电倍率组合而成的四种不同循环老化工况对电池老化模式的影响。

需要注意的是，由于不同实验组的实验循环次数不同，为便于对比，将循环次数统一为 0～250 次。考虑到电池阻抗受到 SOC 的影响显著，换言之，SOC 会对老化模式分析产生影响，因此下面分析时考虑了不同 SOC 下的量化结果。图 6.18(a)～(c)分别为 20% SOC、50% SOC、80% SOC 测试条件下不同实验组的 CL 老化模式数值变化。

可以发现，不同 SOC 下 CL 老化模式的变化趋势类似。在数值上基本都表现为 25℃、1C 的老化条件下最大；其次是 45℃、1C 的老化条件和 45℃、0.5C 充

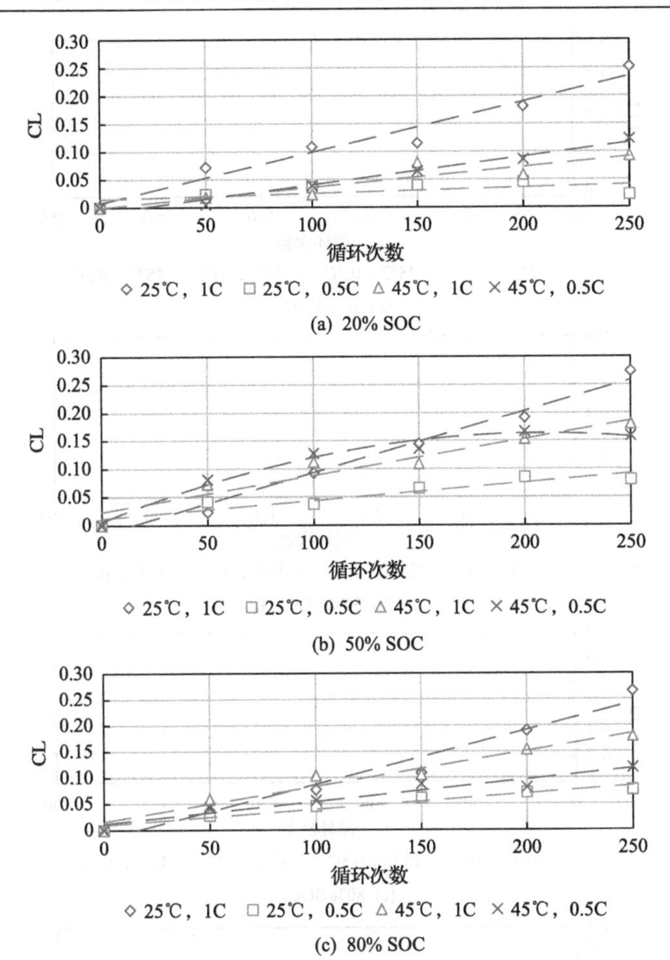

(a) 20% SOC

(b) 50% SOC

(c) 80% SOC

图 6.18 不同 SOC 下四个实验组的 CL 老化模式数值变化

电倍率的老化条件，且在不同 SOC 下两种老化条件的 CL 有所不同；25℃、0.5C 充电倍率的老化条件下 CL 数值最小。

综上所述，对于所选用的电池，CL 数值增加最快的老化条件是 25℃、1C，温度和充电倍率对 CL 老化模式具有一定程度的影响，同为 1C 下，25℃下的 CL 增长速率高于 45℃；同为 0.5C 下，45℃下的 CL 增长速率高于 25℃。

图 6.19 为不同 SOC 下 LLI 和 LAM 两种老化模式的变化规律。可以发现，在不同 SOC 下获取的 45℃、0.5C，45℃、1C 老化条件下 LLI 数值都较大；而 25℃、0.5C 老化条件下，三种 SOC 下得到的 LLI 数值均较小。基于以上现象，认为 LLI 老化模式对温度反应较为敏感，即猜测这与电池内部的副反应速率相关，副反应会消耗活性锂，高温 45℃老化条件下，副反应的加速导致锂损失的加剧。充电倍率对 LLI 数值的影响没有温度影响明显。

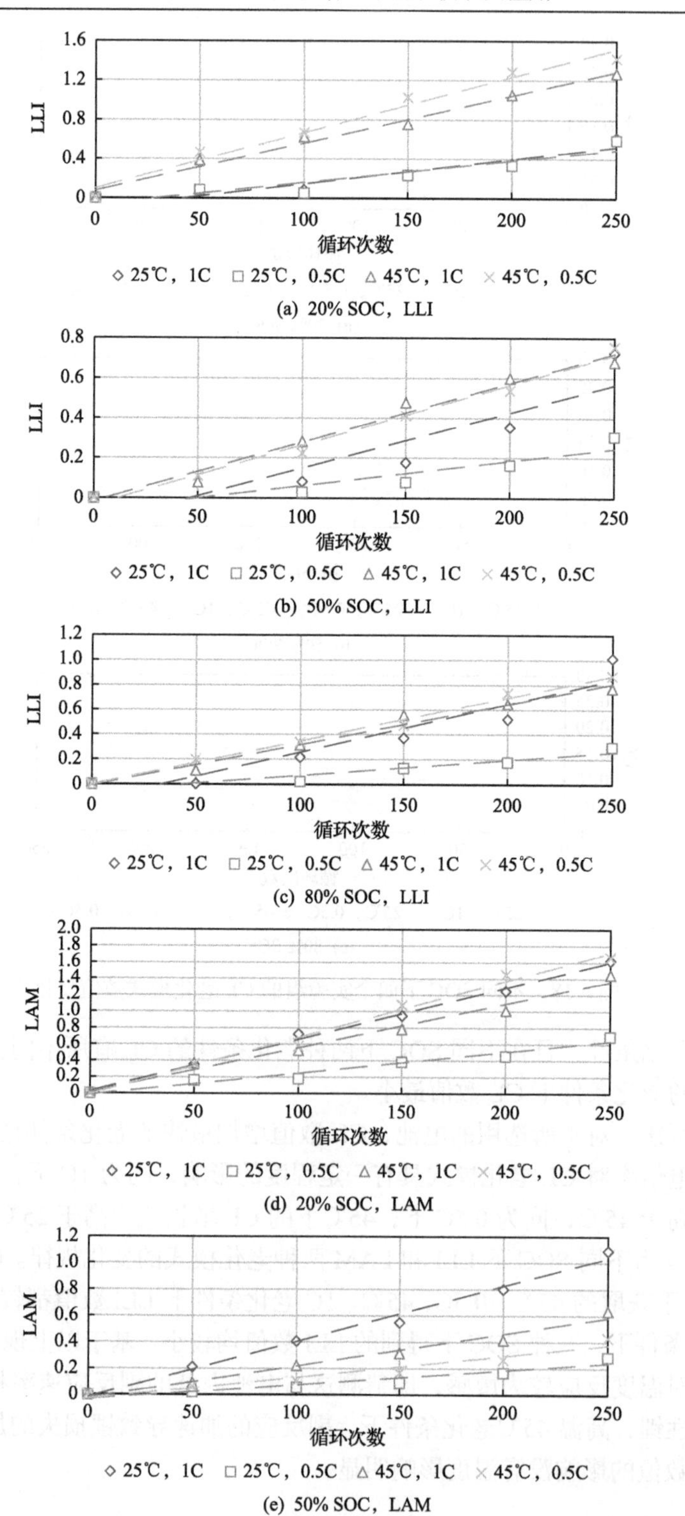

(a) 20% SOC，LLI

(b) 50% SOC，LLI

(c) 80% SOC，LLI

(d) 20% SOC，LAM

(e) 50% SOC，LAM

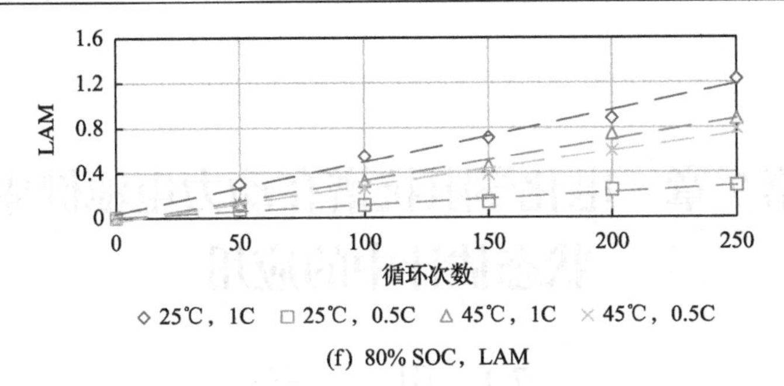

(f) 80% SOC，LAM

图 6.19　不同 SOC 下 LLI 和 LAM 老化模式的变化规律

不同 SOC 下，LAM 分析结果有一定的差异。具体来说，在 20% SOC 下，25℃、1C，45℃、1C，45℃、0.5C 三种老化条件中，LAM 数值都比较相近。对于 50% SOC 和 80% SOC 下，表现为：25℃、1C 老化条件下 LAM 数值增加速度最快，45℃、1C 老化条件下 LAM 数值增加速度其次，45℃、0.5C 老化条件下 LAM 数值增加速度稍慢，25℃、0.5C 老化条件下 LAM 数值增加速度最慢。基于以上现象，可以认为在 25℃老化条件 1C 倍率下 LAM 远高于 0.5C，受充电倍率的影响显著。在 45℃老化条件下，充电倍率影响的差异性相对 25℃较小。

综合三种老化模式分析发现，LAM 老化模式在整个电池老化中影响很大，25℃、1C 是 LAM 数值增长最快的老化条件；高温对 LLI 老化模式的影响较大；CL 老化模式是最不显著的，CL 增长最快的也是 25℃、1C 的老化条件。同时可以发现，25℃和 0.5C 老化条件下，三种老化模式 CL、LLI 和 LAM 都增长最慢，即表明 25℃、0.5C 的老化条件是该款被测试电池老化最慢的条件，也是上述研究中四种条件中的最佳使用条件。

6.6　本 章 小 结

本章首先介绍了基于电化学阻抗的锂离子电池老化模式诊断基本原理；然后对该方法进行实例演示。具体来说，针对在不同温度和充电倍率下循环的电池样品获取 EIS，考虑到一阶模型和二阶模型对电化学阻抗谱拟合的差异，对处于不同 SOC 和老化状态下的 EIS 进行比较分析，讨论了不同模型阶次和模型结构对电池老化模式识别的差异性。最后，对不同老化条件及老化状态下的电池样品，使用交流 EIS 法分析讨论了温度和充电倍率对三种老化模式(LAM、LLI 和 CL)的影响，为电池的工程应用提供理论指导。

第 7 章　电化学阻抗谱在动力电池健康状态估计中的应用

7.1　引　　言

EIS 的丰富内涵使得其在动力电池 SOH 估计中也得到了广泛应用。第 6 章通过对 EIS 进行解析可以得到不同阻抗成分随电池老化的变化，并且参数具有一定的物理意义。为此，本章继续以锂离子电池为研究对象，在获取电池在不同老化工况下的 EIS 演变规律的基础上，量化不同阻抗成分的变化规律，选取最适于表征电池健康状态的阻抗成分。考虑到电池的温度和 SOC 的多变性，本章也将提出不同的温度和 SOC 下寿命表征量的转化方法，从而为变电池状态下的健康状态估计奠定基础。

7.2　不同温度、荷电状态和健康状态下电化学阻抗谱变化规律

7.2.1　电化学阻抗特性实验

1. 实验对象

本部分研究选用三星 SDI 的 2.75Ah INR18650-29E 电池为研究对象，电池参数见表 6.5。

2. 实验设置

利用同一批次编号依次为 Cell1～Cell4 的电池设计四种不同工况进行循环老化。电池老化受环境温度、充放电电流强度、充放电深度等因素的影响[215]，这里简化实验过程，仅依据电池温度以及放电电流这两个因素进行不同的电池循环老化工况实验方案设计。电池老化实验考虑两个温度（25℃和 35℃）、两种放电工况（1C 恒流放电工况与 NEDC 工况）进行设计，充电采用固定的 0.5C 倍率。四节电池老化测试工况设计见表 7.1。

3. 实验步骤

为了分析电池阻抗与温度、SOC 的关系，在循环老化后对电池进行不同温度

表 7.1 Cell1～Cell4 老化测试工况

电池编号	老化温度/℃	电池充电工况	电池放电工况
Cell1	25	0.5C 倍率充电至 4.2V	1C 倍率放电至 2.5V
Cell2	25	0.5C 倍率充电至 4.2V	NEDC 循环至 2.5V
Cell3	35	0.5C 倍率充电至 4.2V	1C 倍率放电至 2.5V
Cell4	35	0.5C 倍率充电至 4.2V	NEDC 循环至 2.5V

与 SOC 下的阻抗测试。EIS 测试设定了 5 个温度值(40℃、35℃、25℃、15℃、5℃)以及 5 个电池 SOC 值(90%、70%、50%、30%、10%)，即在电池进行循环老化后进行 25 组不同 SOC 与温度组合状态下的 EIS 测试，具体实验步骤如下。

(1)电池循环老化。Cell1 与 Cell2 放置于 25℃恒温箱，Cell3 与 Cell4 放置于 35℃恒温箱；依据表 7.1 所列老化工况设定 Cell1 与 Cell3 循环老化 25 次，Cell2 与 Cell4 循环老化 100 次(NEDC 循环)。

(2)电池放电容量标定。将各电池恒温箱温度统一调整至 25℃，电池静置 2h，然后以 0.5C 倍率充电电流、截止电压为 4.2V、截止电流为 0.055A 的 CC-CV 方式将电池充电至 100%SOC，静置 1.5h 之后采用 1C 放电倍率放电至 2.5V，记录放电电量为电池当前容量；最后以相同的 CC-CV 方式充电至 100%SOC。

(3)电池 SOC 调整。所有电池采用 1C 倍率放电电流，控制电池的放电电量为 10%当前容量，调整电池 SOC 至 90%。

(4)电池 EIS 测试。将 Cell1～Cell4 置于同一恒温箱，恒温箱温度依次调整为 40℃、35℃、25℃、15℃、5℃，电池在以上各个温度下静置 1.5h 后进行 EIS 测量(激励电流有效值为 500mA，频率范围为 10kHz～0.01Hz)。

(5)电池 SOC 再次调整。电池采用 1C 倍率放电电流，控制电池的放电电量为 20%当前容量，使得电池 SOC 下降至 20%。

(6)重复步骤(4)和(5)，依次测量 SOC 为 90%、70%、50%、30%、10%时在以上各个温度下的 EIS。

(7)重复步骤(1)～(6)，获得电池在不同健康状态、温度以及 SOC 下的 EIS。

4. 实验结果

根据 EIS 测试流程，获得经历了四种不同老化工况的电池 Cell1～Cell4 在不同健康状态、温度以及 SOC 下的 EIS。选定 15℃、90%SOC 来定性分析电池老化对 EIS 的影响，同时为了直观地观察 EIS 随电池老化的变化，以 Cell1 与 Cell3 取 100 个循环老化间隔、Cell2 与 Cell4 取 400 个循环间隔，绘制电池不同健康状态下的 EIS，如图 7.1～图 7.4 所示。

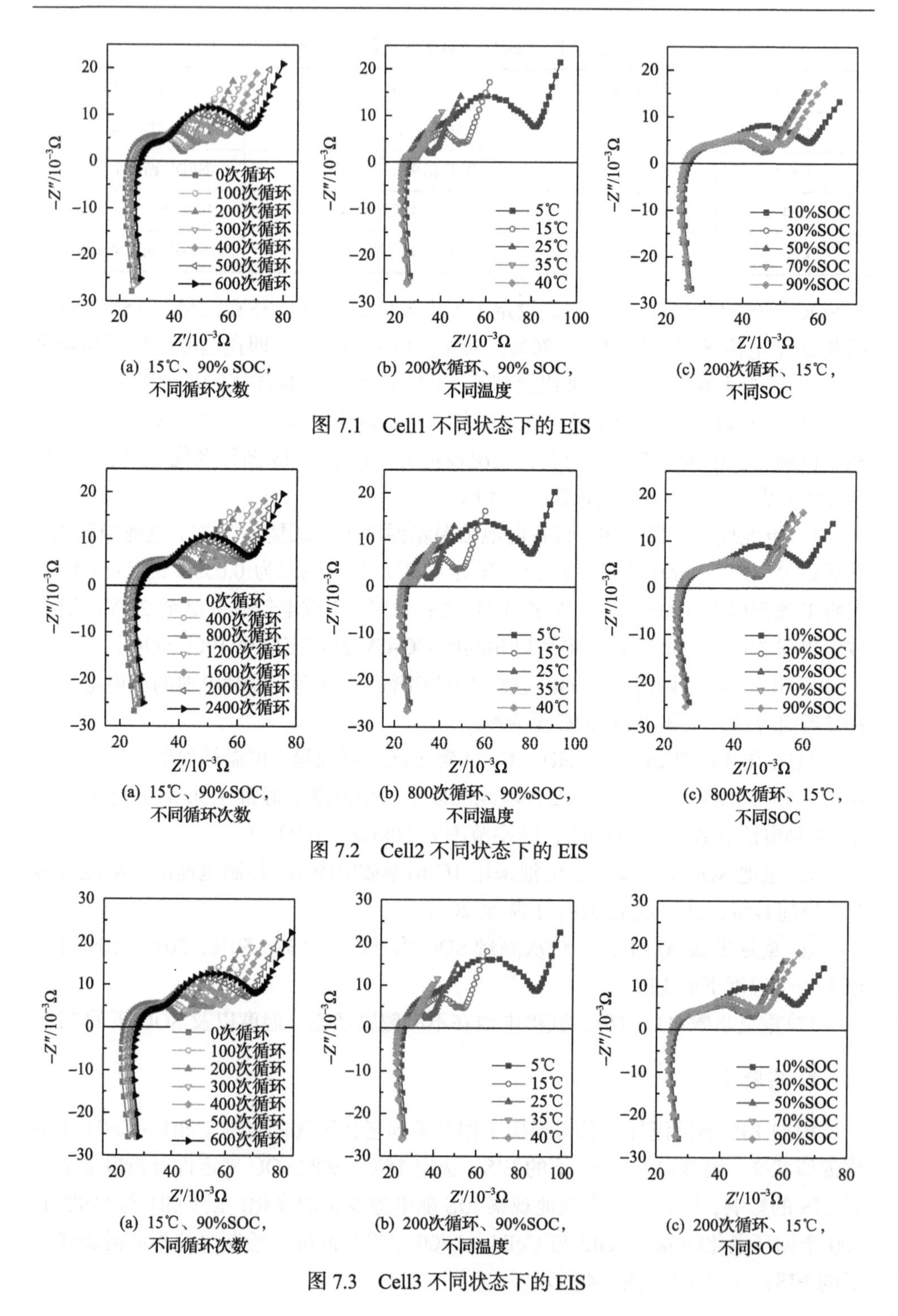

(a) 15℃、90% SOC，不同循环次数　(b) 200次循环、90% SOC，不同温度　(c) 200次循环、15℃，不同SOC

图 7.1　Cell1 不同状态下的 EIS

(a) 15℃、90%SOC，不同循环次数　(b) 800次循环、90%SOC，不同温度　(c) 800次循环、15℃，不同SOC

图 7.2　Cell2 不同状态下的 EIS

(a) 15℃、90%SOC，不同循环次数　(b) 200次循环、90%SOC，不同温度　(c) 200次循环、15℃，不同SOC

图 7.3　Cell3 不同状态下的 EIS

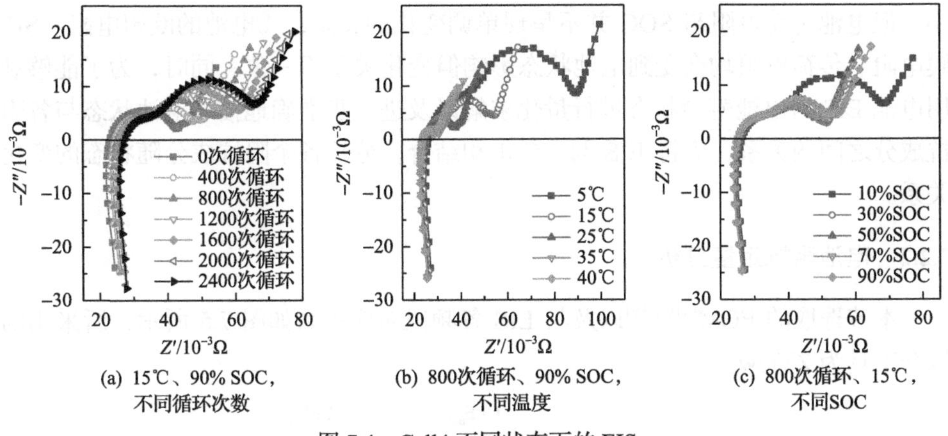

(a) 15℃、90% SOC，不同循环次数　(b) 800次循环、90% SOC，不同温度　(c) 800次循环、15℃，不同SOC

图 7.4　Cell4 不同状态下的 EIS

图 7.1～图 7.4 中的(a)代表不同老化工况下 Cell1～Cell4 的健康状态对 EIS 的影响。由图可知，随着电池循环次数的增加，电池 EIS 向右移动，即电池的欧姆电阻在电池的老化过程中逐渐增加；对于图示的 EIS 高频圆弧部分，由于不能直观观察出其曲率半径的变化，需要结合电池 ECM 对 EIS 进行量化求解，以分析电池 SEI 膜阻抗在电池老化过程中的变化；EIS 中频圆弧半径显著增加，即电池循环老化过程电池的传荷电阻增加，这也表明随着电池老化程度增加，电池电极界面反应阻力会逐渐增加。

图 7.1～图 7.4 中的(b)为各电池处于特定的健康状态下，90%SOC 时 EIS 随温度(40～5℃)的变化关系。由图观察可知，电池温度由 40℃降至 5℃时，EIS 整体右移且中高频段圆弧半径明显变大，即电池的欧姆电阻、SEI 膜阻抗、传荷电阻均随着温度的降低而逐渐增加，这表明电池在低温状态下，电池内部带电粒子运动阻力增加。

图 7.1～图 7.4 中的(c)为各电池处于特定的健康状态下，温度为 15℃时的 EIS 随 SOC(90%～10%)的变化关系。由图可以观察到，电池 EIS 随着电池 SOC 降低逐渐往右移动，即电池的欧姆电阻随 SOC 的减小而增加；对于图中电池的高频圆弧，其曲率半径无法直观观察出变化关系，需要与 ECM 结合进一步分析；电池的中频圆弧曲率半径随 SOC 的变化关系与欧姆内阻不相同，圆弧半径大小的分布为：在低 SOC(10%)具有最大值，其次是高 SOC(90%)，最后是中间 SOC(30%、50%、70%)，即电池传荷电阻随着 SOC 的减小并不呈现单调变化趋势，中间 SOC 下传荷电阻具有较小值且相近。

综上所述，不同老化工况测试中，电池在不同状态下的 EIS 有相似的演变规律：①电池老化过程中，欧姆电阻与传荷电阻增加；②随着温度降低，欧姆电阻、SEI 膜电阻、传荷电阻逐渐增加；③随着电池 SOC 的增加，电池欧姆电阻逐渐减小，但电池传荷电阻与 SOC 并不呈现单调变化的关系；④电池的欧姆电阻、SEI 膜电阻、传荷电阻均会受到电池状态影响但变化关系不一致。同时，为了能够利用电池 EIS 对电池寿命状态进行量化求解以及进一步准确地描述电池状态与各阻抗成分之间的关系，应将 EIS 与 ECM 相结合，分析各个阻抗成分随状态的变化关系。

7.2.2　电池阻抗定量分析

本节选取的 ECM[216-219]以及与 EIS 各频段对应关系如图 7.5 所示，所采用的拟合工具为 ZView。

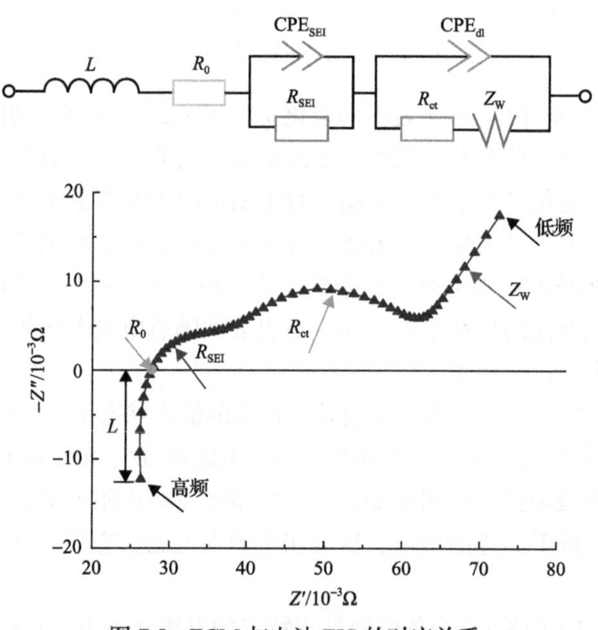

图 7.5　ECM 与电池 EIS 的对应关系

在上述模型中，高频电感 L 用来模拟由于集流体和导线所带来的杂散电感的影响；R_0 用来描述由于电解液、隔膜、电极和接触引起的电阻；CPE_{SEI} 和 R_{SEI} 表征负极 SEI 膜阻抗，代表 EIS 上高频的半圆，其中 R_{SEI} 代表膜电阻，CPE_{SEI} 代表由弥散效应引起的膜电容；CPE_{dl} 和 R_{ct} 代表电极与电解液之间的界面反应阻抗，与 EIS 上第二个半圆相对应，CPE_{dl} 用来表征由弥散效应引起的电双层电容，R_{ct} 是界面反应的传荷电阻，Z_W 表示锂离子在固相电极中的扩散阻抗，与 EIS 上低频段的直线相对应[220-222]。

通过 ZView 解析得到电池 Cell1～Cell4 的欧姆电阻 R_0、SEI 膜电阻 R_{SEI}、传荷电阻 R_{ct} 随电池健康状态、温度、SOC 的变化关系如图 7.6～图 7.9 所示。

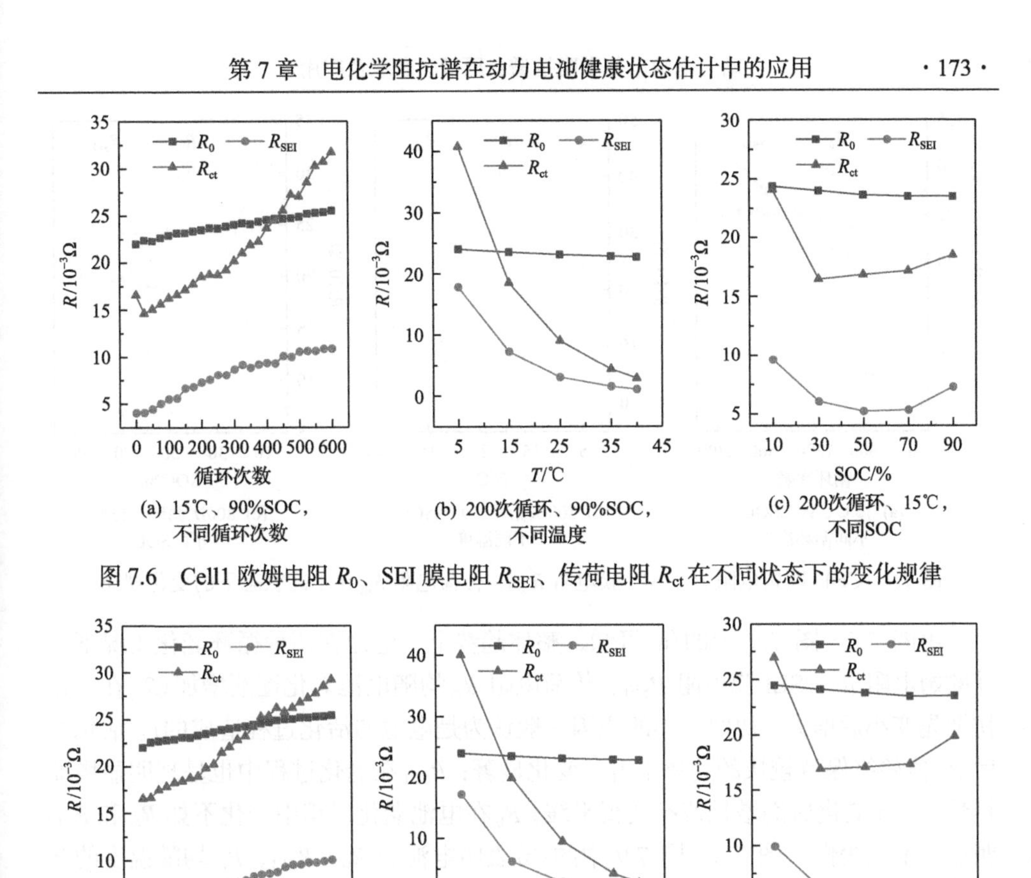

(a) 15℃、90%SOC，不同循环次数　(b) 200次循环、90%SOC，不同温度　(c) 200次循环、15℃，不同SOC

图 7.6　Cell1 欧姆电阻 R_0、SEI 膜电阻 R_{SEI}、传荷电阻 R_{ct} 在不同状态下的变化规律

(a) 15℃、90%SOC，不同循环次数　(b) 800次循环、90%SOC，不同温度　(c) 800次循环、15℃，不同SOC

图 7.7　Cell2 欧姆电阻 R_0、SEI 膜电阻 R_{SEI}、传荷电阻 R_{ct} 在不同状态下的变化规律

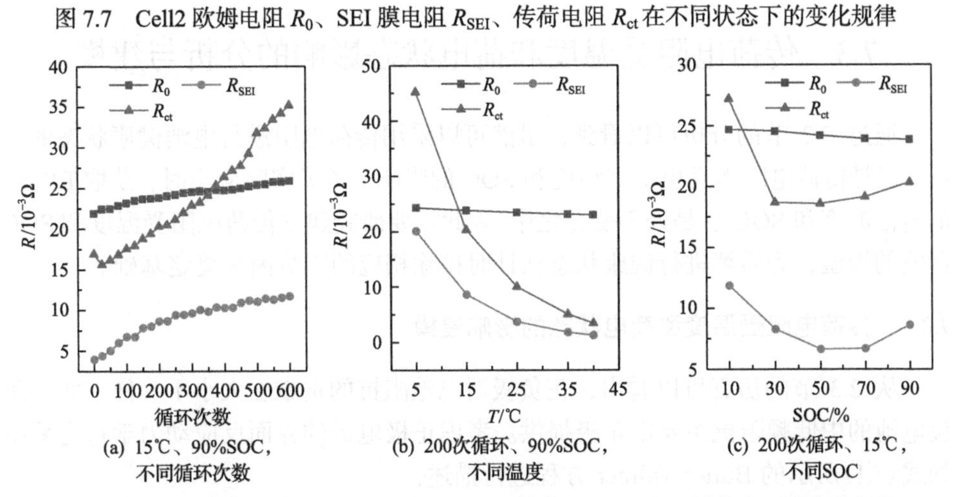

(a) 15℃、90%SOC，不同循环次数　(b) 200次循环、90%SOC，不同温度　(c) 200次循环、15℃，不同SOC

图 7.8　Cell3 欧姆电阻 R_0、SEI 膜电阻 R_{SEI}、传荷电阻 R_{ct} 在不同状态下的变化规律

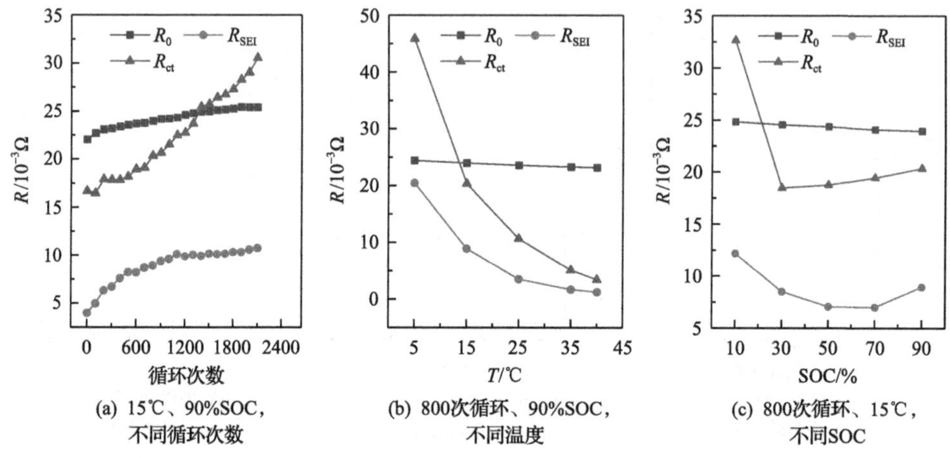

图 7.9　Cell4 欧姆电阻 R_0、SEI 膜电阻 R_{SEI}、传荷电阻 R_{ct} 在不同状态下的变化规律

由图 7.6～图 7.9 中的(a)可知，整体趋势上，电池在四种循环老化工况下，其欧姆电阻 R_0、SEI 膜电阻 R_{SEI}、传荷电阻 R_{ct} 均随电池老化逐渐增加(R_{ct} 在老化初期先变小后增大，初期变小的原因一般认为是电池的活化过程造成的)。活化之后 R_{ct} 值始终保持较快的速率上升，变化显著；R_{SEI} 在老化过程中也呈现明显增加趋势，但在老化后期增长速率变得平缓；R_0 在电池老化过程中变化不如 R_{ct} 和 R_{SEI} 明显，增长缓慢。图 7.6～图 7.9 中的(b)表明电池的 R_0、R_{SEI}、R_{ct} 均随温度的升高而降低，且 R_{SEI} 与 R_{ct} 相比于 R_0 对温度更加敏感。图 7.6～图 7.9 中的(c)表明 R_{SEI} 与 R_{ct} 相比 R_0 对 SOC 变化更为敏感，R_0 随电池 SOC 的增加而缓慢降低，R_{ct} 和 R_{SEI} 随 SOC 增加呈现先减小后增加的变化趋势。从对电池寿命特性敏感度的角度出发，此处选用传荷电阻 R_{ct} 表征电池的寿命状态。

7.3　传荷电阻受温度和荷电状态影响的分析与建模

通过 7.2 节的分析可以看到，虽然可以采用传荷电阻进行电池健康状态的表征，但是传荷电阻本身也受到温度和 SOC 的影响。考虑实际应用时，获取 EIS 时的电池温度和 SOC 总是处于变化之中，因此需要研究建立传荷电阻受温度和 SOC 影响的模型，为后续进行健康状态估计时排除相应的影响因素奠定基础。

7.3.1　传荷电阻受温度和荷电状态的影响建模

从 2.3 节的仿真可以看出，正负极对电池阻抗的贡献度大小不一样，此处假设电池的中低频阻抗主要由正极提供。考虑正极电极的界面反应动力学行为采用如式(7.1)所示的 Butler-Volmer 方程进行描述：

$$j_{\mathrm{fd}} = j_0\left[\exp\left(\frac{\alpha F}{RT}\eta\right) - \exp\left(\frac{-(1-\alpha)F}{RT}\eta\right)\right] \tag{7.1}$$

式中，j_{fd} 为法拉第电流密度；j_0 为交换电流密度，其与温度相关的化学反应速率常数 k_0、固相最大的锂离子浓度 $c_{\max}$、电解液中锂离子浓度 c_{e} 和电极表面的荷电状态 θ 的关系如式(7.2)所示[223]：

$$j_0 = k_0 c_{\max}\sqrt{c_{\mathrm{e}}\theta(1-\theta)} \tag{7.2}$$

根据阿伦尼乌斯定律，电化学反应速率常数 k_0 与温度的关系如下：

$$k_0 = A\exp\left(-\frac{E_{\mathrm{a}}}{RT}\right) \tag{7.3}$$

式中，E_{a} 为化学反应活化能，是与温度、SOC、老化等无关的常数。

因为 EIS 是在准稳态扰动下得到的，所以式(7.1)可以依照泰勒公式在过电势为零的平衡状态下进行展开，得到式(7.4)：

$$j_{\mathrm{fd}} = j_0\frac{F}{RT}\eta \tag{7.4}$$

故可以得到传荷电阻 R_{ct} 如式(7.5)所示：

$$R_{\mathrm{ct}} = \frac{\Delta\eta}{\Delta j_{\mathrm{fd}_{\mathrm{ss}}}} = \frac{RT}{Fj_0} \tag{7.5}$$

将式(7.2)和式(7.3)代入式(7.5)得到 R_{ct} 表达式如式(7.6)所示：

$$R_{\mathrm{ct}} = \frac{R}{FAc_{\max}\sqrt{c_{\mathrm{e}}}}\cdot\frac{T}{\exp\left(-\frac{E_{\mathrm{a}}}{RT}\right)\sqrt{\theta(1-\theta)}} \tag{7.6}$$

根据 θ 和电池 SOC 之间的关系，替换式(7.6)中的 θ 并做化简，得到电池的传荷电阻 R_{ct} 与电池的温度和 SOC 的关系模型如式(7.7)所示，其中，a_1、a_2、b_1、b_2 和 b_3 是需要进一步确定的模型参数。此处，假设在电池老化过程中正极的工作窗口基本不变化[224]，即 b_1、b_2 和 b_3 不随寿命衰减而变化，而且 a_2 是与活化能有关的参数。随着电池的老化，容量不断衰减，最大活性锂离子的浓度变小，此时 a_1 呈现随老化而增加的趋势。

$$R_{\mathrm{ct}} = \frac{a_1 T\exp\left(\frac{a_2}{T}\right)}{\sqrt{b_1\mathrm{SOC}^2 + b_2\mathrm{SOC} + b_3}} \tag{7.7}$$

获得了电池传荷电阻与温度、SOC 的函数关系式(7.7)之后，通过实验测量电池在不同状态下的传荷电阻，分别研究电池处于恒定 SOC 与恒定温度时传荷电阻随电池温度和 SOC 的变化关系，就可以确定传荷电阻表达式(7.7)中的各个参数值。

7.3.2 传荷电阻与温度、荷电状态关系模型的参数确定方法

传荷电阻与温度、SOC 关系模型的参数确定方法具体研究思路如下：在电池 SOC 恒定为 SOC_k 时测量电池在不同温度下的 EIS，采用 ECM 拟合获得电池在同一 SOC 但不同温度下的传荷电阻 R_{ct}，假定式(7.7)中与电池 SOC 相关的分母项以 P 表示，则有

$$P=\frac{a_1}{\sqrt{b_1 SOC_k^2+b_2 SOC_k+b_3}} \tag{7.8}$$

$$R_{ct}=PT\exp\left(\frac{a_2}{T}\right) \tag{7.9}$$

采用表达式(7.9)拟合电池 SOC 为 SOC_k 时不同温度下解析得到的 R_{ct} 值，则可以得到 P 和 a_2 的值。依据相同的思路，进一步确定 b_1、b_2 和 b_3 的值，假设此时电池处于某一温度为 T_b，定义与温度相关项为 Q，则有

$$Q=a_1 T_b\exp\left(\frac{a_2}{T_b}\right) \tag{7.10}$$

$$R_{ct}=\frac{Q}{\sqrt{b_1 SOC^2+b_2 SOC+b_3}} \tag{7.11}$$

采用表达式(7.11)来拟合电池温度为 T_b 时不同 SOC 下解析得到的传荷电阻值，则可以得到 Q、b_1、b_2 和 b_3 的值。

在确定了 P、Q、b_1、b_2 和 b_3 之后，将 SOC_k 代入 P 表达式(7.8)或将温度 T_b 的值代入 Q 表达式(7.10)则可以解得 a_1 的值，即得到的 a_1 同时满足式(7.12)和式(7.13)：

$$P=\frac{a_1}{\sqrt{b_1 SOC_k^2+b_2 SOC_k+b_3}} \tag{7.12}$$

$$Q=a_1 T_b\exp\left(\frac{a_2}{T_b}\right) \tag{7.13}$$

解出来的 a_1 应同时使得式(7.12)与式(7.13)方程两边相等，但是由于设备系统误差以及测量噪声的存在，式(7.12)与式(7.13)所解得的 a_1 会有所差异，这里定义关于两个方程误差的目标函数 J，目标函数的解使得方程两边的误差最小，目标函数 J 的定义如式(7.14)所示：

$$\begin{cases} J=(Q-a_1m)^2+(P-a_1n)^2 \\ m=T_{\mathrm{b}}\exp\left(\dfrac{a_2}{T_{\mathrm{b}}}\right) \\ n=\dfrac{1}{\sqrt{b_1\mathrm{SOC}_k^2+b_2\mathrm{SOC}_k+b_3}} \end{cases} \tag{7.14}$$

可以观察到目标函数 J 是关于 a_1 的一元函数，令其对 a_1 导数为零时则目标函数 J 取得极小值，可解得 a_1 值，如式(7.15)所示：

$$\begin{cases} \dfrac{\mathrm{d}J}{\mathrm{d}a_1}=0 \\ a_1=\dfrac{nP+mQ}{m^2+n^2} \end{cases} \tag{7.15}$$

至此，R_{ct} 与温度、SOC 的关系式(7.7)中所有的参数 a_1、a_2、b_1、b_2 和 b_3 都已获得，上述分析的参数获取流程如图 7.10 所示。

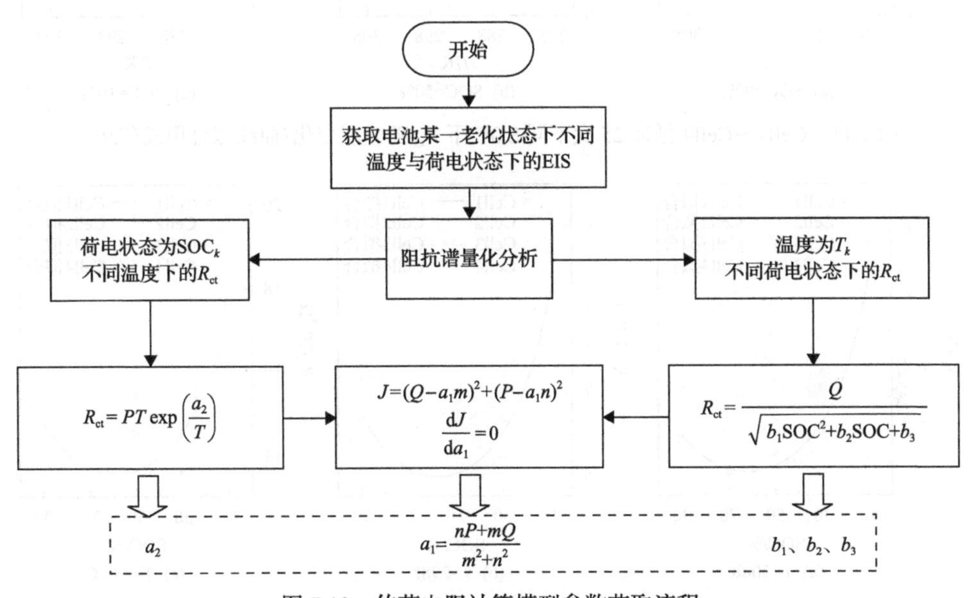

图 7.10　传荷电阻计算模型参数获取流程

此时，即使 R_{ct} 是在不同温度和 SOC 下获取的，也可以通过折算方法得到标准状态下的 R_{ct}，以去除状态的影响。不同状态下 R_{ct} 折算方法的关键是获得电池处于 SOC 为 SOC_k、温度为 T_b 时所对应的 a_1、a_2、b_1、b_2 和 b_3 五个参数值，然后将不同的温度和 SOC 值代入式(7.7)，则可以计算得到其他温度与 SOC 下的 R_{ct}，从而实现电池在不同温度与 SOC 下 R_{ct} 的计算。接下来利用实验数据对所提出的计算方法进行实验验证。

7.3.3 传荷电阻计算方法实验验证

参照图 7.10 的参数获取流程，需基于不同状态下 EIS 获得 R_{ct} 后，分别使用式(7.9)与式(7.11)拟合 R_{ct} 随温度和 SOC 的变化。电池 Cell1～Cell4 循环老化 25 次与 200 次后的拟合结果如图 7.11～图 7.14 所示。

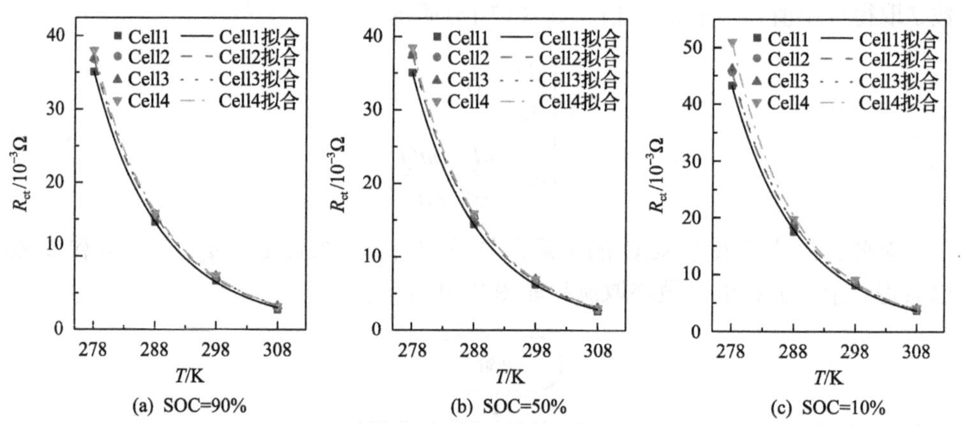

图 7.11　Cell1～Cell4 循环 25 次不同 SOC 下 R_{ct} 随温度变化(曲线拟合用式(7.9))

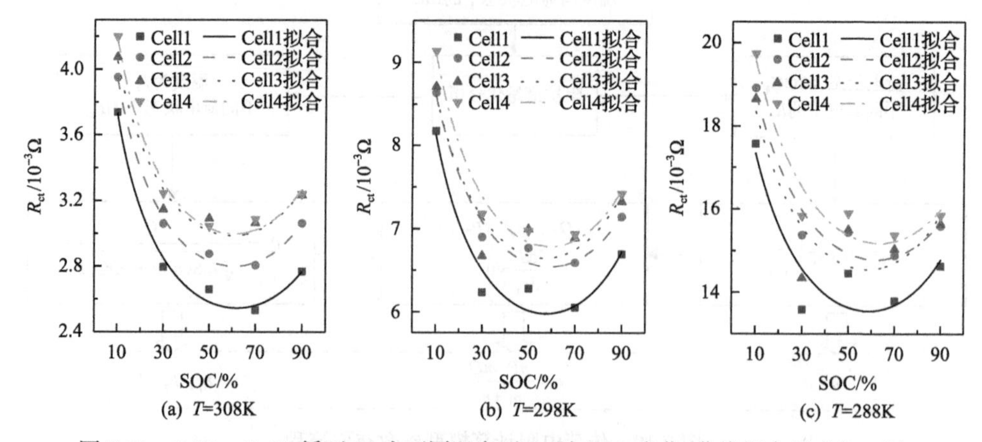

图 7.12　Cell1～Cell4 循环 25 次不同温度下 R_{ct} 随 SOC 变化(曲线拟合用式(7.11))

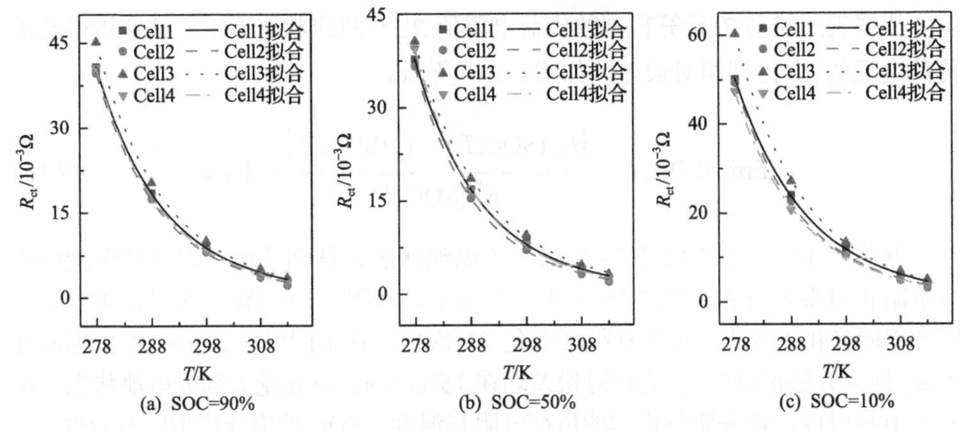

(a) SOC=90%　(b) SOC=50%　(c) SOC=10%

图 7.13　Cell1～Cell4 循环 200 次不同 SOC 下 R_{ct} 随温度变化(曲线拟合用式(7.9))

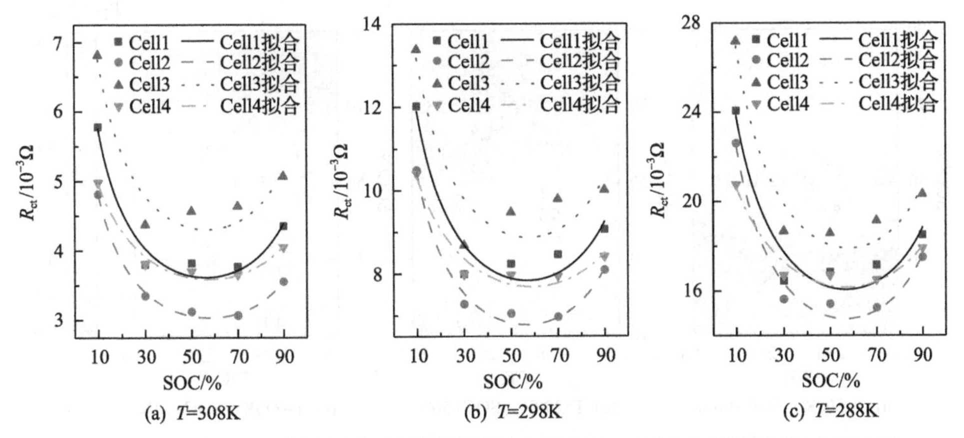

(a) T=308K　(b) T=298K　(c) T=288K

图 7.14　Cell1～Cell4 循环 200 次不同温度下 R_{ct} 随 SOC 变化(曲线拟合用式(7.11))

对图 7.11～图 7.14 所示的电池 R_{ct} 随温度及 SOC 的变化关系，分别利用式(7.9)与式(7.11)进行拟合，获得解析表达式(7.7)的参数值。由图 7.12 与图 7.14 可知，R_{ct} 随电池的 SOC 呈现近似于抛物线的变化关系，且在电池 SOC 为 50%附近传荷电阻有最小值，这与实验获得的 R_{ct} 随 SOC 的变化结果相近。因此可以近似认为，当正极的 R_{ct} 达到最小值时，电池的 R_{ct} 也达到最小值，这从侧面进一步说明了使用正极 R_{ct} 来近似代替电池 R_{ct} 变化的合理性。

通过拟合电池在某一健康状态下不同温度与 SOC 下的 R_{ct} 值，可以获得电池 SOC_k(10%～90%)以及 T_b(278～313K)下解析表达式(7.7)的五个参数值，然后代入不同的 SOC 与温度值则可以计算电池在任意状态下的 R_{ct} 值。分别选取电池循环老化 25 次后在高温高 SOC(T=308K，SOC=90%)、常温半电(T=298K，SOC=50%)、低温低 SOC(T=278K，SOC=10%)状态下的参数值，构建解析表达式计算其他状态下的 R_{ct} 值，并与根据 ECM 解析得到的 R_{ct} 值做比较获得相对误差。依据表达式(7.7)计算得到的传荷电阻值 R_{ct}^{t} 和对应状态下阻抗谱解析得到的传荷电阻值 R_{ct}^{*} 得到相对误差，如式(7.16)所示。

$$\text{Error}(\text{SOC},T)=\frac{\left|R_{ct}^{t}(\text{SOC},T)-R_{ct}^{*}(\text{SOC},T)\right|}{R_{ct}^{*}(\text{SOC},T)}\times 100\% \tag{7.16}$$

电池 Cell1～Cell4 循环 25 次后三个电池状态折算到其他状态计算得到的传荷电阻相对误差分布如图 7.15～图 7.18 所示。从图 7.15～图 7.18 可以观察到，四种不同老化工况下，电池在循环老化 25 次后，在不同温度、SOC 下依据所提出 R_{ct} 计算方法得到的 R_{ct} 值相对误差均在 15%以内，且在绝大部分电池状态下误差在 10%以内，这表明所构建的传荷电阻与温度、SOC 的耦合模型的有效性。

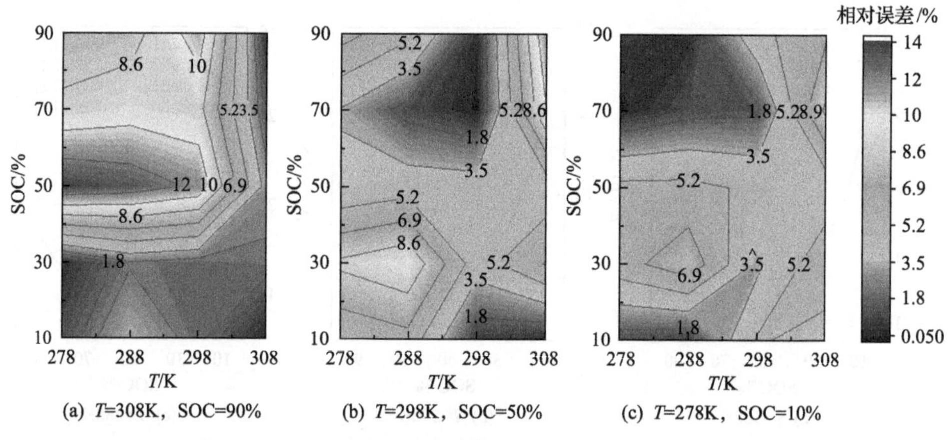

(a) T=308K，SOC=90%　(b) T=298K，SOC=50%　(c) T=278K，SOC=10%

图 7.15　Cell1 循环老化 25 次后三个电池状态折算到其他状态下 R_{ct} 的相对误差分布

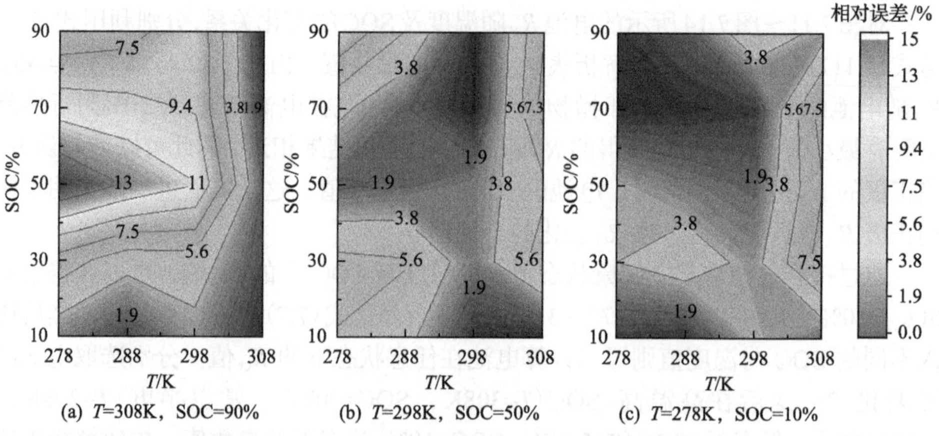

(a) T=308K，SOC=90%　(b) T=298K，SOC=50%　(c) T=278K，SOC=10%

图 7.16　Cell2 循环老化 25 次后三个电池状态折算到其他状态下 R_{ct} 的相对误差分布

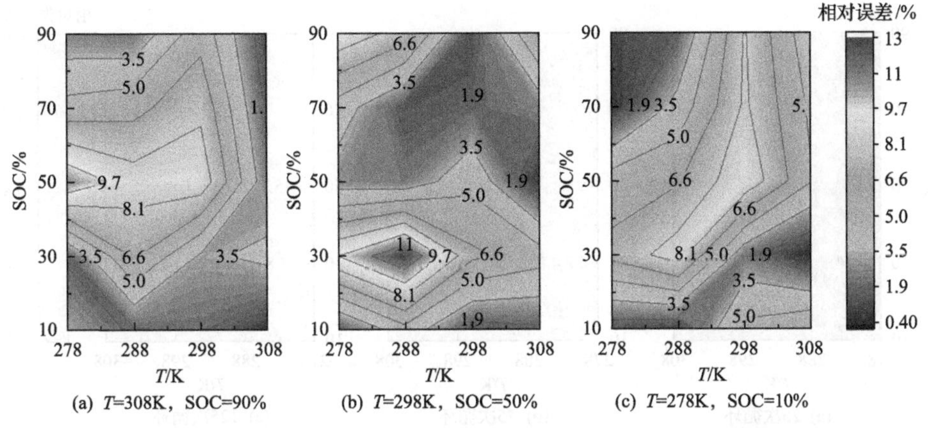

(a) T=308K，SOC=90%　(b) T=298K，SOC=50%　(c) T=278K，SOC=10%

图 7.17　Cell3 循环老化 25 次后三个电池状态折算到其他状态下 R_{ct} 的相对误差分布

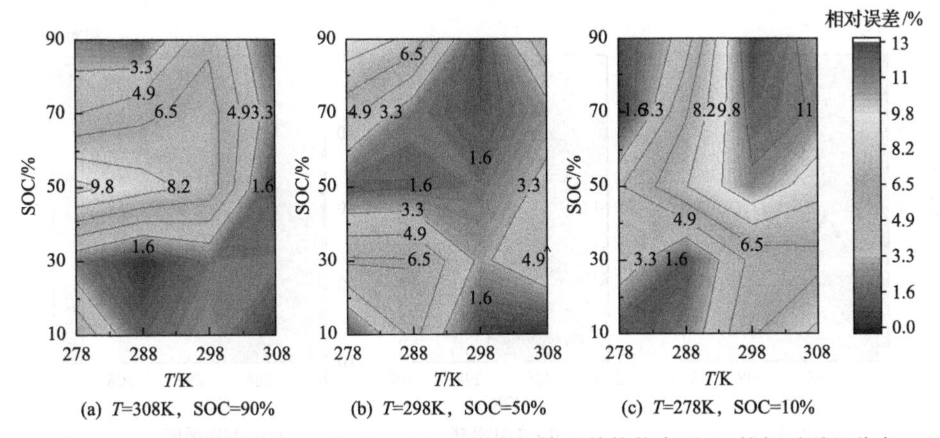

(a) T=308K，SOC=90%　(b) T=298K，SOC=50%　(c) T=278K，SOC=10%

图 7.18　Cell4 循环老化 25 次后三个电池状态折算到其他状态下 R_{ct} 的相对误差分布

为了进一步观察电池在各个测量温度和 SOC 下以及老化过程中 R_{ct} 计算模型的有效性，本章利用电池当前状态(循环健康状态、温度、SOC)下的 5 个参数值 a_1、a_2、b_1、b_2 和 b_3，代入表达式(7.7)，计算出其余各个温度与 SOC 下 R_{ct} 的相对误差，并利用相对误差平均值来综合表征 R_{ct} 估计模型的误差。在电池 SOC 为 SOC_k、温度为 T_b 的状态下计算方法的平均误差定义如式(7.17)所示：

$$\mathrm{Error}(\mathrm{SOC}_k, T_b) = \frac{1}{20} \sum_{1 \leqslant i \leqslant 5, 1 \leqslant j \leqslant 4} \frac{\left| R_{ct}^{t}(\mathrm{SOC}_i, T_j) - R_{ct}^{*}(\mathrm{SOC}_i, T_j) \right|}{R_{ct}^{*}(\mathrm{SOC}_i, T_j)} \times 100\% \quad (7.17)$$

在式(7.17)中，下标 i 代表 SOC 索引，j 为温度索引，分母部分的数字 20 代表电池有 20 个不同的温度与 SOC 组合。根据式(7.17)计算得到的电池 Cell1～Cell4 依次循环老化 25 次、75 次、125 次后 R_{ct} 计算模型在电池不同老化阶段各个工作状态及条件下的平均误差分布如图 7.19～图 7.22 所示。

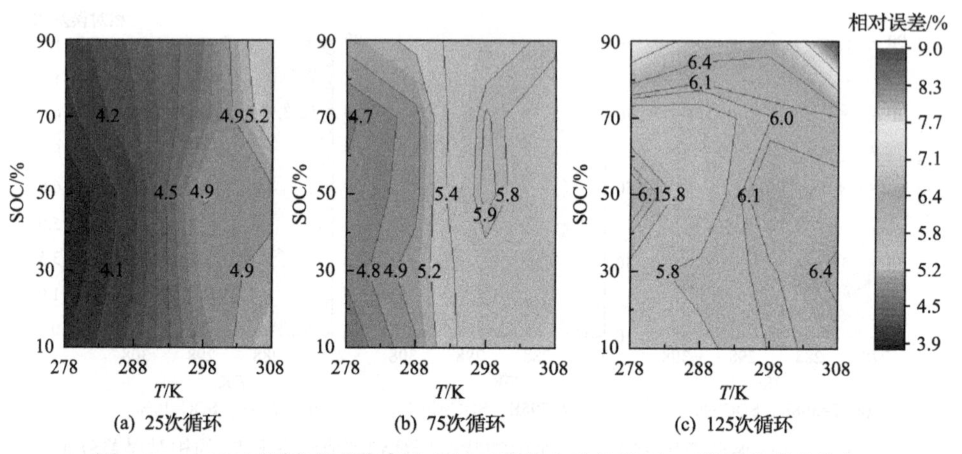

(a) 25次循环　(b) 75次循环　(c) 125次循环

图 7.19　Cell1 不同老化阶段各个电池工作状态及条件下 R_{ct} 的平均误差分布

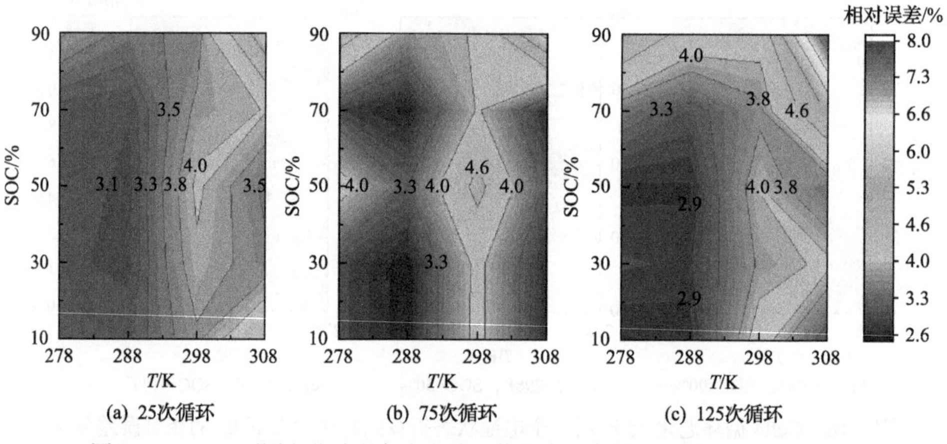

(a) 25次循环　(b) 75次循环　(c) 125次循环

图 7.20　Cell2 不同老化阶段各个电池工作状态及条件下 R_{ct} 的平均误差分布

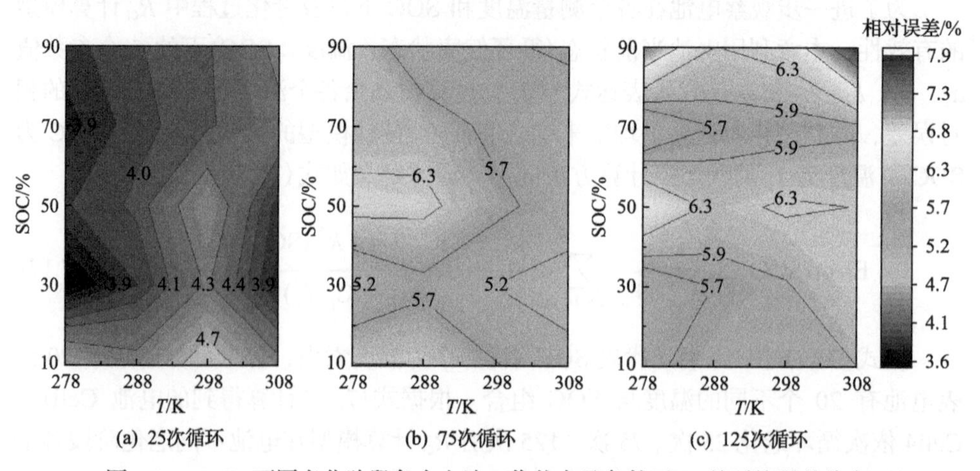

(a) 25次循环　(b) 75次循环　(c) 125次循环

图 7.21　Cell3 不同老化阶段各个电池工作状态及条件下 R_{ct} 的平均误差分布

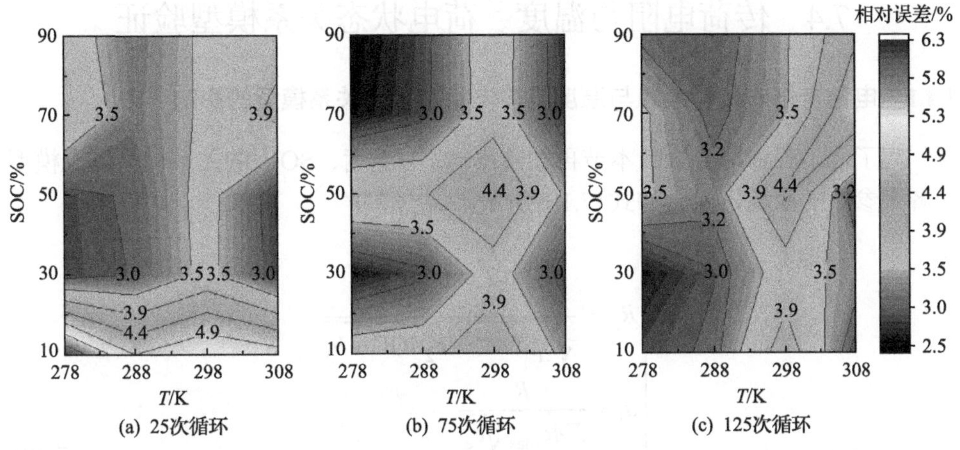

图 7.22　Cell4 不同老化阶段各个电池工作状态及条件下 R_{ct} 的平均误差分布

从图 7.19～图 7.22 可知，四种不同循环老化工况下，电池 Cell1～Cell4 在老化过程中各个工作状态及条件下，R_{ct} 计算平均误差最大值分别为 8.98%、7.97%、7.85%、6.28%，且各个电池 R_{ct} 计算结果在绝大部分状态下误差分布均小于 6%，表明所构建的 R_{ct} 计算模型的有效性。

R_{ct} 计算误差的来源主要有以下两个方面：①由于电池的 R_{ct} 同时受正负极上 R_{ct} 的影响，而本研究中将负极 R_{ct} 忽略了，且所使用的 R_{ct} 表达式经过线性化简化；②设备测量误差导致在电池中低频处测量得到的 EIS 曲线毛刺较多(图 7.23 中箭头所指位置)，这会影响阻抗 ECM 解析得到的 R_{ct} 值的精度。

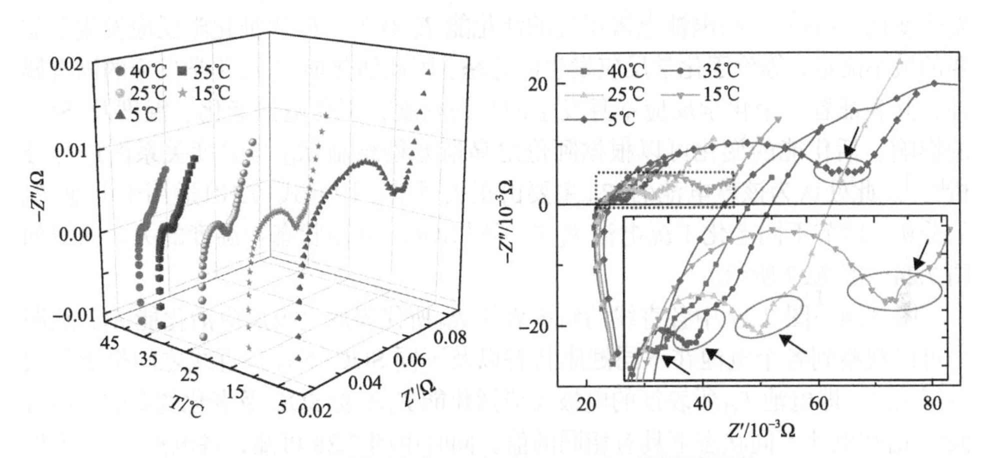

图 7.23　Cell1 循环老化 25 次后 90%SOC 不同温度下的 EIS

7.4 传荷电阻与温度、荷电状态关系模型验证

7.4.1 电池老化对传荷电阻与温度、荷电状态耦合关系模型的影响

为了便于观察与分析，本节再次给出 R_{ct} 与温度、SOC 的关系模型以及模型中各个参数的原始定义，如式(7.18)所示：

$$\begin{cases} R_{ct} = \dfrac{a_1 T \exp\left(\dfrac{a_2}{T}\right)}{\sqrt{b_1 \text{SOC}^2 + b_2 \text{SOC} + b_3}} \\ a_1 = \dfrac{R}{FAc_{\max}\sqrt{c_e}} \\ a_2 = \dfrac{E_a}{R} \\ b_1 = -d^2 \\ b_2 = 2ad - d \\ b_3 = a - a^2 \end{cases} \tag{7.18}$$

式中，R_{ct} 与温度、SOC 的关系模型中含有 a_1、a_2、b_1、b_2 和 b_3 五个参数。由各个参数的定义可知，a_1 与电池正极的最大活性锂离子浓度以及阿伦尼乌斯方程的指前因子有关。而参数 b_1、b_2 和 b_3 是与电池正极电化学工作窗口相关的量，电池老化过程中正极的工作窗口基本不发生改变[225]，因此本节假设其在老化过程中不发生变化。参数 a_2 与电池电极反应的活化能 E_a 有关，E_a 表征化学反应发生所需要的最小能量，等价于化学反应发生的势垒，因此活化能 E_a 是化学反应的固有属性，其表征着一个化学反应本身发生的难易程度，不受电池老化、温度及 SOC 的影响。活化能的变化可以根据阿伦尼乌斯方程绘制 R_{ct} 与温度关系图进行分析[226]。此处认为该款电池的 R_{ct} 主要由正极贡献，因此式(7.18)适用于电池 R_{ct} 的分析。四节不同老化工况电池 R_{ct} 在不同 SOC、健康状态与温度的关系曲线如图 7.24～图 7.27 所示。

图 7.24～图 7.27 中各直线的斜率表征 R_{ct} 所代表的电极反应活化能 E_a，从图中可以观察到各个电池在不同健康状态以及不同 SOC 下各条直线之间呈近似的平行关系，即电池 R_{ct} 所表征的电极反应活化能 E_a 不受 SOC 及老化的影响，即可假定 E_a 在电池不同状态下具有相同的值。同时由图 7.28 可知，各电池 R_{ct} 与温度的关系直线近乎平行，即不同老化工况电池 R_{ct} 所表征的电极反应活化能 E_a 相同，这也再次说明了电极反应活化能 E_a 是隶属于化学反应的一个基本参数，其不受电池老化及 SOC 的影响。

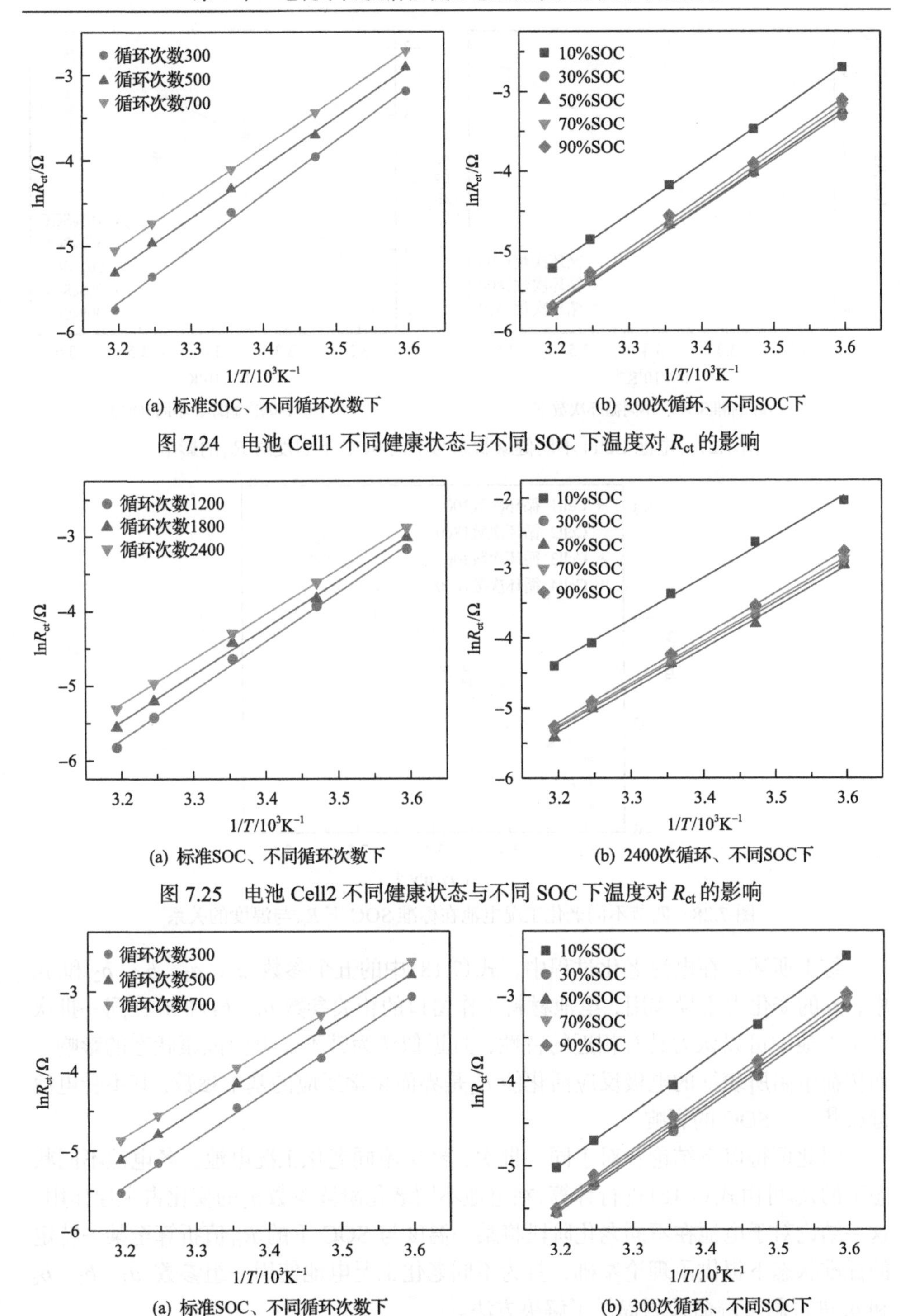

(a) 标准SOC、不同循环次数下 (b) 300次循环、不同SOC下

图 7.24 电池 Cell1 不同健康状态与不同 SOC 下温度对 R_{ct} 的影响

(a) 标准SOC、不同循环次数下 (b) 2400次循环、不同SOC下

图 7.25 电池 Cell2 不同健康状态与不同 SOC 下温度对 R_{ct} 的影响

(a) 标准SOC、不同循环次数下 (b) 300次循环、不同SOC下

图 7.26 电池 Cell3 不同健康状态与不同 SOC 下温度对 R_{ct} 的影响

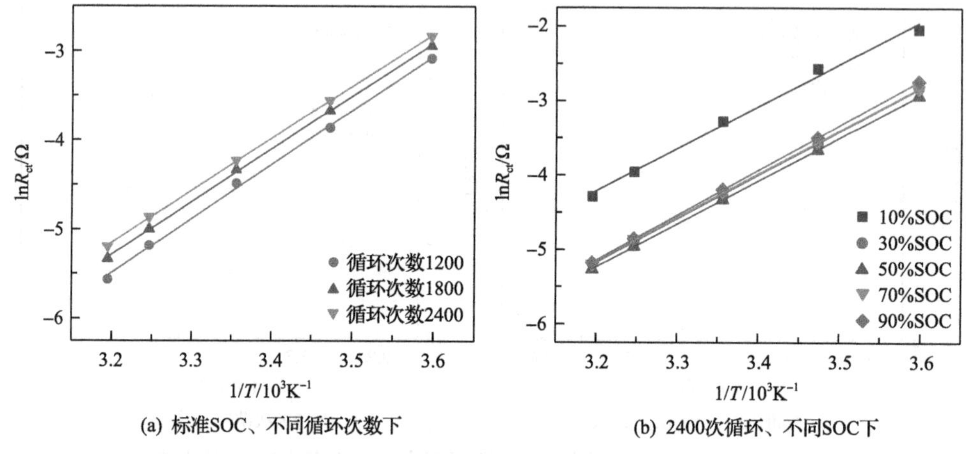

图 7.27 电池 Cell4 不同健康状态与不同 SOC 下温度对 R_{ct} 的影响

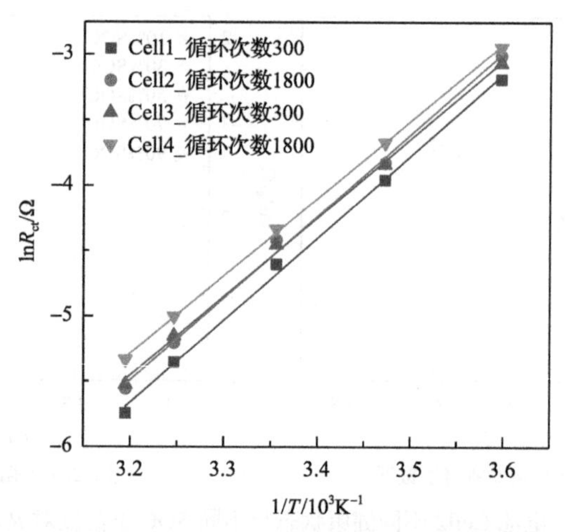

图 7.28 四节不同老化工况电池在标准 SOC 下 R_{ct} 与温度的关系

综上所述，在电池老化过程中，式(7.18)中的五个参数 a_1、a_2、b_1、b_2 和 b_3 中，a_1 的变化占主导作用，电池材料工作窗口的相关参数 b_1、b_2 和 b_3 在同一批次各个电池中可以认为具有相近的特性，且近似认为其不受电池健康状态的影响，而传荷电阻所表征的电极反应活化能 E_a 是界面化学反应的基本参数，其不受电池健康状态、SOC 的影响。

因此可得以下结论：对于同一批次、经历不同老化工况电池，各电池不同状态下的 R_{ct} 可由式(7.18)进行计算，在电池不同老化阶段参数 a_1 的变化占主导作用。这一结论对于电池在不同老化阶段将某一温度与 SOC 下的 R_{ct} 值折算至某一特定的标准状态下提供了理论基础，且为不同老化工况电池使用一组参数 a_2、b_1、b_2 和 b_3 进行剩余寿命预测提供了解决方法。

7.4.2　电池老化过程中传荷电阻计算模型修正

如果在实际工程中电池管理系统(battery management system，BMS)能够实时获取式(7.18)中在任意老化阶段的五个参数，则可以方便计算电池任意温度与 SOC 下的 R_{ct} 值。一种可能的方法是通过电池的热管理功能与充电控制，多次测量阻抗谱获取电池不同温度与 SOC 下的 R_{ct} 值，并根据图 7.10 的流程计算得到式(7.7)中的五个参数值，然后将其代入式(7.18)中则可以计算标准状态下的 R_{ct} 值。但在实际操作中可能会有以下问题：①热管理不能使电池温度立即改变且稳定下来，耗时过长会影响充电系统快速性与用户体验；②多次测量电池的 EIS 会增加 BMS 计算资源与存储资源的消耗。因此，理想高效的方法是只通过一次电池 EIS 测量结果即可获得电池当前状态下式(7.18)中的五个参数，从而能更加快速地计算标准状态下的 R_{ct} 值。以下介绍一种替代方法的具体实现原理。

首先假定在电池出厂时或经过离线测量已确定了式(7.18)中新电池对应的一组参数为 a_1^{new}、a_2^{new}、b_1^{new}、b_2^{new}、b_3^{new}，则新电池在不同温度与 SOC 下的 R_{ct} 估计模型可以写为

$$R_{ct}=\frac{a_1^{new}T\exp\left(\dfrac{a_2^{new}}{T}\right)}{\sqrt{b_1^{new}SOC^2+b_2^{new}SOC+b_3^{new}}} \tag{7.19}$$

假定电池在经过一段时间老化后测量阻抗谱并得到电池在温度为 T_b、SOC 为 SOC_b 时的传荷电阻为 R_{ct}^{old}，其对应于式(7.18)中的五个参数依次为 a_1^{old}、a_2^{old}、b_1^{old}、b_2^{old}、b_3^{old}。由 7.4.1 节分析可知，在电池不同老化阶段以及不同 SOC 下，a_2、b_1、b_2 和 b_3 四个参数近似相等，则有

$$\begin{cases} R_{ct}^{old}=\dfrac{a_1^{old}T_b\exp\left(\dfrac{a_2^{old}}{T_b}\right)}{\sqrt{b_1^{old}SOC_b^2+b_2^{old}SOC_b+b_3^{old}}} \\ a_2^{old}\approx a_2^{new},\ b_1^{old}\approx b_1^{new},\ b_2^{old}\approx b_2^{new},\ b_3^{old}\approx b_3^{new} \end{cases} \tag{7.20}$$

由式(7.20)可以得到 a_1^{old} 的计算表达式如式(7.21)所示：

$$a_1^{old}=\frac{R_{ct}^{old}\sqrt{b_1^{new}SOC_b^2+b_2^{new}SOC_b+b_3^{new}}}{T_b\exp\left(\dfrac{a_2^{new}}{T_b}\right)} \tag{7.21}$$

式(7.21)即电池当前健康状态下式(7.18)中的 a_1 参数，则将其代入式(7.18)

中可以获得电池在不同工作状态及条件下 R_{ct} 的解析式，如式(7.22)所示：

$$R_{ct}=\frac{R_{ct}^{old}\sqrt{b_1^{new}SOC_b^2+b_2^{new}SOC_b+b_3^{new}}}{T_b}\frac{T\exp\left(\frac{a_2^{new}}{T}-\frac{a_2^{new}}{T_b}\right)}{\sqrt{b_1^{new}SOC^2+b_2^{new}SOC+b_3^{new}}} \tag{7.22}$$

由上面的过程可知，理论上如果已知新电池或电池某一老化阶段下对应的参数 a_2、b_1、b_2 和 b_3，同时获得了电池某一状态下的 R_{ct}^{old} 以及对应的温度 T_b 与 SOC_b，则可计算电池当前健康状态下任意温度与 SOC 下的 R_{ct} 值。

为了更为直观地理解式(7.22)所表达的含义，记由式(7.19)根据新电池参数计算 T_b 与 SOC_b 时对应的传荷电阻值为 R_{ct}^{new}，则式(7.22)可以简写为

$$\begin{cases} R_{ct}^{new}=\dfrac{a_1^{new}T_b\exp\left(\dfrac{a_2^{new}}{T_b}\right)}{\sqrt{b_1^{new}SOC_b^2+b_2^{new}SOC_b+b_3^{new}}} \\ R_{ct}=\dfrac{R_{ct}^{old}}{R_{ct}^{new}}a_1^{new}\dfrac{T\exp\left(\dfrac{a_2^{new}}{T}\right)}{\sqrt{b_1^{new}SOC^2+b_2^{new}SOC+b_3^{new}}} \end{cases} \tag{7.23}$$

可以看到，当假设 a_2、b_1、b_2 和 b_3 四个参数在电池老化以及不同 SOC 下不发生改变时，认为不同老化阶段所代表的模型由调整后的 a_1 决定，调节系数由 T_b 与 SOC_b 对应的老化电池 R_{ct}^{old} 与新电池 R_{ct}^{new} 两者之商计算得到。

综合以上分析过程，可以绘制得到电池不同状态下 R_{ct} 计算模型的推导流程，如图 7.29 所示。

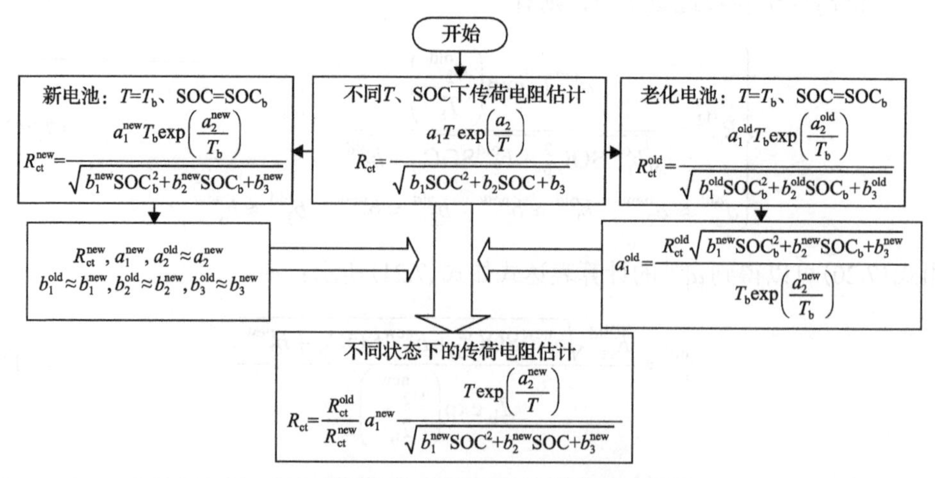

图 7.29　不同状态下传荷电阻折算模型推导流程

综合分析图 7.29 可知，式(7.18)所表征的温度与 SOC 耦合的模型，其在电池老化过程中得以修正的关键是 R_{ct} 所表征的电极反应活化能不变，且假定正极工作窗口在电池老化过程中近似不变，最终将老化的影响归结至单一参数上，并利用某一健康状态下测量得到的 R_{ct}^{old} 与模型计算得到的 R_{ct}^{new} 的商对模型进行修正，实现了不同状态下 R_{ct} 的计算；然后将用于电池寿命估计及预测的标准温度、标准 SOC 值代入式(7.22)，则可计算当前健康状态下标准状态及温度下的 R_{ct} 值。

7.4.3 老化修正的传荷电阻-温度-SOC 耦合模型验证

为了能够消除或减弱实际过程中电池温度与 SOC 多变而对寿命状态估计带来的不利影响，需根据电池不同状态下的 R_{ct} 值，通过式(7.22)计算得到某一特定状态下的 R_{ct}。根据图 7.29 所示的不同状态下 R_{ct} 折算至标准状态下的计算流程，本节利用电池 Cell1 在不同老化阶段随机选取 10 个不同温度与 SOC 组合下的 R_{ct}，将某温度及 SOC 状态下的 R_{ct} 值折算至电池当前健康状态下的标准温度与 SOC 下，并与标准状态下直接进行 EIS 解析得到的 R_{ct} 值做对比。为了排除电池活化现象对折算结果的影响，图 7.29 中折算过程中所使用的参数 a_2、b_1、b_2 和 b_3 依据电池 Cell1 循环老化 125 次后按图 7.10 参数获取流程得到。在不同老化阶段，随机选取的不同温度和 SOC 组合下 R_{ct} 折算结果如图 7.30(a)所示。

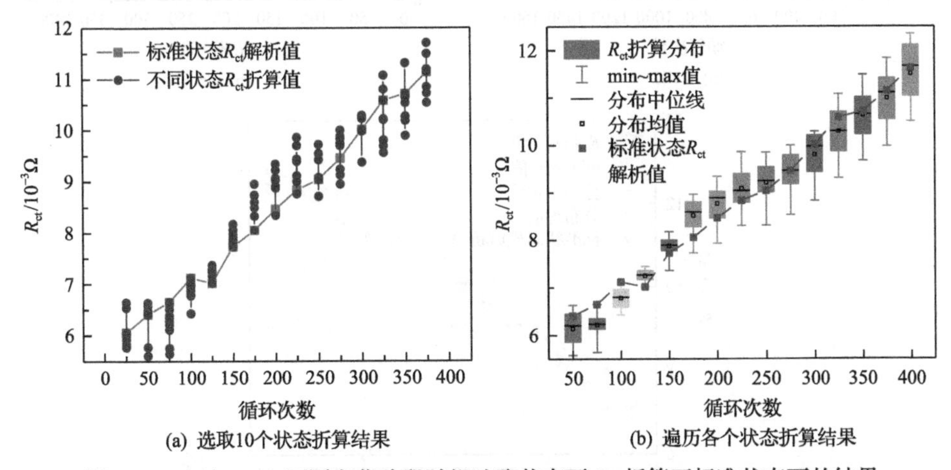

图 7.30 电池 Cell1 不同老化阶段随机选取状态下 R_{ct} 折算至标准状态下的结果

由图 7.30(a)可知，在不同老化阶段，虽然随机选取的 10 个不同温度和 SOC 组合状态下 R_{ct} 折算结果与标准状态下的 R_{ct} 值存在差异，但各结果均分布在标准状态下 R_{ct} 的附近，且宏观观察可以发现整体变化趋势与解析值相近，这说明了所构建的不同状态下 R_{ct} 折算方法(图 7.29)的合理性。

为了直观地观察折算方法的有效性且避免折算结果的偶然性，将电池不同老化阶段所获得的各个温度与 SOC 组合下 R_{ct} 均折算至标准状态下，并利用箱形图对折算结果分布进行统计分析，结果如图 7.30(b) 所示。电池不同老化循环所对应的箱形主体表征折算结果分布区间的 25%～75%，箱形主体中的横线与方格代表折算结果排序的中间值与各结果的平均值，箱形外的虚线表征折算结果的最大值和最小值，虚线表征标准状态下 R_{ct} 解析值随电池老化的变化趋势。可以发现不同老化阶段下，各个状态折算结果平均值的变化趋势呈上升趋势，且与标准状态下解析值变化趋势基本一致。由前文可知不同老化工况下，同一批次电池的 R_{ct} 计算式 (7.7) 中参数 a_2、b_1、b_2 和 b_3 可近似相等，因此此处仍然使用根据电池 Cell1 所获得的参数 a_2、b_1、b_2 和 b_3 对电池 Cell2～Cell4 各个状态下的 R_{ct} 进行折算分析，各电池 R_{ct} 折算结果分布如图 7.31 所示。

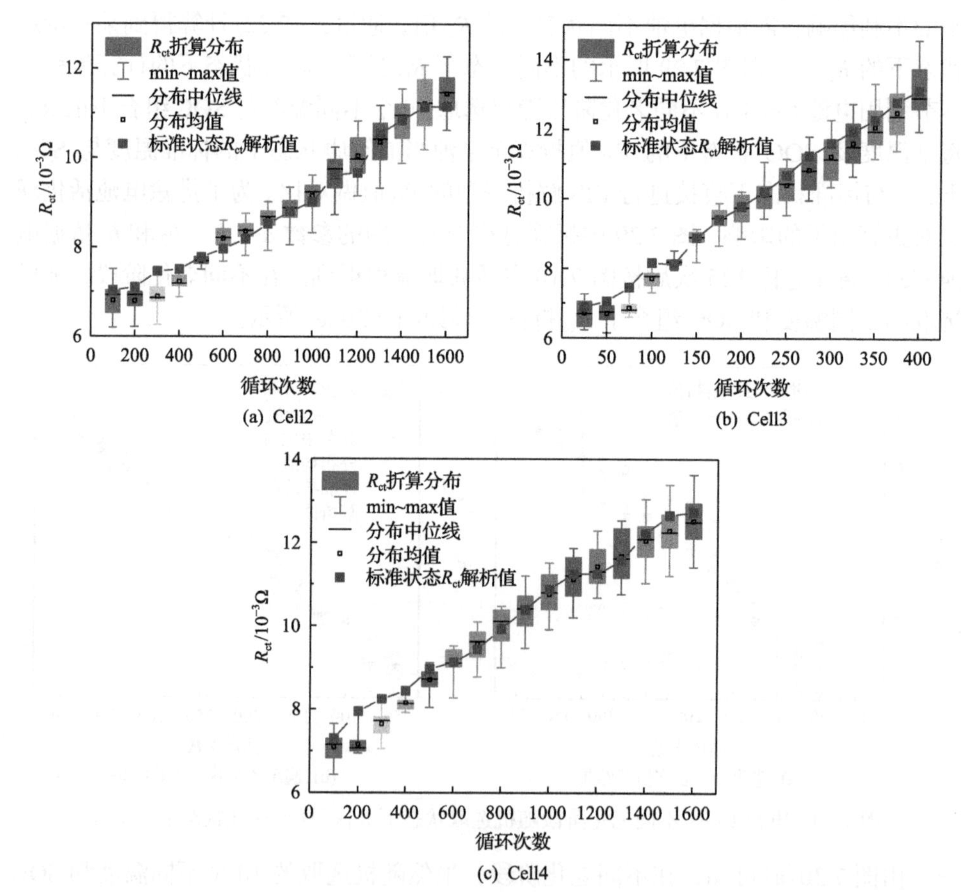

图 7.31 电池 Cell2～Cell4 不同老化阶段下从不同状态下 R_{ct} 折算至标准状态下的结果

显然，由图 7.31 中各个电池折算结果分布可知，经历不同老化工况的电池在不同老化阶段各个状态下 R_{ct} 折算结果的平均值变化趋势均与标准状态下解析值变化趋势基本一致，这再次说明了图 7.29 中不同状态下 R_{ct} 折算模型的合理性，同时也从侧面证明了对于同一批次不同老化工况电池在使用式(7.7)计算不同状态下的R_{ct}时，各电池参数a_2、b_1、b_2和b_3可近似认为相等，电池老化对R_{ct}计算模型可归结至参数a_1的修正上。

7.5 基于传荷电阻的电池健康状态估计

7.5.1 电池阻抗与容量的关系

在7.3节推导传荷电阻的模型公式时，可以看到传荷电阻R_{ct}与最大锂离子浓度相关。随着电池容量衰减，最大锂离子浓度也会不断下降，进而使得R_{ct}增加。R_{ct}与容量倒数Q^{-1}的关系如图7.32所示，此处引入Pearson法来检验两者之间的线性关系，从图中可以看到，R_{ct}与容量倒数Q^{-1}间呈很强的线性关系，Pearson相关系数都在0.96以上，大多数情况已经大于0.99，而且不同SOC下的R_{ct}仍然与容量保持该关系。

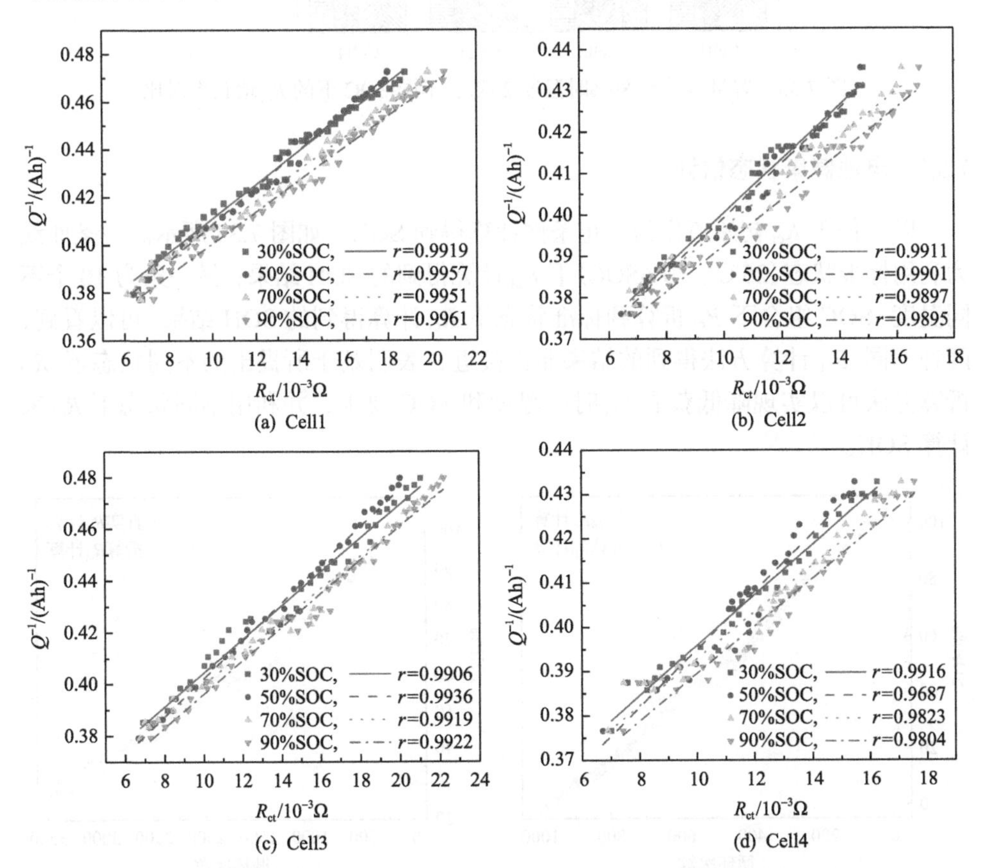

图7.32 温度25℃、不同SOC下传荷电阻R_{ct}与容量倒数Q^{-1}之间的关系

基于上述 Q^{-1} 与 R_{ct} 的关系，可以计算出当容量衰减至 80%时相应的 R_{ct} 增长率，如图 7.33 所示。可以看到，对于经历了不同老化工况的电池，当寿命终止(即容量衰减至 80%)时，不同 SOC 下 R_{ct} 增长了约 200%。作为经验参考值，此处选择 R_{ct} 增长至初始值的 3 倍作为表征 SOH 的终止条件。

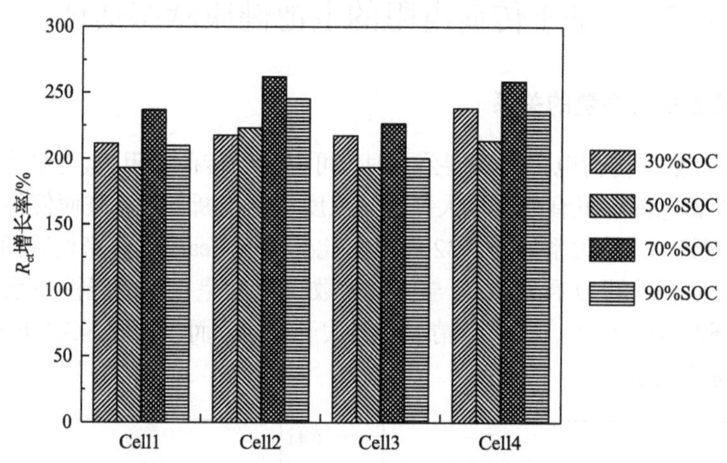

图 7.33　容量衰减至 80%时温度 25℃、不同 SOC 下的 R_{ct} 增长率对比

7.5.2　电池健康状态估计

以 3 倍于 R_{ct} 初始值作为终止条件计算得到 SOH，如图 7.34 所示。一条曲线为利用标准状态(25℃、70%SOC)下 R_{ct} 计算得到的 SOH 结果；另一条为 10 个不同温度、SOC 组合下 R_{ct} 折算到标准状态下 R_{ct} 计算得到的 SOH 结果。可以看到，两种不同 R_{ct} 计算方法得到的结果非常接近，表明基于所提出的不同状态下 R_{ct} 折算方法可以实现降低获取 R_{ct} 时的温度和 SOC 要求，并利用不同状态下 R_{ct} 来计算 SOH。

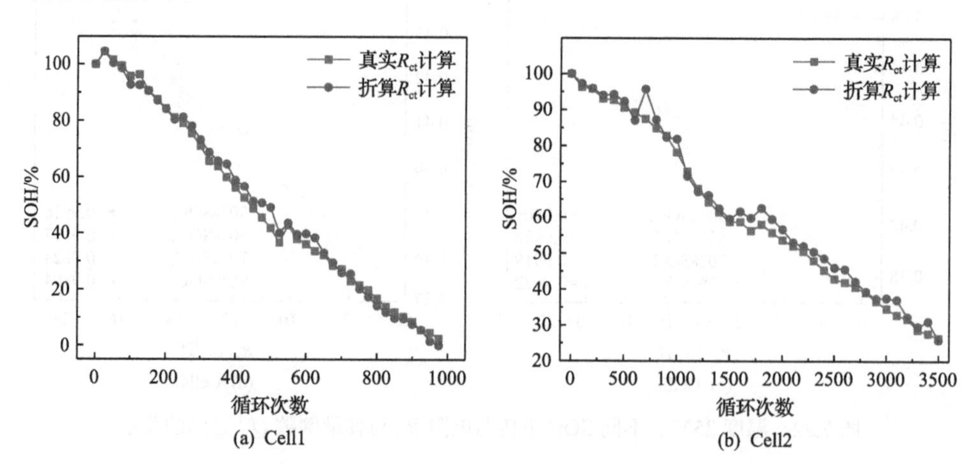

(a) Cell1　　(b) Cell2

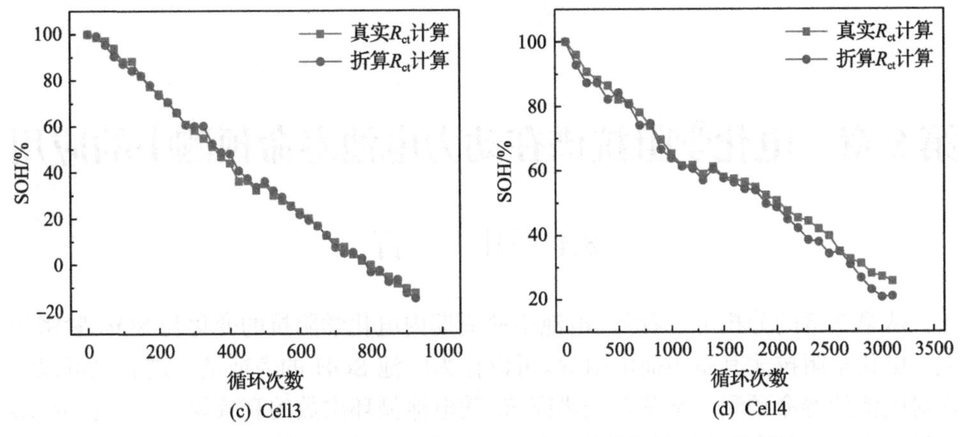

图 7.34　利用不同温度、SOC 下 R_{ct} 折算值估计 SOH 结果

7.6　本 章 小 结

本章首先通过实验研究了三元电池在不同温度、SOC 和 SOH 下的电化学阻抗特性，进一步利用 ECM 对 EIS 进行分析，揭示了不同状态对不同阻抗成分的影响规律。对比电池 R_0、R_{SEI} 和 R_{ct} 随状态变化规律后，发现采用 R_{ct} 进行电池的 SOH 估计具有灵敏度高以及受温度和 SOC 影响易排除的特点。然后，为了去除温度和 SOC 对 R_{ct} 的影响，从电极过程机理出发推导建立了 R_{ct} 受温度和 SOC 影响模型，并提出了不同温度和 SOC 下 R_{ct} 折算到标准状态下的方法。最后，利用该折算方法实现了基于不同状态下 R_{ct} 的电池 SOH 的估计。

第8章　电化学阻抗谱在动力电池寿命预测中的应用

8.1　引　　言

从第7章的分析可以看到，电池生命周期内电化学阻抗的变化与SOH紧密相关。电化学阻抗尤其是传荷电阻 R_{ct} 可以作为电池SOH的表征量，进而也可以实现对电池的寿命预测。本章首先研究 R_{ct} 随电池循环次数的衰减规律，建立 R_{ct} 增长经验模型；其次，利用粒子滤波(particle filter，PF)方法对 R_{ct} 进行预测，进而实现电池的寿命预测；在预测过程中考虑温度和SOC对 R_{ct} 的影响，根据第7章的研究实现基于不同温度、SOC下获取的 R_{ct} 的寿命预测。

8.2　电池老化过程中传荷电阻的预测方法

建立电池寿命表征量与老化之间的关系模型是实现电池寿命预测的关键步骤。根据第7章的研究，此处选择的电池寿命表征量为 R_{ct}，并利用第7章的电池测试数据，在研究 R_{ct} 随电池老化变化规律的基础上建立结构简单、计算复杂度低的经验模型，从而实现电池的寿命预测。

8.2.1　基于传荷电阻的电池老化经验模型确定

电池老化经验模型的建立主要依据老化过程中的性能参数衰减规律拟合误差最小的原则，同时应该避免过拟合现象产生。常用的经验模型有多项式模型和指数模型[227-230]两大类，如式(8.1)所示：

$$\begin{cases} y = a + bx + cx^2 + \cdots \\ y = a\mathrm{e}^{bx} \\ y = a\mathrm{e}^{bx} + c\mathrm{e}^{dx} \end{cases} \tag{8.1}$$

式中，变量 y 为电池SOH表征量，即 R_{ct}；x 为电池循环次数。为了便于评判各个模型对实验数据拟合程度的优劣，引入拟合优度 R^2 以及RMSE对各个模型的拟合结果进行统一评判。

拟合优度 R^2 表征了回归曲线方程对因变量的拟合程度，其取值范围为[0, 1]，拟合结果的 R^2 越接近于1，表明拟合效果越好，即所选模型能较好地反映因变量的变化，反之 R^2 靠近0，则表明模型匹配度不理想。RMSE则是表征拟合值与测量值之间偏差平方和的均值的平方根，其值越小越好。R^2 与 RMSE 的计算公式如式(8.2)所示：

$$\begin{cases} R^2 = 1 - \dfrac{\sum_{i=1}^{n}(\hat{y}_i - \overline{y}_i)^2}{\sum_{i=1}^{n}(y_i - \overline{y}_i)^2} \\ \text{RMSE} = \sqrt{\dfrac{\sum_{i=1}^{n}(\hat{y}_i - y_i)^2}{n}} \end{cases} \tag{8.2}$$

式中，$\overline{y}$ 为原始数据平均值；$\hat{y}$ 为拟合结果值。

根据式(8.1)所列举的多类经验模型，可以对标准状态(25℃、70%SOC)下电池 Cell1～Cell4 的 R_{ct} 变化进行拟合分析，其中 Cell3 在 1～4 阶多项式模型与两种指数模型的拟合结果以及各电池拟合结果指标分布分别如图 8.1 和图 8.2 所示。

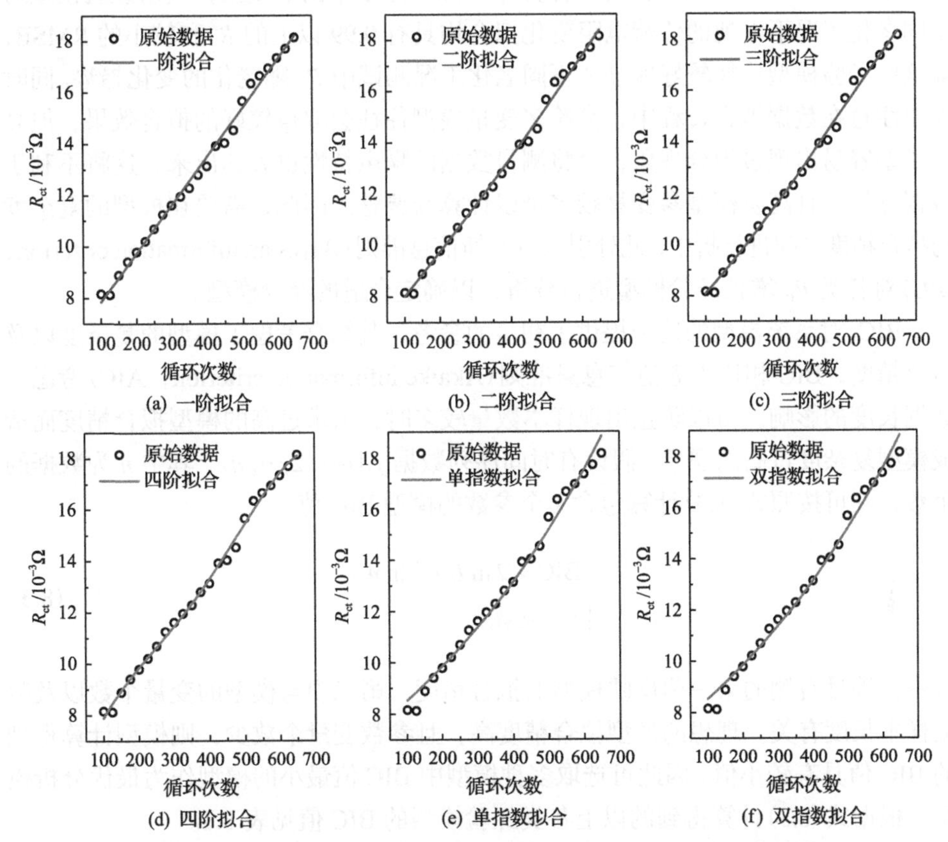

(a) 一阶拟合　(b) 二阶拟合　(c) 三阶拟合　(d) 四阶拟合　(e) 单指数拟合　(f) 双指数拟合

图 8.1　采用不同经验模型对标准状态下 Cell3 的 R_{ct} 变化拟合结果

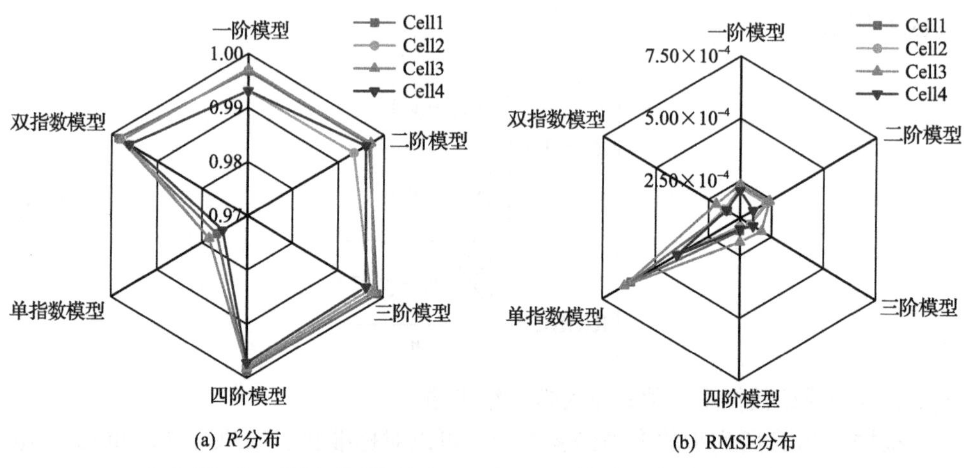

图 8.2　采用不同模型对 Cell1～Cell4 的 R_{ct} 变化拟合结果

从图 8.2 所示的两个拟合指标分布可知，除了单指数模型，其余经验模型对不同老化工况下电池的传荷电阻变化拟合均具有 0.99 以上的 R^2 和较小的 RMSE，即这些经验模型均能较好地描述不同老化工况测试中 R_{ct} 随老化的变化趋势。同时需要注意在数据拟合过程中，高阶多变量模型往往会取得较好的拟合效果，但高阶模型容易出现过拟合现象，会将测量数据的噪声特性也表达出来，这将不利于数据分析，且高阶模型参变量较多难以计算与调整。因此，需要在模型的复杂度与拟合精度之间进行折中，此处引入贝叶斯信息准则(Bayesian information criterion，BIC)对各类 R_{ct} 增长经验模型进行分析，以确定合适的经验模型。

BIC 对系统模型的选择提供了初步的参考，其综合考虑了模型的复杂度以及拟合精度，BIC 相比于赤池信息量准则(Akaike information criterion，AIC)考虑了数据长度的影响，可以防止出现样本数量较多时，追求过高的模型拟合精度而造成模型复杂度过高的现象。假设有时间序列数据 $y_i(i=1, 2,\cdots, n)$，其中 n 为数据的个数，则可按照式(8.3)计算包含 k 个参数的模型 BIC 值：

$$\begin{cases}\mathrm{BIC}=2\ln L+k\ln n\\ L=\mathrm{RMSE}^2\end{cases}\tag{8.3}$$

式中，等号右侧的第一项反映模型的拟合精度，第二项与模型的变量个数以及数据样本长度有关。理想的模型拟合精度高，且参数变量个数少，则模型计算得到的 BIC 值具有较小值，因此可选取多种模型中 BIC 值最小的模型作为最优分析模型。根据式(8.3)计算得到的以上各类经验模型的 BIC 值见表 8.1。

表 8.1　不同模型的 BIC 值

模型	Cell1	Cell2	Cell3	Cell4
一阶模型	1.18	0.80	1.15	0.29
二阶模型	4.77	4.20	4.68	2.54
三阶模型	6.52	6.01	7.49	5.77
四阶模型	10.06	8.96	10.80	8.53
单指数模型	5.11	3.08	5.18	2.83
双指数模型	6.77	6.60	7.70	5.81

根据表 8.1 中各个模型的 BIC 值计算结果可知，不同老化工况下，均在一阶模型处的 BIC 值具有最小值，四阶模型处具有最大值。从图 8.2(b)中可以观察到，除了单指数模型，其余模型的均方根误差较小，则多项式模型与双指数模型的 BIC 值主要由式(8.3)中模型参数个数决定，然而一阶模型的参数最少，因此其 BIC 值相比于高阶多项式模型以及指数模型更小。同理，由于高阶多项式模型的拟合误差相近，BIC 值会随参变量的个数增加而变大，因此不再考虑四阶以上的高阶模型。在表 8.1 中，虽然单指数模型与一阶模型参变量个数相同，但是单指数模型的拟合误差相比于一阶模型较大，此时 BIC 值主要由式(8.3)中拟合精度项决定，因此单指数模型 BIC 值较大，同理可分析变量相同的三阶模型与双指数模型 BIC 值差异的原因。而在相同模型的条件下可以观察到电池 Cell4 的 BIC 值最小，这是由于电池 Cell4 在计算 BIC 值的过程中其样本数量最少，当各电池在相同模型拟合过程中拟合误差相近时，BIC 值由式(8.3)中样本数量 n 决定。

综上可知，BIC 计算值是综合考虑模型拟合误差以及模型复杂度之后的模型选择参考指标。BIC 值计算结果表明，不同老化工况循环后的电池在标准状态下的 R_{ct} 随电池老化的变化趋势可以都使用一阶模型进行描述，下面将通过所测量的实验数据与一阶模型和高阶模型 R_{ct} 预测结果进行对比，以进一步验证一阶模型的有效性。

8.2.2　基于经验模型及粒子滤波的电池老化预测方法

考虑不同老化工况下经验模型的参数会发生变化，因此为了准确描述 R_{ct} 随寿命衰减的变化规律，需要对经验模型参数进行在线辨识。通常情况下卡尔曼滤波(Kalman filtering，KF)和粒子滤波(PF)经常用于参数辨识研究中[207,231,232]。工程中常用的 KF 算法体系包含标准 KF、扩展 KF 以及无迹 KF 等。KF 在高斯问题上得到了成功应用，是一种解决高斯问题的有效办法，为解决工程系统滤波问题提供了标准框架[233]。但在工程实践中，普遍存在着非线性和非高斯的系统。为了解决此类系统的参数辨识问题，一种基于蒙特卡罗方法的 PF 被提出。相比于 KF，PF 不受限于系统的噪声分布，且无须事先知晓系统的过程噪声和测量噪声，广泛应用在线性和非线性系统的参数辨识中。

Saha 等[234]利用电池的历史容量、内阻并基于 KF 和 PF 实现了电池寿命预测。他们发现 PF 效果更好，考虑是因为电池系统噪声具有非高斯特性，从而限制了 KF 的应用。PF 对系统的噪声分布没有特殊需求，在基于模型的寿命预测中得到了比较广泛的应用[235]。在本书所涉及的工作中，阻抗的测量以及 R_{ct} 的提取可能会带来复杂的噪声分布，因此适合采用 PF 来进行经验寿命衰减模型参数辨识。

以 R_{ct} 作为老化表征量时，电池老化过程预测问题实际就成为如何利用某一循环之前所有的 R_{ct} 来预测电池失效前某一循环下的 R_{ct} 值。对于如式(8.1)所示的一阶经验模型，若电池循环老化过程中 k 时刻对应的 R_{ct} 为 $R_{ct}(k)$，其所对应的粒子集为 $\{x_k^i=[a_k^i,b_k^i]^{\mathrm{T}},\tilde{w}_k^i\}$，则第 i 个粒子向前预测 h 步后的 R_{ct} 如式(8.4)所示：

$$R_{ct}^i(k+h)=a_k^i+b_k^i(k+h) \tag{8.4}$$

在 k+h 时刻 R_{ct} 预测结果的概率密度分布为

$$p(R_{ct}(k+h)\,|\,R_{ct}(1:k))\approx\sum_{i=1}^{N}\tilde{w}_k^i r(R_{ct}(k+h)-R_{ct}^i(k+h)) \tag{8.5}$$

则在 k+h 时，PF 预测得到的 R_{ct} 为式(8.5)的期望值：

$$\overline{R}_{ct}(k+h)\approx\sum_{i=1}^{N}\tilde{w}_k^i R_{ct}^i(k+h) \tag{8.6}$$

式(8.4)～式(8.6)代表的是由电池当前 k 个时刻的粒子信息预测电池失效前第 k+h 时刻的 R_{ct}。而 k 时刻的粒子集信息是由先验概率分布 $p(x_0)$ 初始化的粒子集 $\{x_0^{(i)},N^{-1}\}$ 根据观测得到的 R_{ct} 不断实时调整更新粒子权重和位置得到，即融合了 1～k 时刻所有观测信息。

结合 PF 与经验模型的 R_{ct} 预测算法流程如下：

(1)读取电池循环老化过程中在标准状态下的 R_{ct} 数据。

(2)设定 R_{ct} 预测的时刻为 k，利用最小二乘算法对初始时刻到 k 时刻的数据进行拟合，确定经验模型初始参数 a、b。

(3)利用经验模型初始参数以及初始时刻到 k 时刻的 R_{ct} 数据，执行 PF 算法，实时更新调整粒子集 $\{x_t^i=[a_t^i,b_t^i]^{\mathrm{T}},\tilde{w}_t^i\}(t=0,1,\cdots,k)$ 以及输出滤波后的 R_{ct} 值 $\overline{R}_{ct}(k)$ $(t=1,2,\cdots,k)$。

(4)由 k 时刻的粒子集 $\{x_k^i=[a_k^i,b_k^i]^{\mathrm{T}},\tilde{w}_k^i\}$ 以及式(8.4)外推，计算各个粒子 k+h 时刻的 R_{ct} 值 $R_{ct}^i(k+h)$。

(5)分别根据式(8.5)与式(8.6)计算各个粒子预测的 R_{ct} 在 k+h 时刻的概率密度分布以及总体估计值。

(6) 基于以 R_{ct} 作为表征量的寿命截止条件，计算寿命截止对应时刻，从而实现寿命预测。

8.3　标准状态下的电池剩余循环寿命预测

由第 7 章的实验结果可知，用于表征寿命状态的 R_{ct} 受温度和 SOC 的影响很大。本节首先考虑利用某一特定温度和 SOC 下(即标准状态)的 R_{ct} 进行寿命预测，此处选取的标准状态为 25℃、70%SOC。

8.3.1　电池剩余循环寿命预测流程

电池的剩余循环寿命预测问题是指根据电池当前健康状态信息推测电池失效之前的可使用寿命。针对本书研究的电池循环老化过程，就是如何利用某一时刻电池 R_{ct} 预测电池失效前的剩余可循环次数。本节采用 8.2 中所介绍的 PF 算法来实现对电池剩余循环寿命的预测。

假定电池循环老化过程中第 k 次循环对应的 R_{ct} 值为 $R_{ct}(k)$，此时所对应的粒子集为 $\{x_k^i=[a_k^i,b_k^i]^{\mathrm{T}},\tilde{w}_k^i\}$，则第 i 个粒子的剩余寿命 R_{cycle}^i 可由式(8.7)进行计算：

$$R_{\mathrm{ct,end}}^{\mathrm{std}}=a_k^i+b_k^i(k+R_{\mathrm{cycle}}^i) \tag{8.7}$$

则 k 时刻粒子集预测的剩余循环次数概率密度分布为

$$p(R_{\mathrm{cycle}}\mid R_{\mathrm{ct}}(1:k))\approx\sum_{i=1}^{N}\tilde{w}_k^i r(R_{\mathrm{cycle}}-R_{\mathrm{cycle}}^i) \tag{8.8}$$

而在 k 时刻预测得到的电池剩余循环寿命为

$$\overline{R}_{\mathrm{cycle}}\approx\sum_{i=1}^{N}\tilde{w}_k^i R_{\mathrm{cycle}}^i \tag{8.9}$$

电池剩余循环寿命预测具体算法流程如下：

(1) 读取电池循环老化过程中在标准状态下的 R_{ct} 数据。

(2) 设定电池寿命预测起始循环时刻为 k，利用递归最小二乘算法对初始循环至第 k 次循环的数据进行一次多项式拟合，确定经验模型初始参数 a、b。

(3) 利用经验模型初始参数以及初始时刻到 k 时刻的 R_{ct} 数据，执行 PF 算法，实时更新调整粒子集 $\{x_k^i=[a_k^i,b_k^i]^{\mathrm{T}},\tilde{w}_k^i\}$ 以及输出滤波后的 R_{ct} 值 $\overline{R}_{\mathrm{ct}}(k)(t=1,2,\cdots,k)$。

(4) 由 k 时刻的粒子集 $\{x_k^i=[a_k^i,b_k^i]^{\mathrm{T}},\tilde{w}_k^i\}$ 及式(8.7)，迭代计算至各个粒子 R_{ct} 值 $R_{\mathrm{ct}}^{i,\mathrm{std}}(k+R_{\mathrm{cycle}}^i)\geqslant R_{\mathrm{ct,end}}^{\mathrm{std}}$ 对应的 R_{cycle}^i。

(5)分别根据式(8.8)和式(8.9)计算各个粒子预测的剩余循环次数的概率密度分布及总体估计值。

8.3.2 电池剩余循环寿命预测结果分析

为了能对电池剩余循环寿命进行预测，此处选取最后一次测量得到的 R_{ct} 值作为预测过程的迭代截止 $R_{ct,end}^{std}$。实验结束时各电池所对应的 $R_{ct,end}^{std}$ 以及当前容量衰减程度见表 8.2。

表 8.2　电池 Cell1～Cell4 实验截止时状态参数

电池	$R_{ct,new}^{std}$ /$10^{-3}\Omega$	$R_{ct,end}^{std}$ /$10^{-3}\Omega$	截止循环次数	容量衰减/%
Cell1	6.66	18.54	850	81.73
Cell2	6.50	15.11	3000	88.71
Cell3	6.76	20.24	775	81.31
Cell4	6.82	16.36	2800	88.09

由表 8.2 可知，对电池 Cell1～Cell4，在实验截止时，$R_{ct,end}^{std}$ 依次增长至初始 $R_{ct,new}^{std}$ 的 2.78 倍、2.32 倍、2.99 倍及 2.40 倍。本节以实验终止时电池 Cell1～Cell4 的循环次数为寿命值，即 850、3000、775、2800 次循环，并作为寿命预测结果参照值。

根据电池剩余循环寿命预测流程，对各个电池设置三个不同预测起始点(beginning of prediction，BOP)，三个预测起始点分布对应于电池实验过程的前期、中期与后期。对电池 Cell1 与 Cell3 设置预测起始循环次数分别为 200、350、500，电池 Cell2 与 Cell4 设置预测起始循环次数分别为 1200、1600、2000，利用算法迭代计算预测至各电池的截止 $R_{ct,end}^{std}$，并计算出相应的剩余循环寿命。标准状态下利用 PF 算法预测电池剩余循环寿命结果如图 8.3～图 8.6 所示，图中 PDF 为概率密度函数。

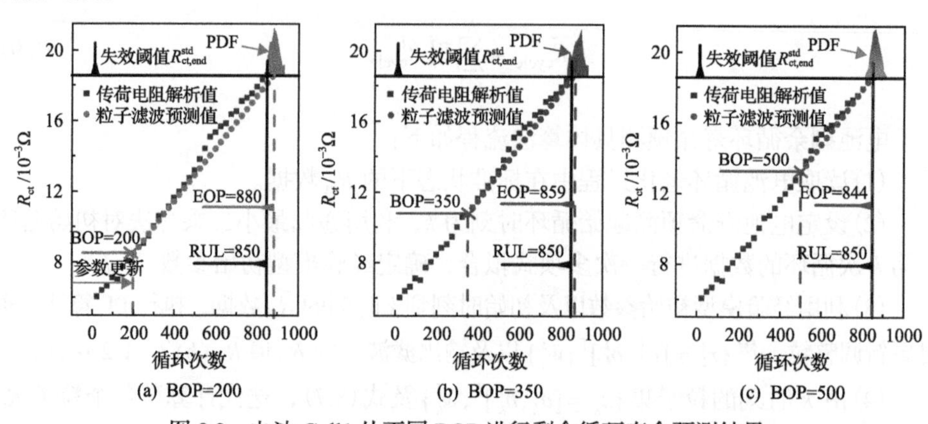

(a) BOP=200　(b) BOP=350　(c) BOP=500

图 8.3　电池 Cell1 从不同 BOP 进行剩余循环寿命预测结果

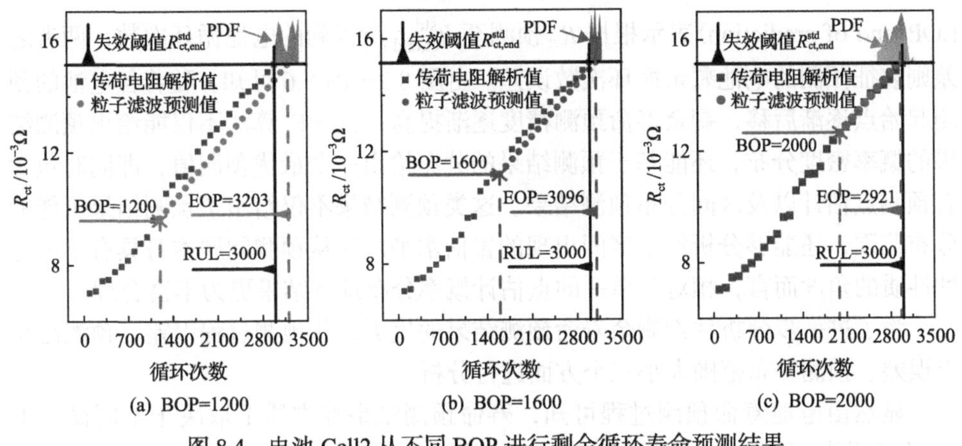

(a) BOP=1200　(b) BOP=1600　(c) BOP=2000

图 8.4　电池 Cell2 从不同 BOP 进行剩余循环寿命预测结果

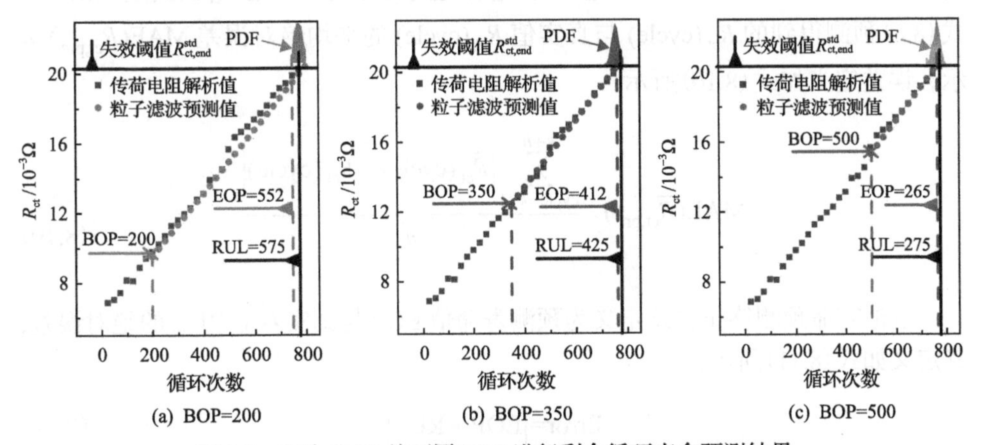

(a) BOP=200　(b) BOP=350　(c) BOP=500

图 8.5　电池 Cell3 从不同 BOP 进行剩余循环寿命预测结果

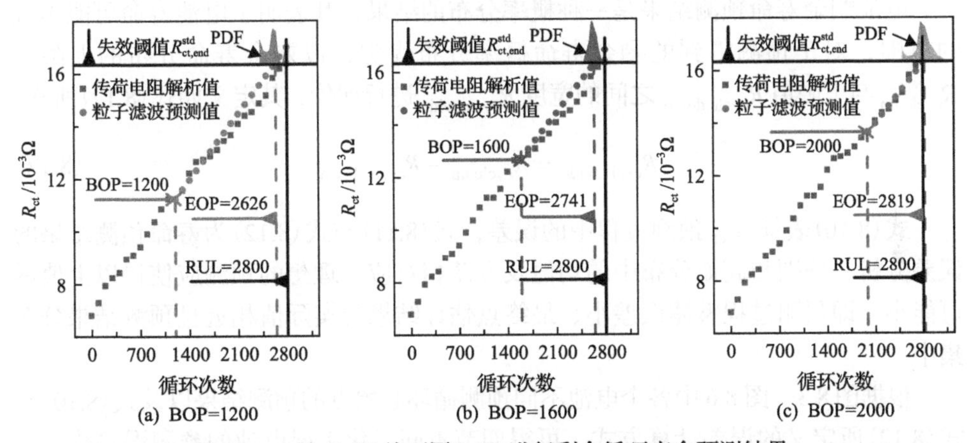

(a) BOP=1200　(b) BOP=1600　(c) BOP=2000

图 8.6　电池 Cell4 从不同 BOP 进行剩余循环寿命预测结果

定义符号 RUL(remaining useful life)表示实验结束时电池经历的循环次数，

EOP（end of prediction）表示根据 R_{ct} 预测至 $R_{ct,end}^{std}$ 所得到的电池循环次数，两者之差则表征预测的电池剩余循环次数误差。由图 8.3～图 8.6 可知，随着各电池的预测起始点逐渐后移，剩余寿命预测精度逐渐提高，且 PF 算法不仅能给出预测结果的概率密度分布，还能基于预测结果的分布给出一个最优预测值，即同时包含有预测点估计以及区间分布预测结果。这类预测结果不仅给出了预测结果可能的分布范围，还能够分析特定区间出现的置信水平。这从预测问题本身具有不确定性性质的角度而言，相对于单一的点估计概率分布预测结果更为丰富合理。

为了进一步分析评判剩余寿命预测结果的优劣，从预测过程误差、预测终止点误差、预测分布范围大小三个方面进行分析。

显然由电池寿命预测过程可知，寿命预测结果在本质上取决于不同循环下 R_{ct} 的预测值，因此本节对预测过程的 R_{ct} 误差进行分析。电池 R_{ct} 预测过程误差以式（8.6）预测得到的 $\bar{R}_{ct}(\text{cycle})$ 与真实值 $R_{ct}(\text{cycle})$ 的平均绝对误差 $\text{MAE}(\bar{R}_{ct,pre})$ 表示，误差定义如式（8.10）所示：

$$\text{MAE}(\bar{R}_{ct,pre})=\frac{\sum_{\text{cycle}=k+1}^{k+h}\left|\bar{R}_{ct}(\text{cycle})-R_{ct}(\text{cycle})\right|}{h} \tag{8.10}$$

电池寿命预测终止误差定义为预测寿命值 EOP 与真实寿命 RUL 的绝对误差，其定义如式（8.11）所示：

$$\text{Error}=\left|\text{EOP}-\text{RUL}\right| \tag{8.11}$$

电池剩余寿命预测结果是一种概率分布的结果，其表明了电池寿命可能出现的范围，对于预测得到的剩余寿命概率分布优劣，以剩余寿命分布的上限值 $R_{cycle,up}$ 与下限值 $R_{cycle,down}$ 之间的宽度 $R_{cycle,wide}$ 进行评价，其定义如式（8.12）所示：

$$R_{cycle,wide}=R_{cycle,up}-R_{cycle,down} \tag{8.12}$$

式（8.10）表征 R_{ct} 预测过程中的误差，式（8.11）与式（8.12）为寿命预测结果的误差分析，分别与高斯分布中的均值及方差相对应。理想的预测应使得以上值尽可能小，即预测过程整体误差小、最终点估计结果与实际值相近且预测结果分布集中。

根据图 8.3～图 8.6 中各个电池不同预测循环起始点的预测结果以及式（8.10）～式（8.12）所定义的误差计算方式，可得四节不同老化工况电池的预测误差统计，见表 8.3。

表 8.3　电池 Cell1～Cell4 预测误差统计

电池	起始循环次数	平均绝对误差 MAE ($\bar{R}_{ct,pre}$) /$10^{-3}\Omega$	终止误差 Error	上限 $R_{cycle,up}$	下限 $R_{cycle,down}$	分布宽度 $R_{cycle,wide}$	实验截止循环次数
Cell1	200	0.42	30	916	747	169	850
	350	0.34	9	892	825	67	
	500	0.27	6	869	824	45	
Cell2	1200	0.60	203	3370	2983	387	3000
	1600	0.29	96	3191	2973	218	
	2000	0.11	79	3019	2930	89	
Cell3	200	0.37	17	837	768	69	775
	350	0.21	16	784	726	58	
	500	0.21	14	791	739	52	
Cell4	1200	0.37	174	2830	2467	363	2800
	1600	0.39	59	2827	2542	285	
	2000	0.11	19	2937	2708	229	

注：终止误差 Error、上限 $R_{cycle,up}$、下限 $R_{cycle,down}$、分布宽度 $R_{cycle,wide}$ 均以循环次数计，下同。

由表 8.3 中各个电池寿命预测的终止误差可知，电池 Cell1～Cell4 在不同预测起始点的最大寿命预测误差值依次为 30、203、17、174，最小寿命预测误差依次为 6、79、14、19。相对于各个电池寿命周期老化循环次数，不同预测起始点下循环次数的最大预测相对误差分别为 3.53%、6.77%、2.19%和 6.21%。验证了前文使用低阶模型与 PF 算法相结合预测电池寿命的有效性。由表 8.3 绘制得到各个电池预测误差统计如图 8.7 所示。

由图 8.7 可知，随着预测起始点逐渐后移，预测过程误差 MAE、预测终止误差 Error、分布宽度 $R_{cycle,wide}$ 呈现整体下降的趋势。这是由于在 PF 算法运行过程中，随着观测信息量不断增加，粒子集内的各个粒子权重根据观测信息在不断地进行"优胜劣汰"过程(重要性采样)，同时使得权重大的粒子经过多次复制(重采样)，从而使得粒子空间逐渐逼近真实状态分布，因此各个预测误差会随着观测信息逐渐加入会呈现下降趋势。其次，随着预测起始点的逐渐后移，向后预测的步

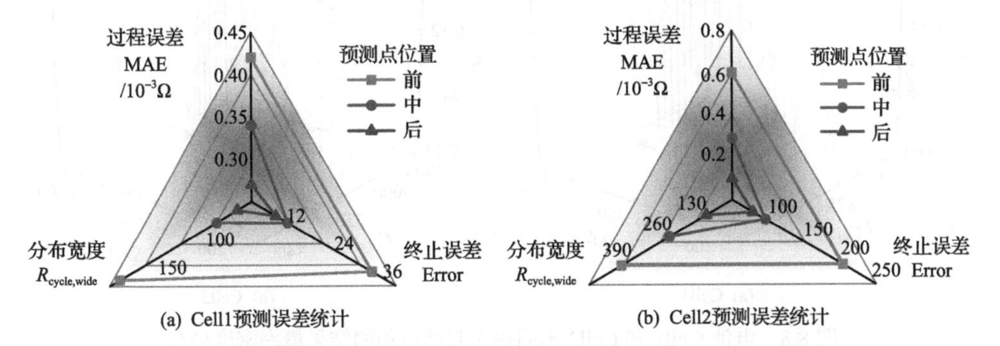

(a) Cell1预测误差统计　　(b) Cell2预测误差统计

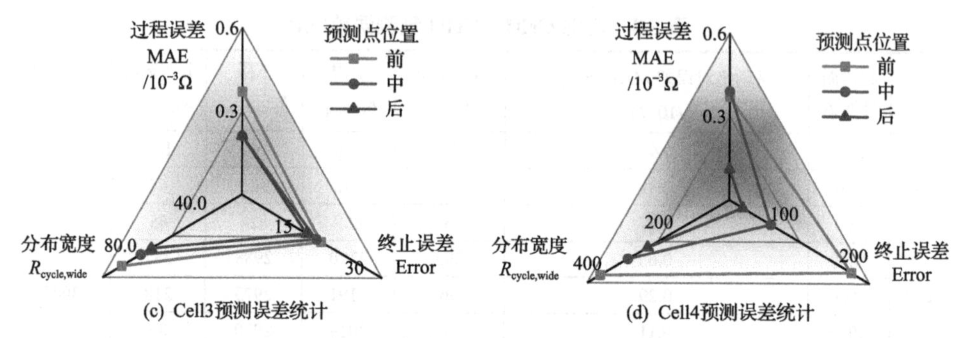

图 8.7 各个电池预测误差统计图

长也逐渐减小，预测问题由长期预测逐渐转换为短期预测，预测距离逐渐缩短，使得预测起始点状态不准确性所导致的预测过程累积误差减小，即长期预测的误差通常大于短期预测。

由表 8.3 中的各个电池寿命预测终止误差可知，动态循环工况下，电池 Cell2 与 Cell4 终止误差整体上较恒流充放电循环工况下的电池 Cell1 与 Cell3 的终止误差更大。这是由于动态循环工况下的阻抗谱测试循环间隔为 100 次，其大于恒流充放电循环工况下的 25 次循环间隔，且动态循环工况外推预测的循环次数较恒流循环工况更长，使得经验模型参数辨识引起的误差在长期预测上表现得更为明显。这也再次从侧面反映了对高次项状态值敏感的高阶模型在长期预测结果可能会出现较大的偏差。因此，在采用本章所提方法进行电池寿命预测时，建议根据实际测量数据尽量选取阶数低、变量少的模型。

8.3.3 电池剩余循环寿命预测结果的不确定性表达

电池 Cell1～Cell4 在各个预测起始点的预测结果概率密度分布如图 8.8 和图 8.9

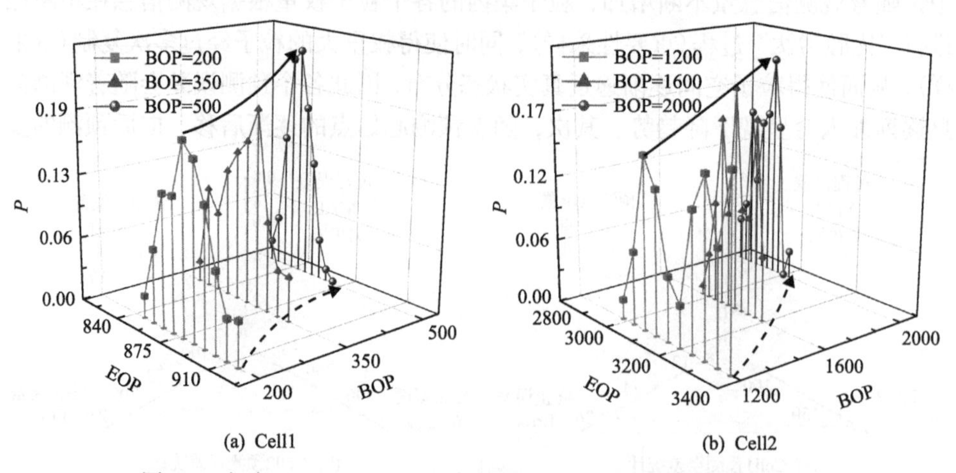

图 8.8 电池 Cell1 和 Cell2 不同预测起始点预测结果概率密度分布

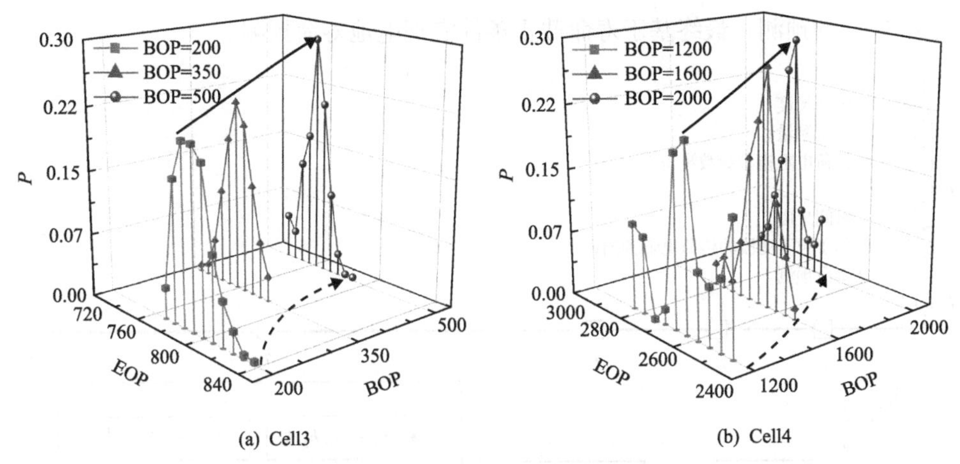

(a) Cell3　　(b) Cell4

图 8.9　电池 Cell3 和 Cell4 不同预测起始点预测结果概率密度分布

所示，可以看到，在图中虚线箭头指示的方向预测结果分布范围逐渐减小，即预测结果的分布更为集中，且在图中实线箭头指示的方向其峰值大体呈现逐渐变高的趋势。该峰值表征预测的各个寿命值出现的概率(纵坐标 P)。因此，随着预测起始点后移，预测结果的概率密度分布由“矮宽”向“高瘦”变化，其对应于高斯分布方差变小过程，即寿命预测结果由宽范围的“不确定性”分布向窄范围的“确定性”分布演变，且电池实验截止循环次数在分布范围的演变过程中，始终处于预测结果分布范围内，这也反映了利用 PF 算法进行电池剩余循环寿命预测的有效性与合理性。

8.4　考虑温度与荷电状态影响的电池剩余循环寿命预测

在 8.3 节介绍的电池剩余循环寿命预测问题中，限定了阻抗测量时电池须始终处于标准状态。而在实际应用中，电池的温度及 SOC 受充放电以及环境温度影响较大，这导致电池 EIS 测量不能总是处于标准状态，即每次解析得到的 R_{ct} 对应的电池状态不确定。而根据第 7 章的研究可知，温度及 SOC 对 R_{ct} 有规律性的影响。因此，可以基于该影响规律利用不同状态下得到的 R_{ct} 实现电池剩余循环寿命预测。

8.4.1　温度与荷电状态影响下的电池剩余循环寿命预测方法

当测得电池不同温度、SOC 的阻抗谱后，需要利用 7.4 节提出的方法将不同状态对应的 R_{ct} 值折算至标准状态下，然后利用折算后的 R_{ct} 进行剩余循环寿命预测，具体的寿命预测流程如图 8.10 所示。预测方法主要包括两个时间尺度：在短时间尺度上，利用得到的不同温度、SOC 下的 R_{ct} 值实现 R_{ct} 模型的参数辨识；在长时间尺度上，利用辨识得到的 R_{ct} 模型参数计算标准状态下的 R_{ct}，并利用 PF 算

法实现 R_{ct} 的预测，最终基于寿命截止条件实现电池寿命预测。

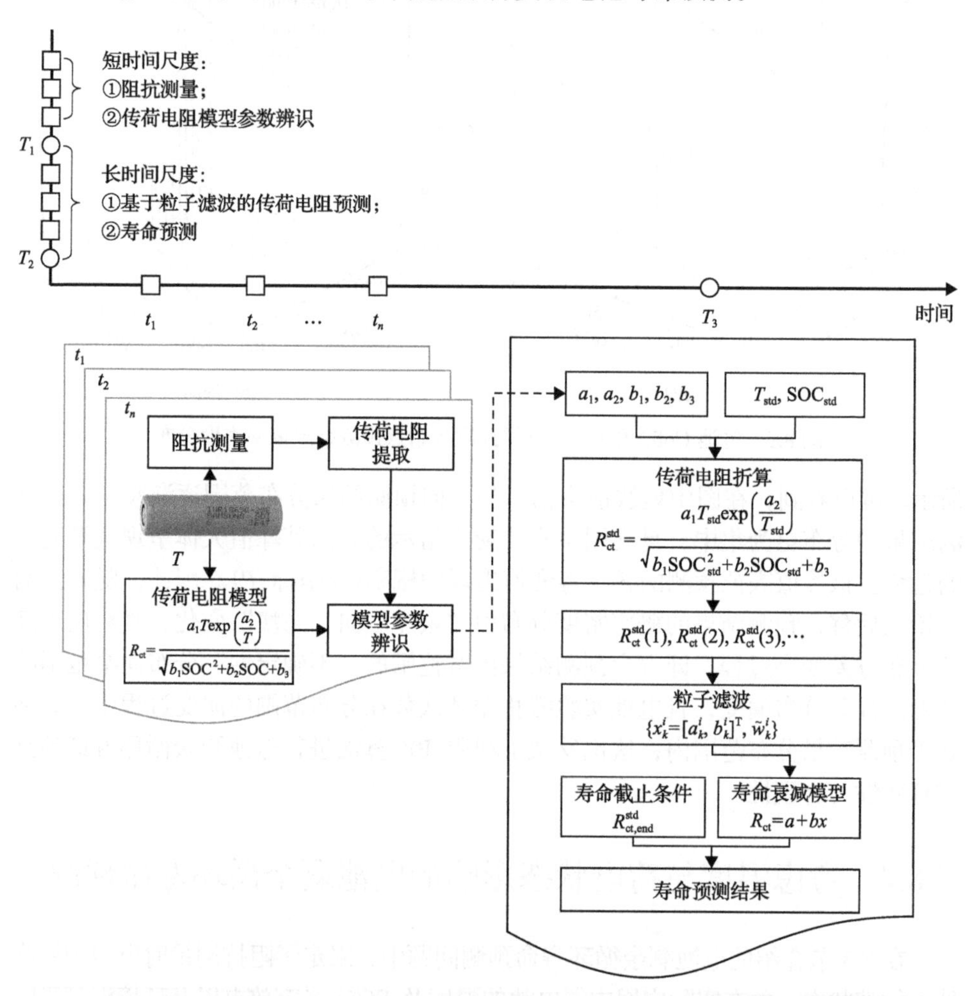

图 8.10　考虑温度与 SOC 影响下的双时间尺度电池剩余循环寿命预测流程

考虑温度和 SOC 的变化相比于寿命衰减引起的 R_{ct} 变化的时间尺度是不一样的，上述双时间尺度的寿命预测方法具有可操作性。短时间尺度上完成的参数辨识需要频繁的 R_{ct} 值反馈，可以在电池每次充电时借助第 3 章提出的阻抗车载测量方法测量得到阻抗并提取 R_{ct} 后进行。而长时间尺度上的寿命预测可以每周或每月执行一次。

8.4.2　基于传荷电阻预测的电池剩余循环寿命预测结果

本节仍然以标准状态下的电池剩余寿命预测所设置的预测起始点，对各个电池在不同温度和 SOC 下的 R_{ct} 进行预测，并最终实现电池寿命预测。由图 8.10 可知，电池预测起始点之前的 R_{ct} 值来源于不同老化阶段随机状态的折算值，即用于模型参数更新的观测值存在多种组合。因此，此处对电池在不同预测起始点，各随机模拟 10 次分析预测结果的有效性。其中电池 Cell1 与 Cell4 不同预测起始点随机模拟 5 次的寿命预测结果概率密度分布如图 8.11 和图 8.12 所示。

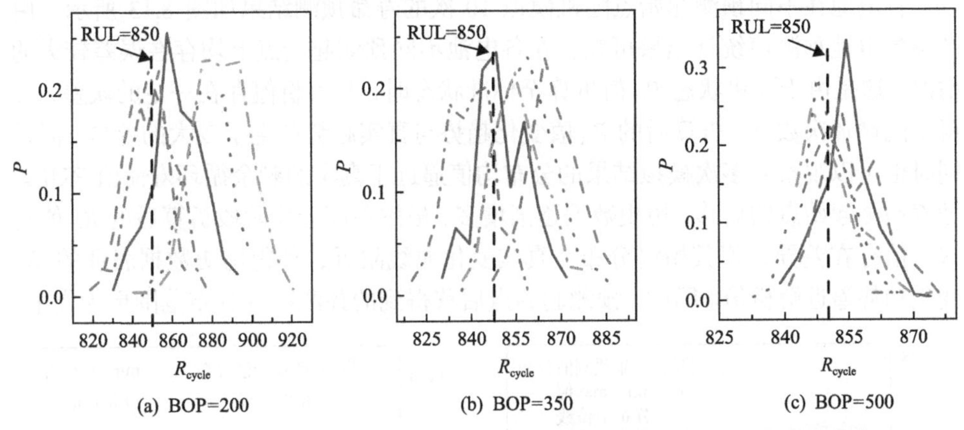

(a) BOP=200　(b) BOP=350　(c) BOP=500

图 8.11　电池 Cell1 不同 BOP 随机模拟 5 次剩余寿命预测结果概率密度分布

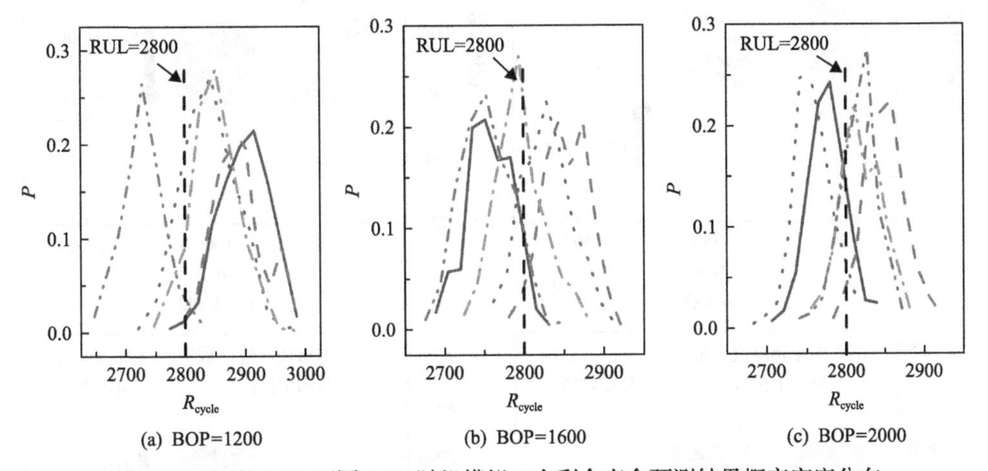

(a) BOP=1200　(b) BOP=1600　(c) BOP=2000

图 8.12　电池 Cell4 不同 BOP 随机模拟 5 次剩余寿命预测结果概率密度分布

在图 8.11 和图 8.12 中，各图的横坐标 R_{cycle} 表示预测得到的电池剩余循环寿命，纵坐标 P 表示概率，不同的曲线代表 5 次随机模拟的寿命预测分布结果。由图 8.11 和图 8.12 可知，由于状态的随机性，每次预测结果存在差异，但真实的电池剩余寿命 RUL 值在大部分情况下仍然处于各次预测结果分布中。且由图 8.11(a)和图 8.12(a)可知，当预测起始点靠前时，各次随机模拟得到的寿命预测分布结果较为分散，这是由于状态随机性导致每次的状态估计值存在差异，且历史数据点少，难以表征全局曲线特征，导致长期预测结果差异较大。同时从图中可以观察到，随着预测起始点的逐渐后移，所获得的历史信息逐渐增加，各次随机模拟预测结果逐渐集中且向真实的电池寿命 RUL 靠近，这与图 8.8 和图 8.9 中电池在标准状态下剩余寿命预测结果现象相近，这也反映了本研究中提出的考虑电池状态影响的电池剩余寿命预测方法的合理性。

各电池在不同预测起始点随机模拟 10 次的寿命预测结果如图 8.13 所示。由图中各电池预测值统计结果可知，在各电池不同预测起始点上均存在误差较大的情况。这是由于随机状态 R_{ct} 值折算至标准状态时，与解析值存在一定的误差，使得不同循环次数下，折算后的 R_{ct} 值变化趋势与真实趋势产生了较大的差异。但是同时也可以观察到多次模拟结果的分布均值逼近于真实的剩余循环寿命值 RUL。随着预测起始点的后移，历史数据逐渐增多，虽然不同老化阶段折算后的 R_{ct} 值与解析值存在差异，但其始终分布在真实变化曲线附近，使得历史数据表征的 R_{ct} 变化趋势逼近解析值。因此，预测起始点后移得到的预测结果分布范围更为集中，

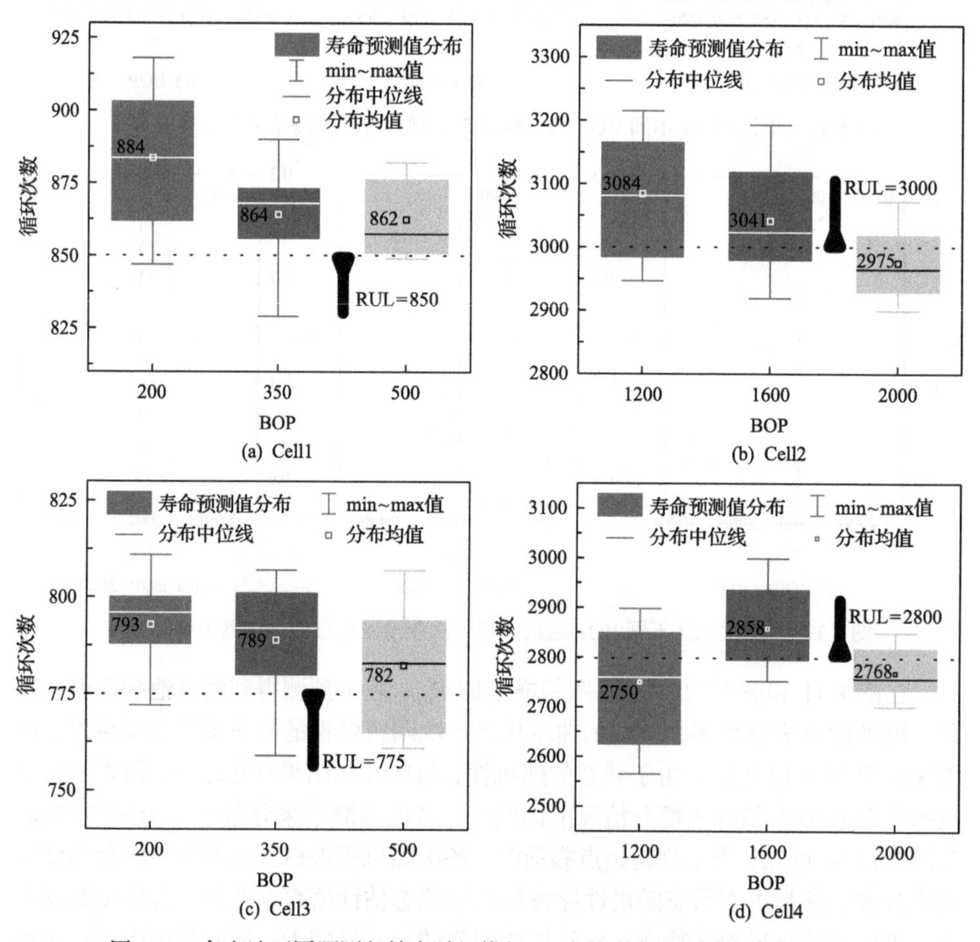

图 8.13 各电池不同预测起始点随机模拟 10 次的剩余寿命预测值统计结果

且预测结果的分布均值与真实的剩余循环寿命值 RUL 误差逐渐减小，这也验证了本节提出的考虑温度及 SOC 对 R_{ct} 耦合影响的电池剩余寿命预测方法的有效性。

8.5 本章小结

利用 R_{ct} 作为寿命表征量，本章首先研究了 R_{ct} 随循环次数的演变规律，并分别对指数经验模型、线性模型和多项式模型拟合上述演变规律的效果进行了评价，最终选择了线性模型来描述 R_{ct} 随循环次数的演变规律。基于该经验模型，提出了基于 PF 的循环次数预测方法，并给出相应的预测概率。最终，设计了预测流程，分别在标准状态下和更具有一般性的变温度、SOC 下实现了电池剩余循环寿命预测。测试结果验证了利用 R_{ct} 实现电池剩余循环寿命预测的可行性。

第9章 电化学阻抗在动力电池内部温度估计中的应用

9.1 引 言

电池在工作过程中，内部温度分布存在一定梯度，体现为存在内外温差，这种现象在电池大倍率充放电或者外界环境突然改变时更加明显。此时，传统电池系统中布设在电池表面的温度传感器无法测量得到内部温度，导致电池内部可能产生过温现象，加速电池老化甚至引发电池失效。另外，在电池系统中，出于成本考虑，通常不能在每节电池单体上布设温度传感器，使得电池系统中某些单体的温度信息无法直接获取。针对上述问题，电池的内部温度估计具有一定的研究意义。本章在研究电池阻抗与其温度变化关系的基础上，建立温度的表征量，实现电池充放电过程中的内部温度估计。

9.2 静态 EIS 相角与电池内部温度的关系

为了便于描述，本章将长时间静置温度稳定、电化学平衡状态下的阻抗图谱定义为静态 EIS，将未达到电化学平衡状态之前的阻抗图谱定义为动态 EIS[236]。本节着重研究静态 EIS 相角与电池内部温度的关系。

9.2.1 相角与电池内部温度的映射关系

1. 实验对象

本节以 8Ah 硬壳 $LiFePO_4$ 电池、18650 型三元电池和 30Ah 软包 $LiFePO_4$ 电池作为研究对象，其基本特性参数分别见表 3.3、表 9.1 和表 9.2。

表 9.1 18650 型三元电池基本参数

参数名称	参数值
材料体系	$LiNi_{1/3}Co_{1/3}Mn_{1/3}O_2/C$
额定容量/Ah	3.0
额定电压/V	3.6
充电截止电压/V	4.2

续表

参数名称	参数值
尺寸(直径×高)/(mm×mm)	18×65
工作温度范围/℃	–20～60
电池质量/g	48

表 9.2　30Ah $LiFePO_4$ 电池基本参数

参数名称	参数值
材料体系	$LiFePO_4$/C
额定容量/Ah	30
额定电压/V	3.2
充电截止电压/V	3.65
尺寸(长×宽×高)/(mm×mm×mm)	13×132×184
工作温度范围/℃	充电：0～45 放电：–20～45
存储温度/℃	–20～45
电池质量/kg	0.675

2. 实验设置

电化学工作站采用1.2节所述的Solartron电化学综合测试系统进行，测量频率范围为100kHz～0.01Hz，激励信号有效值为1.5A；温度控制采用高低温环境模拟实验箱 Votsch C4-180，温度数据采集记录仪采用 HIOKI LR8510 和 HIOKI LR8410-30。

3. 实验步骤

本节分别在不同SOC、寿命状态和温度下进行温度一致条件下的静态EIS实验，以获取相角，实验步骤见表9.3。8Ah $LiFePO_4$电池的循环老化工况是45℃下以10C的充放电倍率进行测试(恒流充电至上限截止电压，再恒流放电至下限截止电压，下同)，18650型三元电池是在25℃下以1.5C充放电倍率进行测试。

表 9.3　动力电池交流阻抗谱测试矩阵

测试对象	控制变量	
8Ah $LiFePO_4$ 电池	SOC/%	0～100
	环境温度/℃	40、30、20、10、0、–10、–20
	循环次数	100、200、300、400、450

续表

测试对象	控制变量	
18650 型三元电池	SOC/%	10～100
	环境温度/℃	40、30、20、10、0、–10
	循环次数	0、150、400
30Ah $LiFePO_4$ 电池	SOC/%	10～100
	环境温度/℃	40、30、20、10、0、–10、–20

4. 实验结果

1) 相角与电池 SOC 的耦合规律

考虑三个研究对象电池有两类材料体系，不失一般性，本节主要选用 30Ah $LiFePO_4$ 电池和三元电池的测试结果进行讨论分析。

在不同温度下，不同 SOC 对应的静态 EIS 相角曲线如图 9.1 所示。可以明显得到，不同温度下，对于 $LiFePO_4$ 体系动力电池，当激励频率大于 5Hz 时，虽然电池的 SOC 在变化，但是静态 EIS 相角曲线基本重合。三元体系动力电池具有同样的规律且频率区间相对较窄，如图 9.2 所示，即当激励频率大于 100Hz 时，阻抗相角(即阻抗角)不受 SOC 影响。

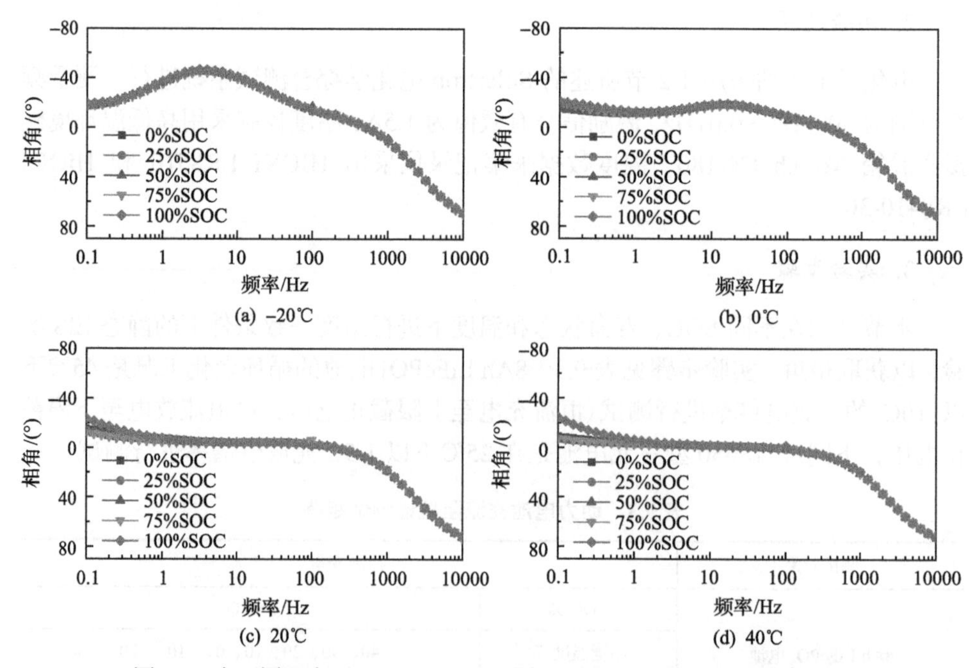

图 9.1　在不同温度下 $LiFePO_4$ 电池不同 SOC 对应的静态 EIS 相角曲线

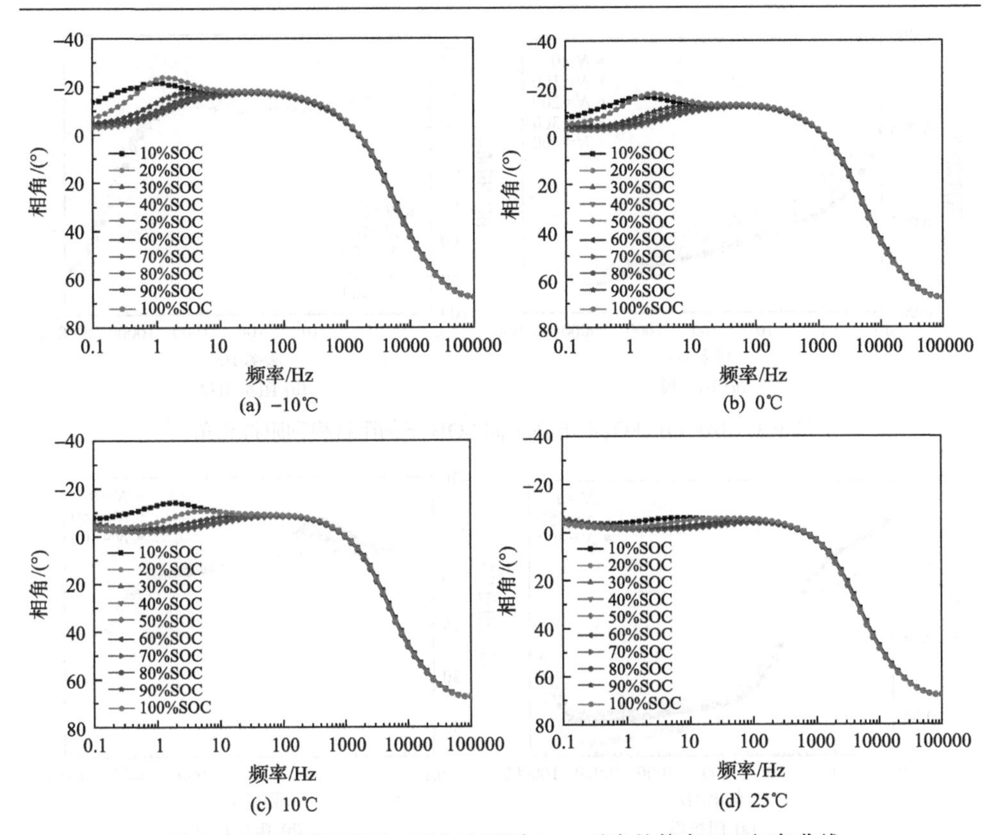

图 9.2　在不同温度下三元电池不同 SOC 对应的静态 EIS 相角曲线

综上所述，可以得出结论，存在某一频率区间，在该激励频率范围内，动力电池 SOC 的变化对 EIS 相角的影响可以忽略。对于磷酸铁锂体系动力电池，该频率区间应该大于 5Hz，对于镍钴锰三元体系动力电池，该频率区间大于 100Hz。

2) 相角与电池 SOH 的耦合规律

从第 7、8 章可以看到，动力电池的阻抗特性受到寿命状态改变的影响显著。本节针对不同材料体系的两种样品，探究阻抗相角与电池 SOH 的耦合规律。图 9.3 和图 9.4 分别为 8Ah $LiFePO_4$ 电池和 18650 型三元电池在不同 SOH 下的阻抗模和相角，图中 N 为循环次数。

可以发现，随着电池循环次数增加(即寿命衰减)，电池的阻抗模逐渐增大。且随着激励频率的降低，由寿命变化引起阻抗模的变化更加明显。由前面分析可得，电池的阻抗模随循环寿命的变化主要是由于电极内部的接触损失，导致电池的寿命衰减[237,238]。接触损失包括添加剂、集流体的腐蚀，以及活性材料的氧化等。负极活性物质的体积变化是这种接触损失的主要原因，体积的变化会导致电极内各物质，如碳颗粒、集流体、黏结剂之间连接强度的减小。同时，多孔电极

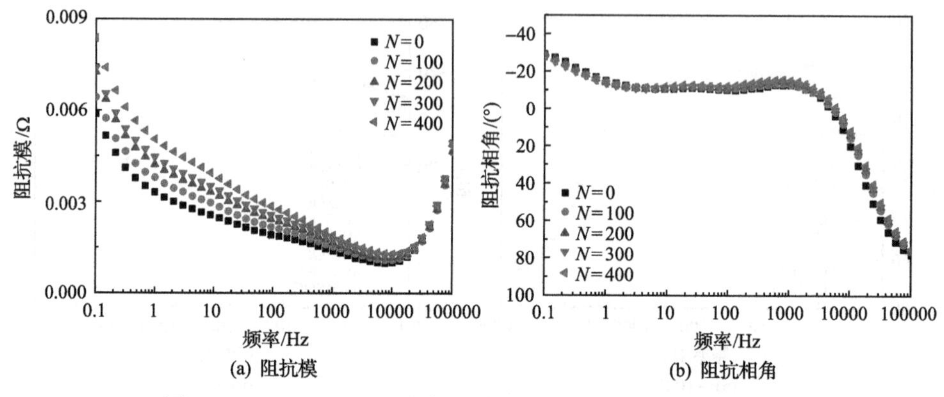

(a) 阻抗模　　(b) 阻抗相角

图 9.3　8Ah $LiFePO_4$ 电池在不同 SOH 下的阻抗模和阻抗相角

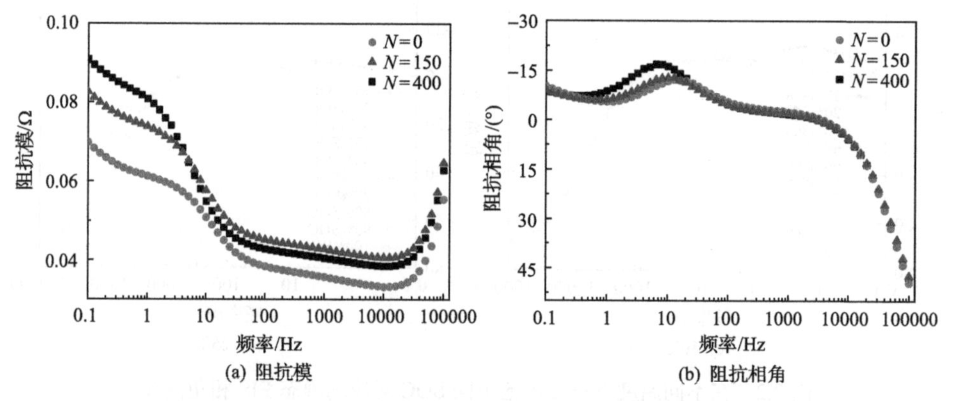

(a) 阻抗模　　(b) 阻抗相角

图 9.4　18650 型三元电池在不同 SOH 下的阻抗模和阻抗相角

的孔隙率以及电极内部的应力也会由于体积的变化而受到影响。但是图 9.3 和图 9.4 表明，电池寿命状态的改变基本不影响电池的相角。对于磷酸铁锂体系动力电池，在中低频 1Hz～1kHz 内，电池的相角不受寿命状态改变的影响，镍钴锰三元体系动力电池也存在类似的规律。

综上所述，在电池单体温度一致的条件下存在某一频率区间，动力电池 EIS 相角变化不受 SOC 及 SOH 的影响。下面重点分析阻抗特性与温度的耦合规律。

3) 相角与电池平均温度的耦合规律

两种不同材料体系的动力电池 EIS 相角与温度的关系如图 9.5 和图 9.6 所示。可以明显看到，温度对这两种体系电池相角的影响显著。对于 30Ah $LiFePO_4$ 电池，温度对 EIS 相角影响显著的区间集中在 1～100Hz。通过前面分析可知，大于 5Hz 的相角也基本不受 SOC 和 SOH 的影响。因此，选取频率范围的交集，在 5～100Hz 区间内 $LiFePO_4$ 体系电池相角不受 SOC 和 SOH 影响，并且温度与 EIS 相角单调相关，可以作为电池内部温度的表征量。对于三元材料体系电池，其相角与温度也呈明显的单调相关，并可得到类似的结论。

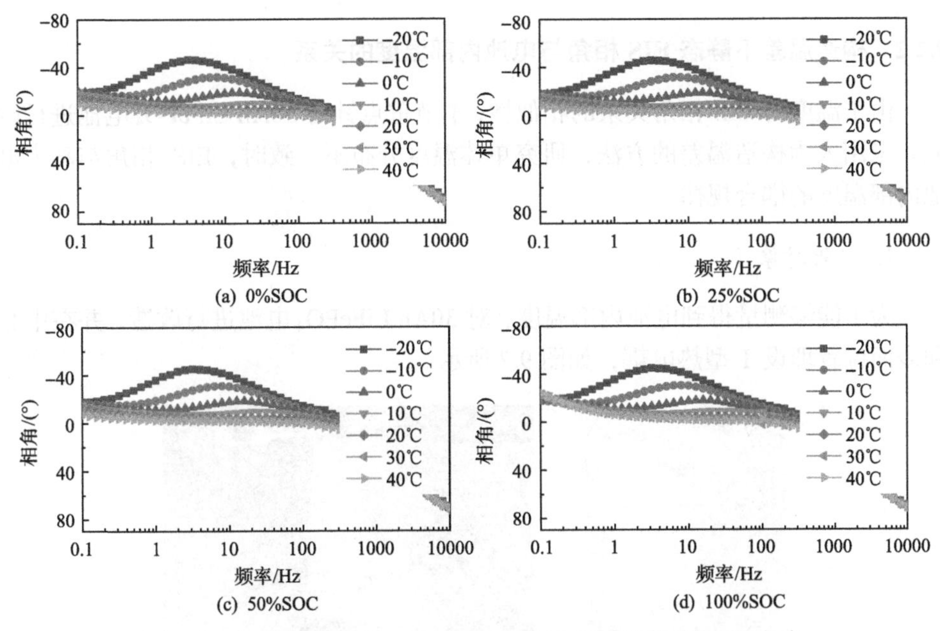

(a) 0%SOC　(b) 25%SOC

(c) 50%SOC　(d) 100%SOC

图 9.5　在不同 SOC 下 30Ah $LiFePO_4$ 电池不同温度下的 EIS 相角

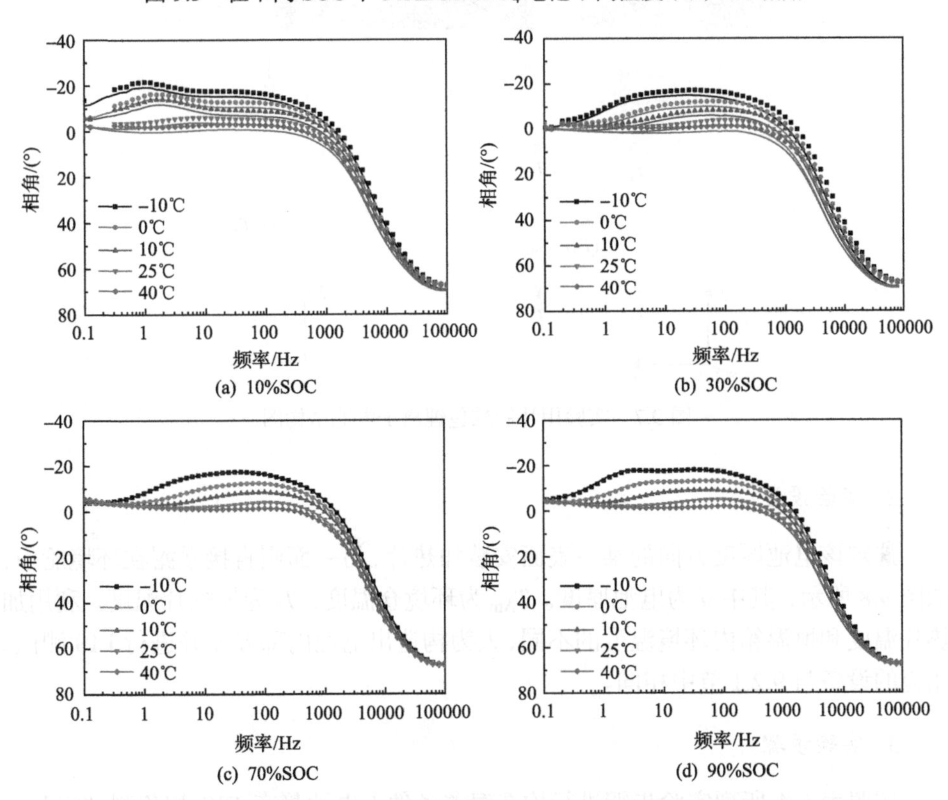

(a) 10%SOC　(b) 30%SOC

(c) 70%SOC　(d) 90%SOC

图 9.6　在不同 SOC 下 18650 型三元材料体系电池不同温度下的 EIS 相角

9.2.2　构造温差下静态 EIS 相角与电池内部温度的关系

由于温度与 EIS 相角关系的相似性，本节重点针对 30Ah $LiFePO_4$ 电池进行研究。采用人为构造温差的方法，研究单体温度分布不一致时，EIS 相角与动力电池内部温度的耦合规律。

1. 实验对象

为了能够测量得到电池内部温度，对 30Ah $LiFePO_4$ 电池进行改造，并在中心和表面位置埋设 T 型热电耦，如图 9.7 所示。

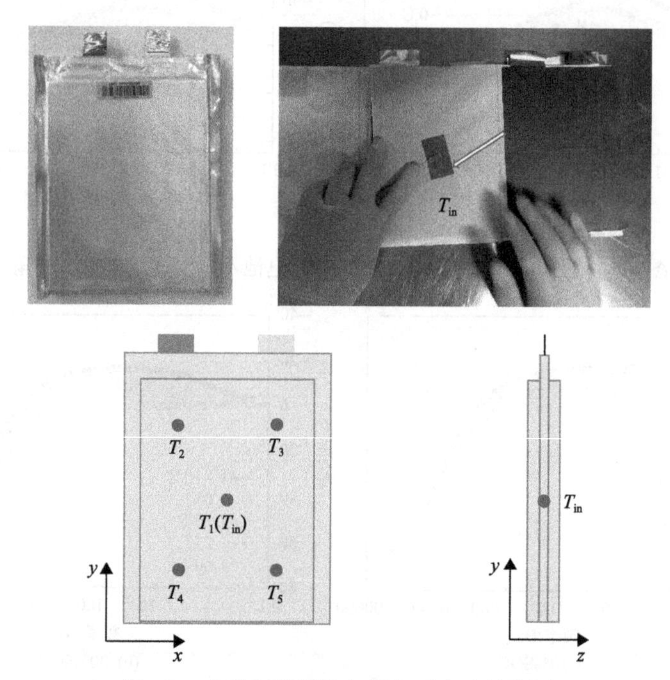

图 9.7　实验用特制软包锂离子电池结构图

2. 实验设置

选定该电池厚度方向的某一表面安装加热片，另一面则直接暴露在环境舱中，如图 9.8 所示，其中 d 为电池厚度。T_{Am} 为环境仓温度，T_h 为加热片温度。利用加热片温度和恒温箱内环境温度的不同，人为构造出电池内部温差并进行 EIS 测试。相应的设备与 9.2.1 节中相同。

3. 实验步骤

按照表 9.4 所列实验步骤进行构造温差条件下电池静态 EIS 相角测试实验。

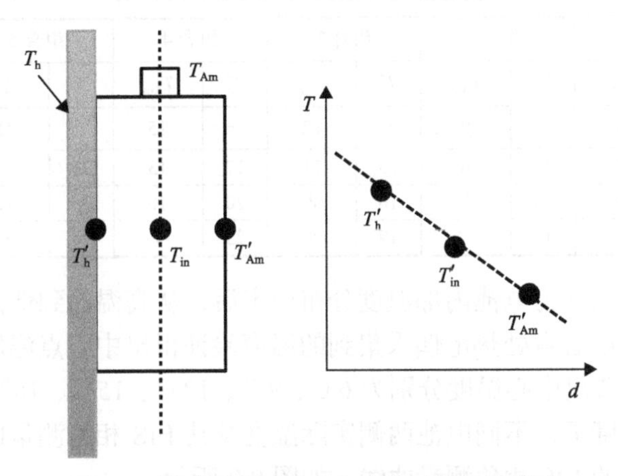

图 9.8　构建温差下动力电池表面温度示意图

表 9.4　构造温差下静态 EIS 测试实验步骤

步骤	描述
1	常温 (25℃) 环境下容量标定
2	常温 (25℃) 环境下恒流恒压充电至 100%SOC
3	恒温箱温度调为 X，加热片温度调为 Y 后静置 3h
4	测试电池 EIS
5	变换 X、Y，重复步骤 3～4
6	将电池放置在常温 (25℃) 环境下静置 3h
7	常温下 0.5C 倍率恒流放电 0.5h 至 Z%SOC
8	变换 X、Y，重复步骤 3～4
9	变换 Z，重复步骤 6～8
10	直至所有温度、SOC 下静态 EIS 测试实验结束

其中恒温箱温度 (X) 分别为–20℃、–10℃、–5℃和 0℃；加热片温度 (Y) 分别为 20℃、25℃、30℃、35℃和 40℃；SOC (Z) 分别为 75%、50%、25%和 0%。

4. 实验结果

当电池内部温度分布稳定后，从高温面到低温面呈均匀梯度变化。此处利用热电偶实际测量获得电池的两侧温度 T'_h 和 T'_{Am}，其实际测量值见表 9.5。

表 9.5　构建温差下动力电池表面温度梯度　　(单位：℃)

序号	组合 1		组合 2		组合 3		组合 4		组合 5		组合 6	
	T'_h	T'_{Am}	T'_h	T'_{Am}	T'_h	T'_{Am}	T'_h	T'_{Am}	T'_h	T'_{Am}	T'_h	T'_{Am}
1	—	6	—	9	—	12	—	15	—	18	—	22
2	8	4	12	6	13	11	17	13	21	15	26	18
3	11	1	15	3	16	8	20	10	25	12	29	15
4	14	−3	18	−1	19	5	23	7	28	9	33	11

可以发现，当动力电池内部温度分布稳定后，从高温面到低温面呈均匀梯度变化。通过内部中心点处热电偶采集到的温度验证得出中心点温度为两侧温度的中间值。实际构造出中心温度分别为 6℃、9℃、12℃、15℃、18℃和 22℃，查找对应相同内部温度下，不同电池两侧实际温度及其 EIS 相角测量曲线，得到不同中心温度值对应的 EIS 相角测量曲线，如图 9.9 所示。

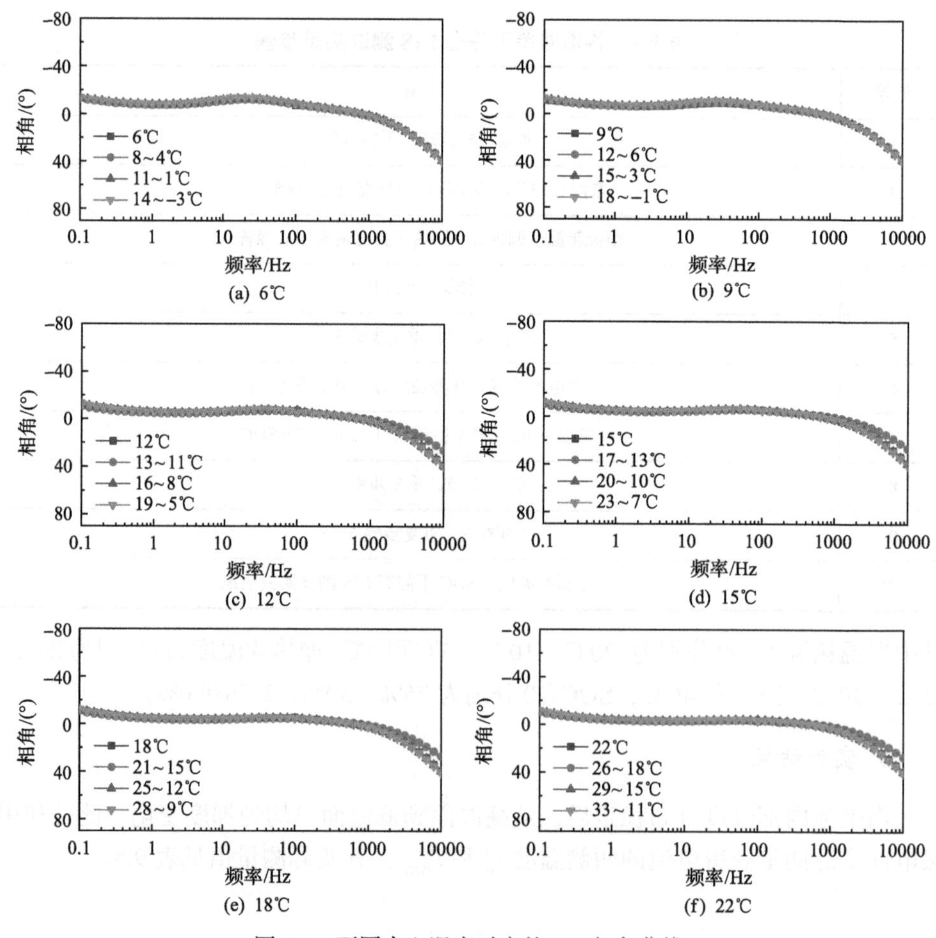

图 9.9　不同中心温度对应的 EIS 相角曲线

选取图 9.9(f)具体进行分析：对应中心温度值基本都是 22℃，两侧温度组合分别为 33～11℃、29～15℃和 26～18℃，测得的构造温差下静态 EIS 相角曲线与恒定温度 22℃测得的温度一致下静态 EIS 相角曲线基本重合。通过对比其他不同中心温度值对应的多条 EIS 相角测量曲线可以发现，各图中即使两侧温度不同，当中心温度值相同时，构造温差下 EIS 相角测量曲线基本重合，并且与温度分布一致情况下的 EIS 相角曲线一致。

由此可以推断，电池内部温度不一致下，实验测得的 EIS 相角对应电池内部的平均温度，其值具有明确的物理意义，进一步说明利用 EIS 相角估计电池内部温度具有科学依据。

9.2.3　静态阻抗相角和电池平均温度关系基准表

通过实验得到的不同频率阻抗相角受电池内部温度、SOC 和 SOH 的影响规律，最终选取 10Hz 作为 EIS 相角温度估计的表征量。不同 SOC 下，10Hz 相角与温度关系曲线如图 9.10 所示。可以发现，在各 SOC 点下，10Hz 阻抗相角与温度关系曲线基本重合，符合 10Hz 阻抗相角不受 SOC 影响的结论。不失一般性，从中任意选取 50%SOC 下的阻抗相角作为温度估计的标准值，得到 $LiFePO_4$ 电池静态阻抗相角和电池内部温度关系，见表 9.6。

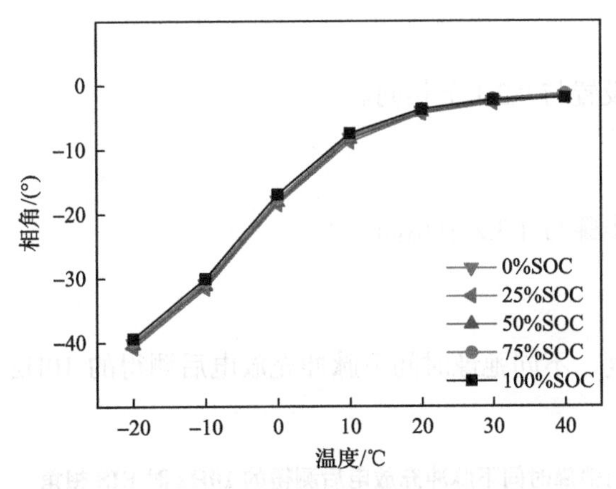

图 9.10　不同 SOC 下 EIS 相角与温度关系曲线

表 9.6　EIS 相角温度估计方法基准表

温度/℃	EIS 相角/(°)
−20	−40.060
−10	−30.872
0	−17.811
10	−8.184

续表

温度/℃	EIS 相角/(°)
20	−4.062
30	−2.370
40	−1.564

9.3 动态 EIS 相角与电池内部温度的关系

9.2 节对处于电化学稳定状态下的静态 EIS 相角与电池内部温度关系进行了研究。但是，在实际应用中，动力电池并不都具有足够长的时间静置。因此，本节考虑电池处于电化学非稳定状态，研究充放电工况对动力电池 EIS 相角(动态 EIS 相角)的影响，并对该影响进行修正以期提高非稳态工况下温度估计方法的精度。

9.3.1 脉冲工况下的动态 EIS 相角与静态 EIS 相角的关系

1. 实验对象

该实验中使用 9.2.2 节中的埋设热电偶的特制锂离子电池。

2. 实验设置

此部分实验设置与 9.2.1 节相同。

3. 实验步骤

此部分实验步骤与 4.3.2 节相同。

4. 实验结果

不同环境温度、不同弛豫时间下脉冲充放电后测得的 10Hz 时 EIS 相角具体数值见表 9.7。

表 9.7 不同弛豫时间下脉冲充放电后测得的 10Hz 时 EIS 相角 (单位：(°))

时间	5℃(24A)	10℃(24A)	10℃(20A)	20℃(20A)
0s	−9.366	−6.761	−6.958	−3.566
10s	−9.552	−6.778	−7.152	−3.577
30s	−9.564	−6.898	−7.188	−3.622
60s	−9.892	−6.921	−7.241	−3.649
90s	−9.902	−7.001	−7.304	−3.653
120s	−10.102	−7.078	−7.404	−3.681
静态	−10.214	−7.193	−7.486	−3.755

通过分析以上不同温度、不同弛豫时间下脉冲充放电后测得的 EIS 相角发现，同一温度和电流条件下随着间隔时间增长，测量得到的动态 EIS 相角逐渐减小。参考文献[186]对动力电池电压弛豫过程及电双层电容弛豫过程[98]进行了研究，此处提出一种阻抗角对弛豫时间的修正方程：

$$\varphi_{静态} = \varphi_{动态}(1 + a\mathrm{e}^{-t/\tau}) \tag{9.1}$$

式中，a 为修正方程指前因子；t 为当前测量采用弛豫时间；$\varphi_{动态}$ 为当前弛豫时间 t 下实测的动力电池相角值；$\varphi_{静态}$ 为修正后的相角值。

利用 MATLAB 软件中函数拟合工具箱，得到最优拟合状态式中待定系数 a 的值为 0.065，τ 的值为 85。将待定系数值代入式(9.1)，得到动态 EIS 相角与静态 EIS 相角之间的等价转化关系：

$$\varphi_{静态} = \varphi_{动态}(1 + 0.065\mathrm{e}^{-t/85}) \tag{9.2}$$

不同温度、不同弛豫时间下测得 EIS 相角及其拟合结果如图 9.11 所示。从图中可以看出，弛豫时间对 EIS 相角的影响较小，但其在整个频率范围内都具有规律性，特别是在较低温度时。用指数型相关关系拟合出的曲线能够定量描绘出 EIS

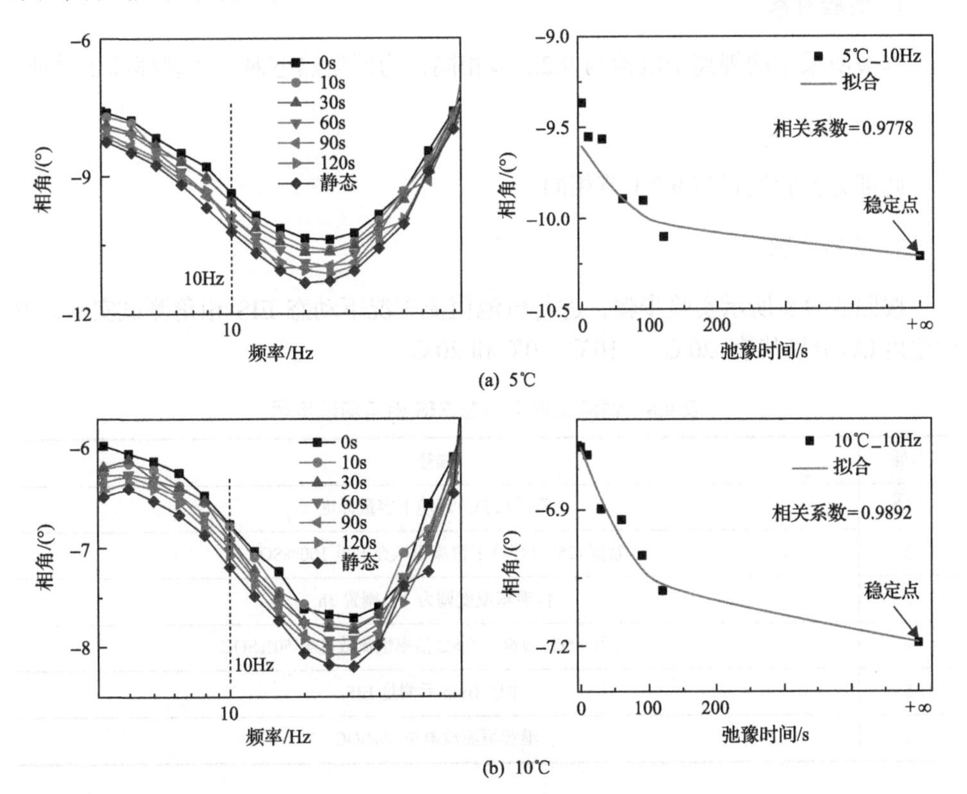

(a) 5℃

(b) 10℃

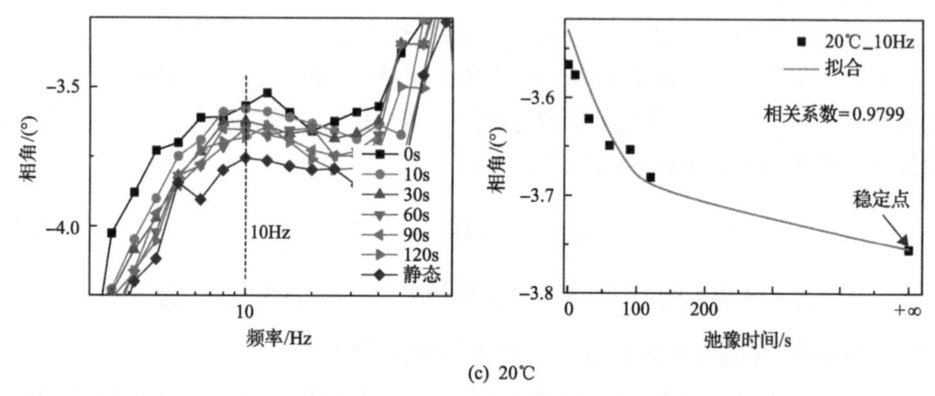

(c) 20℃

图 9.11　不同温度、不同弛豫时间下测得 EIS 相角及其拟合结果

相角变化规律。在实际应用时，可根据实际情况以及测量精确度选择具体的时间间隔，代入式(9.2)得到对应的动态 EIS 相角修正公式。

接着研究恒流和脉冲工况下动态 EIS 相角与内部温度的关系，为 9.4 节建立和验证电池内部温度估计模型提供数据。

9.3.2　恒流工况下动态 EIS 相角与电池内部温度的关系

1. 实验对象

本节所采用的锂离子电池与 9.2.2 节相同，为埋设热电偶的特制锂离子电池。

2. 实验设置

此部分实验设置与 9.2.1 节相同。

3. 实验步骤

按照表 9.8 所示实验步骤，进行电池恒流工况下动态 EIS 相角测试实验。其中温度(X)分别代表–20℃、–10℃、0℃和 20℃。

表 9.8　恒流工况下动态 EIS 相角测试步骤

步骤	描述
1	常温(25℃)环境下容量标定
2	常温(25℃)环境下恒流恒压充电至 100%SOC
3	恒温箱温度调为 X，搁置 3h
4	分别用 0.5C、0.6C、0.8C 倍率恒流放电至 50%SOC
5	休息 1min 后测量 EIS
6	继续恒流放电至 0%SOC

续表

步骤	描述
7	休息 1min 后测量 EIS
8	变换 X，重复步骤 2～7
9	直至所有温度下动态 EIS 相角测试实验结束

4. 实验结果

由于温度过低时电池大电流放电会很快达到截止电压而停止放电，选取具有代表性的 0℃和 20℃时恒流工况下的 EIS 相角和温度进行分析。温度为 0℃时对应的温度和 EIS 相角如图 9.12 和图 9.13 所示，温度为 20℃时对应的温度和 EIS 相角如图 9.14 和图 9.15 所示。图中，1 为电池内部几何中心的温度值，4、6、9 和 10 为电池两侧表面的温度值。其中测试点 1(NO1) 为动力电池放电至 50%SOC 的测量值，测试点 2(NO2) 为动力电池放电至截止条件下的测量值。

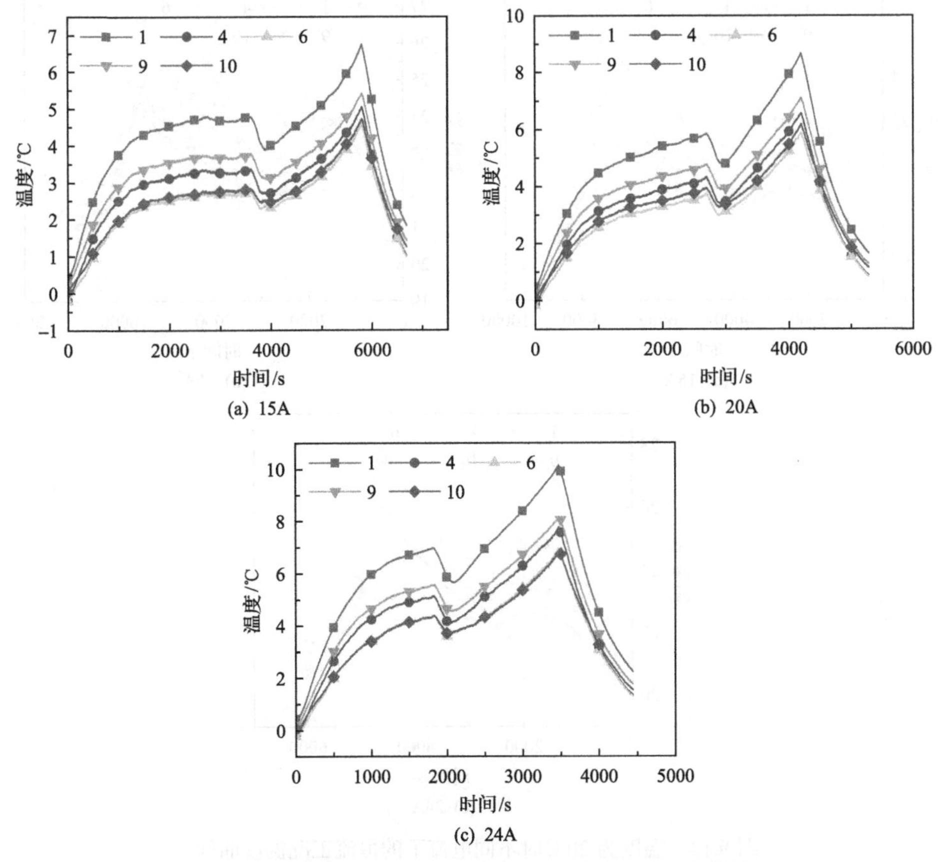

图 9.12　温度为 0℃时不同电流下的恒流工况温度曲线

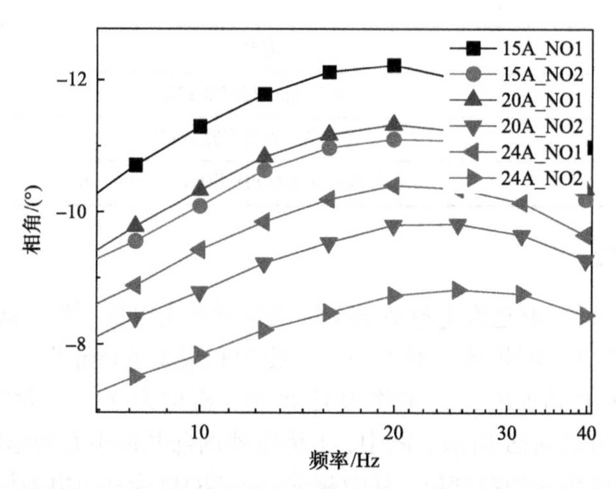

图 9.13　温度为 0℃时不同电流倍率恒流工况 EIS 相角测试曲线局部放大图

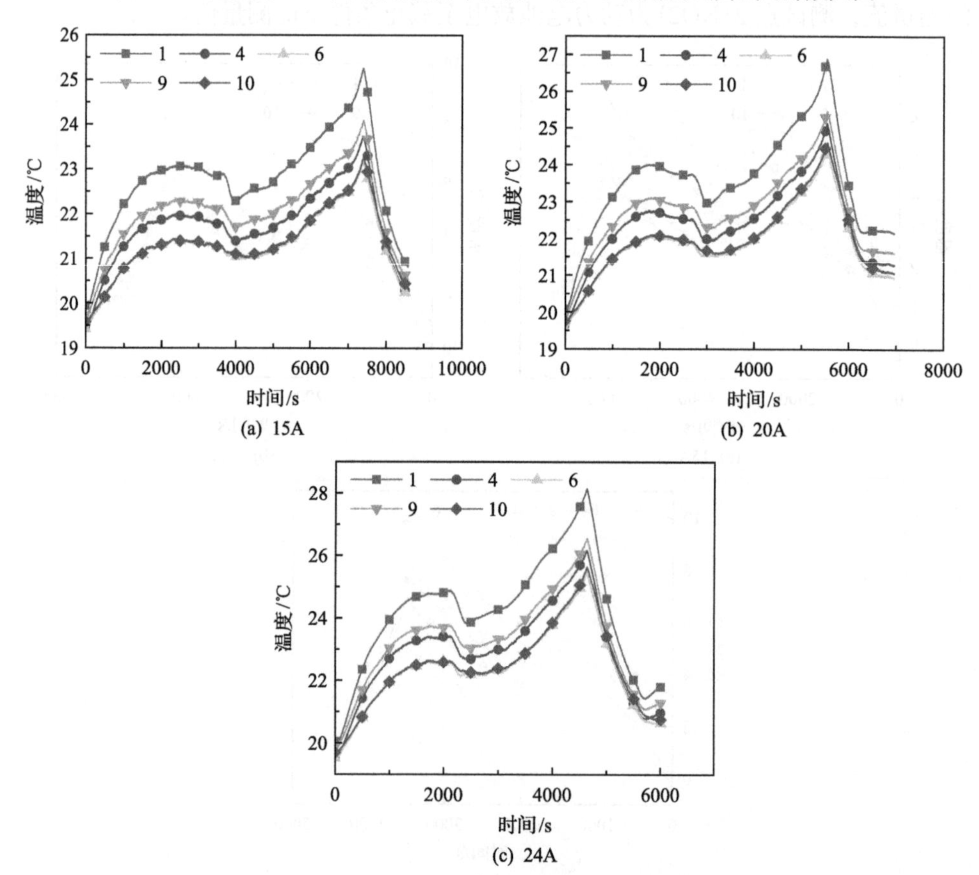

图 9.14　温度为 20℃时不同电流下的恒流工况温度曲线

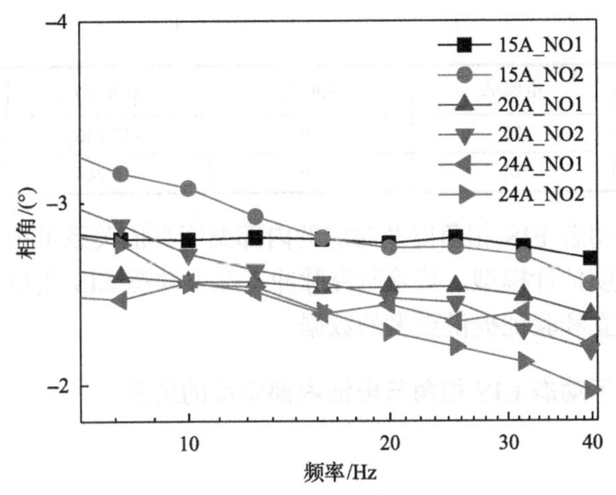

图 9.15　温度 20℃时不同电流倍率恒流工况 EIS 相角测试曲线局部放大图

从实验结果可以看出，在同一环境温度下，恒流放电电流值越大，电池内外部温差越大。观察以上恒流工况下动态 EIS 相角与电池内部温度关系实验结果可以发现，电池恒流放电至 50%SOC 时，已接近温度稳定状态，而末段接近 0%SOC 时，电池内部温度持续升高，两次测量时对应的温度有一定的差值，在恒流工况 EIS 测试曲线局部放大图中能够明显表现出来，并且低温下 EIS 相角测试曲线规律性比高温下的更加明显。

另外，0℃时不同倍率、恒流放电工况测得的 10Hz EIS 相角的具体数值见表 9.9。

表 9.9　恒流工况 0℃时测得 10Hz EIS 相角

环境温度/℃	电流/A	SOC/%	相角/(°)	内部温度真值/℃
0	15	50	−11.294	4.80
0	15	≈0	−10.094	6.75
0	20	50	−10.331	5.86
0	20	≈0	−8.791	8.60
0	24	50	−9.427	7.00
0	24	≈0	−7.834	10.20

而低于 0℃时，不同倍率、恒流放电工况测得的 10Hz EIS 相角的具体数值见表 9.10。

表 9.10　恒流工况 0℃以下测得 10Hz EIS 相角

环境温度/℃	电流/A	SOC/%	相角/(°)	内部温度真值/℃
−20	15	≈0	−31.820	−11.45
−20	20	≈0	−36.255	−16.77
−10	15	≈0	−23.239	−3.85

续表

环境温度/℃	电流/A	SOC/%	相角/(°)	内部温度真值/℃
−10	20	≈0	−17.546	0.15
−10	24	≈0	−18.260	0.01

测试得到的动态 EIS 相角以及对应的内部温度真值关系可用于 9.4 节建立和验证电池内部温度估计模型。接着研究脉冲工况下动态 EIS 相角与电池内部温度关系，为模型建立和验证提供更多的数据。

9.3.3 脉冲工况下动态 EIS 相角与电池内部温度的关系

1. 实验对象

本节所采用的锂离子电池与 9.2.2 节相同，为埋设热电偶的特制锂离子电池。

2. 实验设置

此部分实验设置与 9.2.1 节相同。

3. 实验步骤

按照表 9.11 所示实验步骤，进行电池脉冲充放电工况下动态 EIS 相角测试实验。本研究选用的电池在低温下充电能力较弱，因此本实验只选 0℃以上温度，其中温度(X)分别代表 10℃和 20℃。

表 9.11　脉冲工况下动态 EIS 相角测试步骤

步骤	描述
1	常温(25℃)环境下容量标定
2	常温(25℃)环境下恒流恒压充电至 100%SOC
3	常温(25℃)环境下恒流放电至 50%SOC
4	恒温箱温度调为 X，搁置 3h
5	分别用 0.5C、0.6C、0.8C 倍率 250 次脉冲充放电
6	休息 1min 后测量 EIS
7	继续 250 次脉冲充放电
8	休息 1min 后测量 EIS
9	变换 X，重复步骤 4～8
10	直至所有温度下动态 EIS 相角测试实验结束

这里选取 20℃时的测试结果进行分析。环境温度 20℃时，不同倍率脉冲充放电工况对应的温度和 EIS 相角如图 9.16 和图 9.17 所示。同一环境温度下，脉冲充

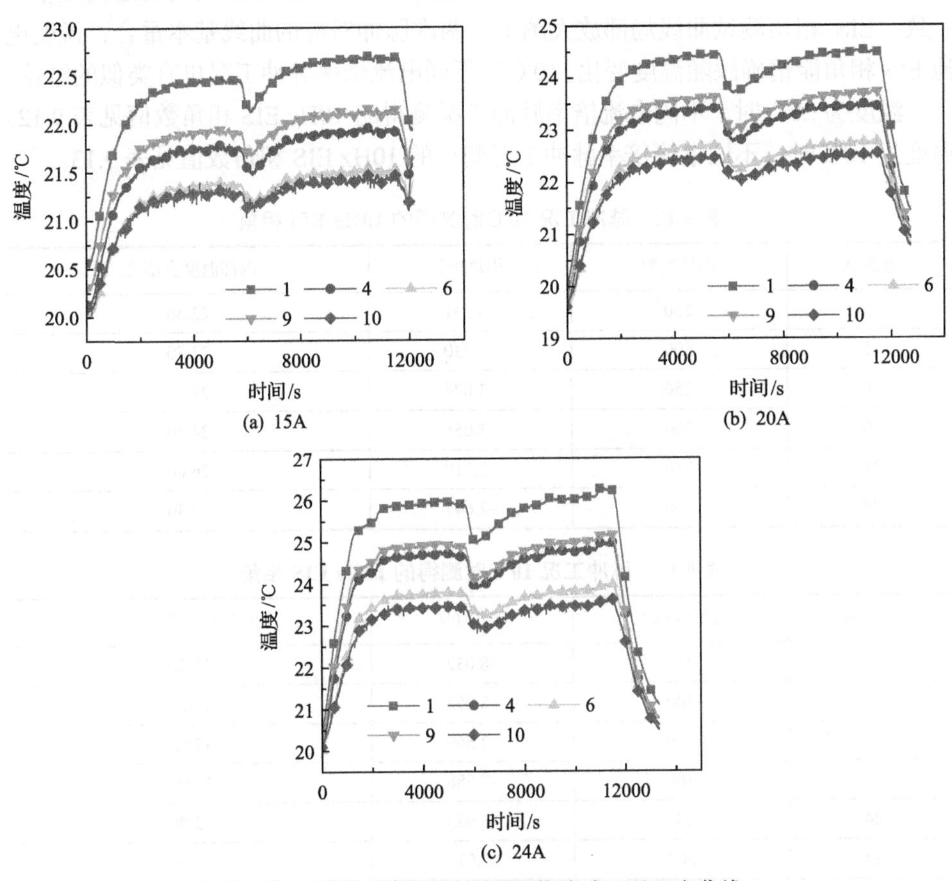

(a) 15A　(b) 20A　(c) 24A

图 9.16　温度为 20℃时不同幅值脉冲工况温度曲线

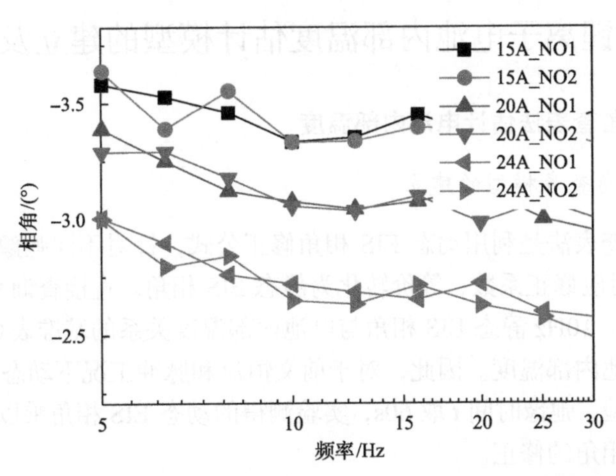

图 9.17　温度为 20℃时不同电流倍率脉冲工况 EIS 相角测试曲线局部放大图

放电电流越大，电池内外部温差越大。电池两次脉冲充放电最后的稳定温度基本一致，EIS 相角测试曲线局部放大图中，两次脉冲对应的曲线基本重合，说明电池 EIS 相角能精确跟随温度变化。10℃时不同电流倍率脉冲工况也有类似的结论。

温度为 20℃时，不同电流倍率脉冲工况测得的 10Hz EIS 相角数值见表 9.12。温度为 10℃时，不同电流倍率脉冲工况测得的 10Hz EIS 相角数值见表 9.13。

表 9.12　脉冲工况 20℃时测得的 10Hz EIS 相角

电流/A	循环次数	相角/(°)	内部温度真值/℃
15	250	−3.331	22.50
15	500	−3.330	22.70
20	250	−3.074	24.50
20	500	−3.055	24.50
24	250	−2.719	26.00
24	500	−2.647	26.30

表 9.13　脉冲工况 10℃时测得的 10Hz EIS 相角

电流/A	循环次数	相角/(°)	内部温度真值/℃
15	250	−8.032	11.25
15	500	−8.052	11.25
20	250	−7.569	12.05
20	500	−7.588	12.00
24	250	−6.983	13.00
24	500	−7.013	12.90

9.4　锂离子电池内部温度估计模型的建立及验证

9.4.1　修正相角查表法估计电池内部温度

1. 修正相角查表模型的建立

修正相角查表法是利用动态 EIS 相角修正公式，针对不同弛豫时间，将动态 EIS 相角乘以对应修正系数，等价转化为静态 EIS 相角。直接查询 9.2.3 节中建立的 50%SOC 下，10Hz 静态 EIS 相角与电池内部温度关系的基准表(表 9.6)，从而获得对应的电池内部温度。因此，对于前文恒流和脉冲工况下动态 EIS 相角与内部温度关系实验，弛豫时间 t 取 60s，实验测得的动态 EIS 相角乘以 1.0321，即可完成动态 EIS 相角的修正。

实际应用时，可根据硬件实现难易程度、测量精确度等实际情况选择合适的弛豫时间，代入原始公式便可得到对应的动静态 EIS 相角转化公式。调整过程非常简单，无须对已有基准表进行改动，对应地只需改变动态 EIS 相角修正公式中的系数值即可。

2. 修正相角查表模型验证

利用 9.3 节得到的在 0℃以下恒流工况下动态 EIS 相角与电池内部温度真值之间的关系，对上述温度估计模型进行验证，得到修正相角查表模型估计结果和误差，见表 9.14。

表 9.14 修正相角查表模型估计结果 1

温度/℃	电流/A	EIS 相角/(°)	温度真值/℃	估计温度/℃	误差/℃
–20	15	–31.820	–11.45	–12.14	–0.69
–20	20	–36.255	–16.77	–17.13	–0.36
–10	15	–23.239	–3.85	–4.73	–0.88
–10	20	–17.546	0.15	–0.23	–0.38
–10	24	–18.260	0.01	–0.79	–0.80

同样，利用 9.3 节得到的 0℃及以上温度、不同工况的动态 EIS 相角与电池内部温度真值之间的关系，对上述温度估计模型进行验证，得到修正相角查表模型的估计结果和误差见表 9.15。

表 9.15 修正相角查表模型估计结果 2

温度/℃	电流/A	EIS 相角/(°)	温度真值/℃	估计温度/℃	误差/℃
0	15	–10.094	6.75	7.68	0.93
0	20	–8.791	8.60	9.08	0.48
0	24	–7.834	10.20	10.24	0.04
10	15	–8.052	11.25	9.87	–1.38
10	20	–7.588	12.00	10.85	–1.15
10	24	–7.013	12.90	12.29	–0.61
20	15	–3.330	22.70	23.69	0.99
20	20	–3.055	24.50	25.37	0.87
20	24	–2.647	26.30	27.86	1.56

可以看出，修正相角查表法估计温度的精度很高。在低温区域(–20～–10℃)内电池估计温度始终小于真实温度，而高温区域(0～20℃)精度相对降低。这是由于电池内部温度真值是由内部中心位置处热电偶测量得到的，该温度仅能代表电池内部中心点的温度。而利用修正相角查表法估计出的温度为电池内部的平均温

度，两值之间本身就存在一定的偏差。另外，低温下电池内部中心点温度始终比电池平均温度高。高温下由于电池阻抗小，相角变化相对不明显，容易受到外界因素干扰，结果精度受到影响。

针对高温区域，可以进一步引入其他可测影响因素，如环境温度、单位时间内电流大小等，利用多元线性拟合建立模型，建立各个因素与电池内部中心点真实温度之间的关系，从而提高精度。

9.4.2 多元线性回归法修正电池内部温度估计

为进一步提高估计模型对高温区和低温区的普适性，本节在修正相角法的基础上引入其他直观可测影响因素，如环境温度、单位时间内的电流大小等，利用多元线性拟合方法建立估计模型，研究各个因素与动力电池内部中心点真实温度之间的关系。

1. 多元线性回归法

多元线性回归分析[239-242]的基本步骤：①确定因变量与自变量，并初步设定多元线性回归方程；②计算估计参数，确定估计多元线性回归方程；③利用检验统计量对回归预测模型进行各项显著性检验；④检验通过后，可利用回归模型进行预测，分析评价预测值。对方程和变量的检验主要包括拟合优度检验(R)、显著性检验(F)、回归系数显著性检验(t)。

拟合优度检验是利用复相关系数检验自变量与因变量之间的线性相关程度，R值越接近 1，说明方程对观测值的拟合程度越好。另外，决定系数 R^2 是对回归模型拟合程度的综合度量。实际检验过程中，根据选定的检验水平 α，查表得到检验有效性的临界值。若计算得到的 R 值大于该临界值，则预测结果可用，反之不可用。

显著性检验用于确定因变量与自变量之间的线性关系是否显著。整个模型的显著性检验，是检验模型对总体的近似程度。实际检验过程中，根据选定的检验水平 α，查 F 分布表得到检验有效性的临界值。若计算得到的整个模型 F 值大于该临界值，则表明线性回归方程显著成立，反之则认为线性回归方程不显著成立。对于自变量，若其 F 值大于对应的临界值，则表明该自变量与因变量之间具有显著线性关系，反之则不显著。

整体模型的拟合优度检验和显著性检验是将所有自变量作为整体来检验其与因变量的相关性以及拟合效果。回归系数显著性检验则是利用统计量对回归模型每一个系数进行检验。实际检验过程中，根据选定的检验水平 α，查表得到检验有效性的临界值。若计算得到的 t 值大于该临界值，则表明回归系数有显著意义，对应的影响因子应保留在方程中，反之则去掉该影响因子，重新建立回归方程。

2. 多元线性回归温度估计模型的建立

在本章研究中电池在温度 0～20℃内可供建模的数据见表 9.16。

表 9.16　多元线性回归建模数据

环境温度/℃	电流/A	修正相角估计温度/℃	温度真值/℃
0	15	7.68	6.75
0	20	9.08	8.60
0	24	10.24	10.20
10	15	9.87	11.25
10	20	10.85	12.00
10	24	12.29	12.90
20	15	23.69	22.70
20	20	25.37	24.50
20	24	27.86	26.30

选取环境温度 $T_{环境}$、电流大小 I、修正相角估计温度 $T_{修正}$，建立与温度真值 T 之间的线性关系。利用 MATLAB 工具箱得到三元线性回归模型：

$$T=0.5163+0.2132T_{环境}+0.0843I+0.7043T_{修正} \tag{9.3}$$

方程检验值 R=0.9991，F=942.9749；环境温度对应的检验值 F=28.8977，t=3.3682；单位时间内电流大小对应的检验值 F=4.8114，t=1.3744；修正相角估计温度对应的检验值 F=260.9389，t=10.1212。

取 α=0.05 对方程和回归系数进行检验，其中自变量个数 n=3，数据组数 N=9。查 R 检验临界值表 $R_{\alpha}(N-2)$ 得到 $R_{0.05}(7)=0.666$；查 F 分布表 $F_{\alpha}(n,N-n-1)$ 得到 $F_{0.05}(3,5)=5.41$，$F_{0.05}(1,5)=6.61$；查 t 检验临界值表 $t_{\alpha/2}(N-n-1)$ 得到 $t_{0.05/2}(5)=2.571$。

对于式(9.3)，方程拟合优度检验值 R=0.9991＞0.666，说明预测模型可用；方程显著性检验值 F=942.9749＞5.41，说明方程显著；环境温度对应的显著性检验值 F=28.8977＞6.61，t=3.3682＞2.571，说明该自变量影响显著，应保留在方程中；电流大小对应的显著性检验值 F=4.8114<6.61，t=1.3744<2.571，说明该自变量对内部中心点温度影响不显著，应去掉该因子，重新建立回归方程；相角估计温度对应的显著性检验值 F=260.9389＞6.61，t=10.1212＞2.571，说明该自变量影响显著，应保留在方程中。

通过以上整体以及各个影响因素的相关性分析发现，该电池内部温度预测模型可用，但其中电流大小对电池内部中心点温度的影响不显著，可去除该因子，重新建立回归方程。

剔除电流大小，只选取环境温度 $T_{环境}$和修正相角估计温度 $T_{修正}$，建立与温度真值 T 之间的线性关系。利用 MATLAB 软件编程得到二元线性回归模型：

$$T=1.9235+0.1829T_{环境}+0.7408T_{修正} \tag{9.4}$$

方程检验值 $R=0.9983$，$F=863.5238$；环境温度对应的检验值 $F=14.8006$，$t=2.7258$；修正相角估计温度对应的检验值 F=206.5244，t=10.1823。

取 $\alpha=0.05$ 对方程和回归系数进行检验，其中自变量个数 $n=2$，数据组数 $N=9$。查 R 检验临界值表 $R_{\alpha}(N-2)$ 得到 $R_{0.05}(7)=0.666$；查 F 分布表 $F_{\alpha}(n,N-n-1)$ 得 $F_{0.05}(2,6)=5.14$，$F_{0.05}(1,6)=5.99$；查 t 检验临界值表 $t_{\alpha/2}(N-n-1)$ 得到 $t_{0.05/2}(6)=2.447$。

对于二元一次线性回归方程(9.4)，方程拟合优度检验值 $R=0.9983>0.666$，说明预测模型可用；方程显著性检验值 $F=863.5238>5.14$，说明方程显著；环境温度对应的显著性检验值 $F=14.8006>5.99$，$t=2.7258>2.447$，说明该自变量影响显著，应保留在方程中；相角估计温度对应的显著性检验值 $F=206.5244>5.99$，$t=10.1823>2.447$，说明该自变量影响显著，应保留在方程中。

通过以上分析发现，该二元线性回归电池内部温度估计模型可用，各项显著性检验指标都满足要求。通过两次相关性分析发现，修正相角估计温度在两式中的相关性均非常显著，故该值与内部中心点温度密切相关。电池内外温差不大时，直接运用修正相角查表法也足以满足实际应用需求。此时，无须运用温度传感器便可监测和获取电池内部平均温度。

3. 内部温度估计模型实验验证

设计工况实验以比较不同内部温度估计模型的精度。其中，环境温度分别为10℃和 20℃，弛豫时间分别为 10s 和 30s，设计的电池复杂工况见表 9.17。

表 9.17　内部温度估计验证实验步骤

步骤	描述
1	15A 恒流放电 30min，弛豫时间后测试 EIS
2	20A 脉冲充放电 100 次，弛豫时间后测试 EIS
3	20A 恒流放电 15min，弛豫时间后测试 EIS
4	24A 恒流放电 20min，弛豫时间后测试 EIS
5	20A 脉冲充放电 100 次，弛豫时间后测试 EIS
6	20A 恒流放电 15min，弛豫时间后测试 EIS

为了直观地比较不同温度估计模型的精度，图 9.18 为变工况激励条件下，弛豫时间分别为 10s 和 30s 时不同估计方法的精度对比。图中，Tin_10℃和 Tin_20℃为电池内部真实温度，Tcore 为直接查表法估计出的电池内部温度，Tcore1 为修正相角查表法估计出的电池内部温度，Tmult 为二元线性回归法估计出的电池内部温度。

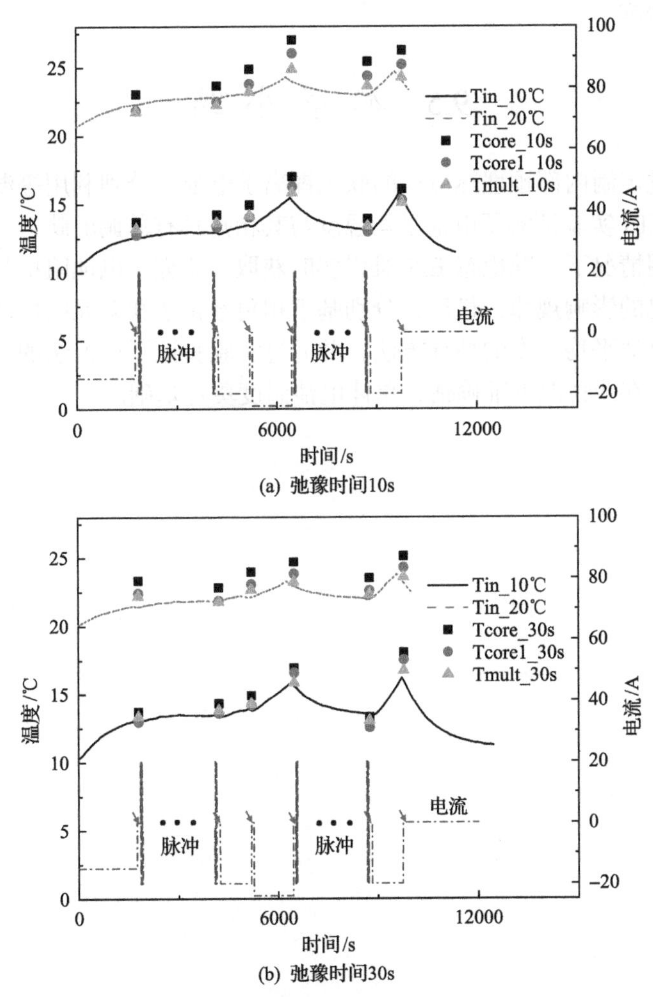

图 9.18 不同弛豫时间下温度估计精度的对比

观察图 9.18(a)和(b)可以发现，相比于直接查表法，修正相角查表法和二元线性回归法估计出的电池内部中心点温度误差相对较小，说明相角的修正有利于更精确地估计电池内部温度。

弛豫时间为 10s 时，两种方法估计出的电池内部温度整体偏离真实电池内部温度，均比弛豫时间 30s 时的偏离程度大，这表明弛豫时间越长，温度估计越准。

结合理论分析，弛豫时间越长，电池越趋于平衡状态，电池 EIS 测试精度越高，从而估计出的温度越精确。

温度 20℃时二元线性回归法相比修正相角查表法更精确，其结果更靠近温度真值曲线。结合理论分析，修正相角查表法在该温度下较低温下精度下降，而二元线性回归法耦合了环境温度因素，从而相对提高了二元线性回归模型在整个温度范围内的精度。

9.5 本章小结

本章通过定制内部预埋热电偶的软包锂离子电池，分别利用等温和构造温差下的准稳态 EIS 实验证实了电池平均温度与其相角具有单调的映射关系；然后，考虑实际应用情况下，准稳态 EIS 难以实时获取，研究了电池阻抗与温度关联关系受动态工况的影响规律；最后，分别基于相角修正法和多元线性回归法提出了动态工况下电池平均温度的估计方法，并通过实验验证了该方法的有效性。本章所述方法可为在线情况下准确估计单体电池温度奠定基础。

第10章　总结与展望

10.1　总　　结

本书针对动力电池，详细阐述了其EIS的形成机理、描述模型及其参数辨识，介绍了动力电池EIS的在线获取方法和应用案例等。

阻抗本身是用来描述电气网络特性的物理量。化学电源中带电粒子的移动产生了导电的现象，使得电源本身变成了一个二端口的“电网络”，进而产生了阻抗。这种带电粒子主要是参与电池内的电化学过程，因此电化学阻抗成为化学电源通用的特征参数。对于动力电池，如常见的锂离子电池，其内部的主要电化学物理过程包括电子在固相中的传导过程，离子在固液相中的传导和扩散过程、在固液相界面上的传荷过程以及在固液相界面等效膜上的充放电过程。这些过程发生的难易和快慢是不同的，因此主导着电池内部不同频段的阻抗特性。EIS包含着丰富的信息，通过对阻抗的研究可以分析上述过程的特性。近年来，电化学阻抗方法在电池机理分析、建模及状态估计等方面一直得以持续地发挥作用正是基于上述缘由。上述内容在第1章进行了详细介绍。

电极过程时域方程转化到频域是获得阻抗的基本思路。通常情况下电池的阻抗是在小激励下测量得到的，在对电极过程进行简化后可以直接推导电池的阻抗模型。这种电化学阻抗模型来自于电极控制方程，其中的参数具有明确的物理意义，但是模型结构较为复杂，因此基于此类模型一般进行电池阻抗的仿真，或基于阻抗及电极控制方程的关系分析电池电极过程特性。对于以控制为目的的应用场合，ECM具有模型结构简单的特点，因此更加适用。这部分内容在第2章进行了详细阐述。

实验室情况下，可通过特定设备，如电化学工作站等测量得到动力电池的EIS。然而，对于实际的在线应用，上述昂贵、精密的设备难以直接应用。此时，需要设计适用于在线应用的电池阻抗获取方法。根据激励方式及系统实现原理，分为基于电压电流信号时频分析的在线阻抗获取以及基于交流激励的电池阻抗在线获取。前者不需要重新设计激励源，而直接对实际应用中突变工况时的电压电流信号进行时频分析，在线计算得到阻抗；后者则在现有车载充电机基础上进行适当改造，使之能实现交流激励功能，从而同步测量交流激励及响应后在线计算阻抗。关于动力电池电化学阻抗谱的在线获取方法的原理及设计见本书第3章。

一般认为，动力电池电化学阻抗的准确获取需要在满足因果性、线性、稳定性条件下进行。这在实验室条件下比较容易满足，然而，电池在实际应用条件下，无论是线性条件下弱激励及其响应的高精度检测，还是稳定性要求的长时间静置等条件都很难满足。这种不同于实验室条件的应用工况往往是非稳态的或者不容易保证稳态条件。因此，需要针对第 3 章提出的两种典型阻抗在线获取方法，进行非稳态条件下的阻抗特性研究。影响阻抗测量的激励电流幅值、静置时间、充放电偏置等因素在第 4 章进行了详细阐述。

在利用获取的电化学阻抗进行电极过程分析之前，往往需要对 EIS 进行定量解析，基于 ECM 的方法是最常用的解析方法；此外，在基于模型的电池状态估计算法中，模型结构和模型参数的确立也是重要基础，而 EIS 则可为电池模型结构和参数的确定提供重要信息。不同的电池，其 EIS 也有所不同，因此需要根据所得到的 EIS 进行合理的 ECM 选取。电池的 ECM 种类繁多，主要分为线性 ECM 及非线性 ECM，在使用前需要根据电池阻抗测试结果选择模型结构。在选定模型后，为了定量分析，则需要进一步完成模型参数的辨识。本书第 5 章详细介绍了电池 EIS 的 ECM 建模及模型参数的离线辨识及在线辨识。

电池 EIS 的应用很多，本书从第 6 章到第 9 章分别介绍了几种典型的阻抗应用方法。首先在第 6 章阐述了 EIS 在电池老化模式诊断中的应用原理。将电池的三种老化模式(活性锂离子损失、活性材料损失及导电损失)分别与 ECM 中的参数变化关联起来，通过辨识不同老化阶段电池的 ECM 参数，实现电池三种老化模式的量化；此外，为了明确基于阻抗谱 ECM 在电池老化模型量化分析中的适用性，进一步通过统计学分析方法，研究了不同的电池阻抗谱 ECM 在进行老化模式量化时的差异。最后，以商用锂离子电池为例，利用所提出的老化模式识别方法对三种老化模式进行了分析。

电池老化过程是内部各过程综合衰减的体现。通过对阻抗进行解析能反映与电池内部过程相对应的不同阻抗成分的变化规律，因此 EIS 的丰富内涵使得其在动力电池健康状态估计中也得到了广泛应用。本书第 7 章在获取电池在不同老化工况下 EIS 演变规律的基础上，量化不同阻抗成分的变化规律，提出了采用对老化最敏感的传荷电阻来表征电池健康状态的方法。进一步考虑电池的阻抗非常容易受到温度和 SOC 的影响，从机理推导了传荷电阻受状态的影响模型，并基于该模型进行不同状态下传荷电阻的折算，进行了利用不同状态下传荷电阻实现健康状态估计的应用。

由于传荷电阻可用来表征电池健康状态，第 8 章进一步研究了电池传荷电阻随电池循环次数的衰减规律，并分别对指数经验模型、线性模型和多项式模型拟合上述演变规律的效果进行了评价，最终选择了线性模型来描述传荷电阻随循环次数的演变规律。基于该经验模型，提出了基于 PF 算法的电池循环次数预测方法，并给出相应的预测概率。最终，设计了预测流程，考虑温度和 SOC 对传荷电阻的影响，分别在标准状态下和更具有一般性的变温度、SOC 下实现了电池剩余循环寿命预测。

第 9 章通过定制内部预埋热电偶的软包锂离子电池，分别开展了等温和构造温差下的准稳态 EIS 实验，研究了电池阻抗受温度的影响规律，证实了电池温度与其阻抗相角具有单调的映射关系，提出了利用 10Hz 下的阻抗相角进行电池内部温度估计的方法。考虑动态工况对阻抗的影响，研究了电池阻抗相角与温度映射关系受动态工况的影响规律，分别基于修正相角查表法和多元线性回归法提出了动态工况下电池内部平均温度的估计方法，实现了动态工况下电池内部温度的估计。

10.2　本书的局限性及未来展望

本书是作者研究团队在前期电池 EIS 领域研究基础上的总结，针对动力电池 EIS 的原理、获取方法及应用做了一个全景式的阐述。研究表明，从现有技术来看，将电化学阻抗应用到实际电池中具有一定的可行性。然而，由于工作积累及现有技术条件，本书所介绍的相关内容仍有一定的局限性，这也是后续工作中需进一步研究突破之处。

首先，本书重点阐述的是在满足线性、稳定性和因果性条件下阻抗的机理、模型和影响。虽然在第 4 章分析了电池在线阻抗获取过程中动态工况(考虑不同激励电流幅值、不同静置时间、不同直流偏置等因素)对 EIS 的影响，但该部分研究仍缺乏一般性。因此，对于电池实际的不同应用场合，还需要系统地考虑更加复杂的充放电工况，以及利用阻抗时电池状态的改变对阻抗的影响。

然后，本书介绍了关于电池 EIS 的应用，但实际上电池 EIS 的应用远不止于本书所介绍的内容。交流电化学阻抗本身作为一个二次物理量(即不能直接测量的物理量)，其所传递的信息是对可直接测量的电压、电流等物理量的进一步挖掘。因此，理论上电池的 EIS 可以应用在电池管理的方方面面，如针对电池安全性(内短路、热失控等诊断、预警等)方面的研究仍需要进行进一步的探究。另外，关于 EIS 与数据驱动方法及智能算法的结合，本书也未能给出详细的研究结果。

最后，电池阻抗的在线获取实际对电池管理的软硬件提出了更高的要求，目前常规的电池管理系统仍无法完全满足该要求。相关科研院所及企业已经开始着手研发具备在线 EIS 测量功能的电池管理芯片，相信在不远的将来，电池阻抗在线获取的工程实现将比较方便。

参考文献

[1] Heaviside O. Electrical Papers[M]. New York: MacMillan, 1894.

[2] Wheatstone C. An account of several new instruments and processes for determining the constants of a voltaic circuit[J]. Proceedings of the Royal Society of London, 1843, 4(1): 4469-4471.

[3] Nernst W. Methode zur bestimmung von dielektrizitätskonstanten[J]. Zeitschrift für Physikalische Chemie, 1894, 14(1): 622-663.

[4] Ayres C H. Measurement of the internal resistance of galvanic cells[J]. Physical Review, 1902, 14(1): 17-37.

[5] Warburg E. Ueber das verhalten sogenannter unpolarisirbarer elektroden gegen wechselstrom[J]. Annalen Der Physik, 1899, 67: 493-499.

[6] MacDonald D D. Reflections on the history of electrochemical impedance spectroscopy[J]. Electrochimica Acta, 2006, 51(8-9): 1376-1388.

[7] Cole K S. Electric impedance of suspensions of spheres[J]. The Journal of General Physiology, 1928, 12(1): 29-36.

[8] Fricke H. The theory of electrolytic polarization[J]. Philosophical Magazine, 1932, 14: 310-318.

[9] Cole K S, Cole R H. Dispersion and absorption in dielectrics[J]. Journal of Chemical Physics, 1941, 9: 42-52.

[10] Kronig L R D. On the theory of dispersion of X-rays[J]. Journal of the Optical Society of America, 1926, 12(6): 540-547.

[11] Prins J A. Über die dispersion und absorption von röntgenstrahlen[J]. Zeitschrift für Physik, 1928, 47(7): 479-498.

[12] MacDonald M U, Real S, MacDonald D D. Application of Kramers-Kronig transforms in the analysis of electrochemical systems[J]. Journal of the Electrochemical Society, 1985, 35(10): 1559-1566.

[13] Frumkin A. The study of the double layer at the metal-solution interface by electrokinetic and electrochemical methods. Part II.—(A) Electrokinetic equations[J]. Transactions of the Faraday Society, 1940, 35: 117-127.

[14] Grahame D C. The electrical double layer and the theory of electrocapillarity[J]. Chemical Reviews, 1947, 41(3): 441-501.

[15] Dolin P, Ershler B. The kinetics of discharge and ionization of hydrogen adsorbed at Pt-electrode[J]. Acta Physicochimica URSS, 1940, 13: 747.

[16] Randles J E B. Kinetics of rapid electrode reactions[J]. Discussions of the Faraday Society, 1947, 1: 1-11.

[17] Delahay P, Linford H B. Advances in electrochemistry and electrochemical engineering[J]. Journal of the Electrochemical Society, 1964, 111(4): 109.

[18] MacDonald J R. Analysis of impedance and admittance data for solids and liquids[J]. Journal of the Electrochemical Society, 1977, 124(7): 1022-1030.

[19] MacDonald J R, Schoonman J, Lehnen A P. Applicability and power of complex nonlinear least squares for the analysis of impedance and admittance data[J]. Journal of Electroanalytical Chemistry & Interfacial Electrochemistry, 1982, 131: 77-95.

[20] Boukamp B A. A nonlinear least squares fit procedure for analysis of immittance data of electrochemical systems[J]. Solid State Ionics, 1986, 20(1): 31-44.

[21] Orazem M E, Tribollet B. Electrochemical Impedance Spectroscopy[M]. New York: John Wiley & Sons, 2017.

[22] Osaka T, Mukoyama D, Nara H. Review—Development of diagnostic process for commercially available batteries, especially lithium ion battery, by electrochemical impedance spectroscopy[J]. Journal of the Electrochemical Society, 2015, 162(14): 2529-2537.

[23] Nara H, Yokoshima T, Osaka T. Technology of electrochemical impedance spectroscopy for an energy-sustainable society[J]. Current Opinion in Electrochemistry, 2020, 20: 66-77.

[24] Gücin T N, Ovacik L. Online impedance measurement of batteries using the cross-correlation technique[J]. IEEE Transactions on Power Electronics, 2020, 35(4): 4365-4375.

[25] MacDonald J R, Barsoukov E. Impedance spectroscopy: Theory, experiment, and applications[J]. History, 2005, 1(8): 1-13.

[26] Huang W X, Qahouq J A. An online battery impedance measurement method using DC-DC power converter control[J]. IEEE Transactions on Industrial Electronics, 2014, 61(11): 5987-5995.

[27] Qahouq J A. Online battery impedance spectrum measurement method[C]//Proceedings of the IEEE Applied Power Electronics Conference and Exposition, Long Beach, 2016: 3611-3615.

[28] Qahouq J A, Xia Z. Single-perturbation-cycle online battery impedance spectrum measurement method with closed-loop control of power converter[J]. IEEE Transactions on Industrial Electronics, 2017, 64(9): 7019-7029.

[29] Nguyen T T, Tran V L, Choi W J. Development of the intelligent charger with battery state-of-health estimation using online impedance spectroscopy[C]//The 23rd International Symposium on Industrial Electronics, Istanbul, 2014: 454-458.

[30] Lee Y D, Park S Y, Han S B. Online embedded impedance measurement using high-power battery charger[J]. IEEE Transactions on Industry Applications, 2015, 51(1): 498-508.

[31] Dam S K, John V. High-resolution converter for battery impedance spectroscopy[J]. IEEE

Transactions on Industry Applications, 2018, 54(2): 1502-1512.

[32] Din E, Schaef C, Moffat K, et al. A scalable active battery management system with embedded real-time electrochemical impedance spectroscopy[J]. IEEE Transactions on Power Electronics, 2017, 32(7): 5688-5698.

[33] Raijmakers L H J, Shivakumar K M, Donkers M C F, et al. Crosstalk interferences on impedance measurements in battery packs[J]. IFAC-Papers OnLine, 2016, 49(11): 42-47.

[34] Waligo A, Barendse P. A comparison of the different broadband impedance measurement techniques for lithium-ion batteries[C]//Proceedings of the IEEE Energy Conversion Congress and Exposition, Milwaukee, 2016: 1-7.

[35] Christophersen J P, Morrison J, Morrison W, et al. Rapid impedance spectrum measurements for state-of-health assessment of energy storage devices[J]. SAE International Journal of Passenger Cars-Electronic and Electrical Systems, 2012, 5: 246-256.

[36] Yokoshima T, Mukoyama D, Nara H, et al. Impedance measurements of kilowatt-class lithium ion battery modules/cubicles in energy storage systems by square-current electrochemical impedance spectroscopy[J]. Electrochimica Acta, 2017, 246: 800-811.

[37] Al Nazer R, Cattin V, Granjon P, et al. Broadband identification of battery electrical impedance for hevs[J]. IEEE Transactions on Vehicular Technology, 2013, 62(7): 2896-2905.

[38] Piret H, Granjon P, Guillet N, et al. Tracking of electrochemical impedance of batteries[J]. Journal of Power Sources, 2016, 312: 60-69.

[39] Geng Z, Thiringer T, Olofsson Y, et al. On-board impedance diagnostics method of Li-ion traction batteries using pseudo-random binary sequences[C]//The 20th European Conference on Power Electronics and Applications, Riga, 2015: 1-8.

[40] Sihvo J, Stroe D I, Messo T, et al. Fast approach for battery impedance identification using pseudo-random sequence signals[J]. IEEE Transactions on Power Electronics, 2019, 35(3): 2548-2557.

[41] Locorotondo E, Scavuzzo S, Pugi L, et al. Electrochemical impedance spectroscopy of Li-ion battery on-board the electric vehicles based on fast nonparametric identification method[C]// Proceedings of the IEEE International Conference on Environment and Electrical Engineering and IEEE Industrial and Commercial Power Systems Europe, Genova, 2019: 1-8.

[42] Wang X, Wei X, Chen Q, et al. Lithium-ion battery temperature on-line estimation based on fast impedance calculation[J]. Journal of Energy Storage, 2019, 26(12): 1-12.

[43] Nakayama M, Fukuda K, Ohmori Y, et al. Battery impedance measurement by Laplace transformation of charge or discharge current/voltage[J]. IEEJ Transactions on Power and Energy, 2005, 125(12): 1279-1286.

[44] Rahmoun A, Loske M, Rosin A. Determination of the impedance of lithium-ion batteries using methods of digital signal processing[J]. Energy Procedia, 2014, 46: 204-213.

[45] Klotz D, Schönleber M, Schmidt J P, et al. New approach for the calculation of impedance spectra out of time domain data[J]. Electrochimica Acta, 2011, 56(24): 8763-8769.

[46] Hoshi Y, Yakabe N, Isobe K, et al. Wavelet transformation to determine impedance spectra of lithium-ion rechargeable battery[J]. Journal of Power Sources, 2016, 315: 351-358.

[47] Itagaki M, Ueno M, Hoshi Y, et al. Simultaneous determination of electrochemical impedance of lithium-ion rechargeable batteries with measurement of charge-discharge curves by wavelet transformation [J]. Electrochimica Acta, 2017, 235: 384-389.

[48] Bullecks B, Suresh R, Rengaswamy R. Rapid impedance measurement using chirp signals for electrochemical system analysis[J]. Computers & Chemical Engineering, 2017, 106: 421-436.

[49] Gabrielli C, Huet F, Keddam M, et al. Measurement time versus accuracy trade-off analyzed for electrochemical impedance measurements by means of sine, white noise and step signals[J]. Journal of Electroanalytical Chemistry and Interfacial Electrochemistry, 1982, 138(1): 201-208.

[50] Liebhart B, Komsiyska L, Endisch C. Passive impedance spectroscopy for monitoring lithium-ion battery cells during vehicle operation[J]. Journal of Power Sources, 2020, 449: 227297.

[51] Yokoshima T, Mukoyama D, Nakazawa K, et al. Application of electrochemical impedance spectroscopy to ferri/ferrocyanide redox couple and lithium ion battery systems using a square wave as signal input[J]. Electrochimica Acta, 2015, 180: 922-928.

[52] Takeno K, Ichimura M, Takano K, et al. Quick testing of batteries in lithium-ion battery packs with impedance-measuring technology[J]. Journal of Power Sources, 2004, 128(1): 67-75.

[53] 徐玮, 魏学哲, 沈丹. 电池管理系统中电压电流检测不同步对电池内阻辨识影响的分析[J]. 汽车工程, 2009, (3): 228-233, 238.

[54] Newman J, Tiedemann W. Porous-electrode theory with battery applications[J]. AIChE Journal, 1975, 21(1): 25-41.

[55] Lyu C, Song Y, Zheng J, et al. In situ monitoring of lithium-ion battery degradation using an electrochemical model[J]. Applied Energy, 2019, 250: 685-696.

[56] Han X B, Ouyang M G, Lu L G, et al. Simplification of physics-based electrochemical model for lithium ion battery on electric vehicle. Part II: Pseudo-two-dimensional model simplification and state of charge estimation[J]. Journal of Power Sources, 2015, 278: 814-825.

[57] Yuan S, Jiang L, Yin C, et al. A transfer function type of simplified electrochemical model with modified boundary conditions and Padé approximation for Li-ion battery: Part 2. Modeling and parameter estimation[J]. Journal of Power Sources, 2017, 352: 258-271.

[58] Rodríguez A, Plett G L, Trimboli M S. Comparing four model-order reduction techniques, applied to lithium-ion battery-cell internal electrochemical transfer functions[J]. eTransportation, 2019, 1: 100009.

[59] Mallarapu A, Kim J, Carney K, et al. Modeling extreme deformations in lithium ion batteries[J]. eTransportation, 2020, 4: 100065.

[60] Meyers J P, Doyle M, Darling R M, et al. The impedance response of a porous electrode composed of intercalation particles[J]. Journal of the Electrochemical Society, 2000, 147(8): 2930-2940.

[61] Li S E, Wang B, Peng H, et al. An electrochemistry-based impedance model for lithium-ion batteries[J]. Journal of Power Sources, 2014, 258: 9-18.

[62] Sikha G, White R E. Analytical expression for the impedance response of an insertion electrode cell[J]. Journal of the Electrochemical Society, 2007, 154(1): A43-A54.

[63] Xiao M, Choe S Y. Impedance model of lithium ion polymer battery considering temperature effects based on electrochemical principle: Part I for high frequency[J]. Journal of Power Sources, 2015, 277: 403-415.

[64] Xie Y, Li J, Yuan C. Mathematical modeling of the electrochemical impedance spectroscopy in lithium ion battery cycling[J]. Electrochimica Acta, 2014, 127: 266-275.

[65] Huang J, Ge H, Li Z, et al. An agglomerate model for the impedance of secondary particle in lithium-ion battery electrode[J]. Journal of the Electrochemical Society, 2014, 161(8): E3202-E3215.

[66] Munichandraiah N, Scanlon L G, Marsh R A. Surface films of lithium: An overview of electrochemical studies[J]. Journal of Power Sources, 1998, 72(2): 203-210.

[67] Pajkossy T. Impedance of rough capacitive electrodes[J]. Journal of Electroanalytical Chemistry, 1994, 364(1): 111-125.

[68] Pauliukaite R, Ghica M E, Fatibello-Filho O, et al. Electrochemical impedance studies of chitosan-modified electrodes for application in electrochemical sensors and biosensors[J]. Electrochimica Acta, 2010, 55(21): 6239-6247.

[69] Jacobsen T, West K. Diffusion impedance in planar, cylindrical and spherical symmetry[J]. Electrochimica Acta, 1995, 40(2): 255-262.

[70] Weydanz W, Jossen A. Moderne Akkumulatoren Richtig Einsetzen[M]. Berlin: Reichert Verlag, 2006.

[71] Huang J. Diffusion impedance of electroactive materials, electrolytic solutions and porous electrodes: Warburg impedance and beyond[J]. Electrochimica Acta, 2018, 281: 170-188.

[72] Munoz-Condes P, Gomez-Parra M, Sancho C, et al. On condition maintenance based on the impedance measurement for traction batteries: Development and industrial implementation[J]. IEEE Transactions on Industrial Electronics, 2013, 60(7): 2750-2759.

[73] Alavi S M M, Birkl C R, Howey D A. Time-domain fitting of battery electrochemical impedance models[J]. Journal of Power Sources, 2015, 288: 345-352.

[74] Yuan S F, Wu H J, Zhang X, et al. Online estimation of electrochemical impedance spectra for lithium-ion batteries via discrete fractional order model[C]//The 9th IEEE Vehicle Power and Propulsion Conference, Beijing, 2013: 224-229.

[75] Habte B T, Jiang F. Effect of microstructure morphology on Li-ion battery graphite anode performance: Electrochemical impedance spectroscopy modeling and analysis[J]. Solid State Ionics, 2018, 314: 81-91.

[76] Christensen A, Adebusuyi A. Using on-board electrochemical impedance spectroscopy in battery management systems[C]//Proceedings of the World Electric Vehicle Symposium and Exhibition, Barcelona, 2013: 1-7.

[77] Guha A, Patra A. Online estimation of the electrochemical impedance spectrum and remaining useful life of lithium-ion batteries[J]. IEEE Transactions on Instrumentation and Measurement, 2018, 67(8): 1836-1849.

[78] Hejabi M, Oweisi A, Gharib N. Modeling of kinetic behavior of the lead dioxide electrode in a lead-acid battery by means of electrochemical impedance spectroscopy[J]. Journal of Power Sources, 2006, 158(2): 944-948.

[79] Fleischer C, Waag W, Heyn H M, et al. On-line adaptive battery impedance parameter and state estimation considering physical principles in reduced order equivalent circuit battery models: Part 1. Requirements, critical review of methods and modeling[J]. Journal of Power Sources, 2014, 260: 276-291.

[80] Xu J, Mi C C, Cao B G, et al. A new method to estimate the state of charge of lithium-ion batteries based on the battery impedance model[J]. Journal of Power Sources, 2013, 233(7): 277-284.

[81] Zhang S S, Xu K, Jow T R. Electrochemical impedance study on the low temperature of Li-ion batteries[J]. Electrochimica Acta, 2004, 49(7): 1057-1061.

[82] Liu Y, Liu Q, Li Z, et al. Failure study of commercial $LiFePO_4$ cells in over-discharge conditions using electrochemical impedance spectroscopy[J]. Journal of the Electrochemical Society, 2014, 161(4): A620-A632.

[83] Zhu J, Darma M S D, Knapp M, et al. Investigation of lithium-ion battery degradation mechanisms by combining differential voltage analysis and alternating current impedance[J]. Journal of Power Sources, 2020, 448(2): 1-12.

[84] Zhao X, Zhuang Q C, Wu C, et al. Impedance studies on the capacity fading mechanism of $Li(Ni_{0.5}Co_{0.2}Mn_{0.3})O_2$ cathode with high-voltage and high-temperature[J]. Journal of the Electrochemical Society, 2015, 162(14): A2770-A2779.

[85] Tatara R, Karayaylali P, Yu Y, et al. The effect of electrode-electrolyte interface on the electrochemical impedance spectra for positive electrode in Li-ion battery[J]. Journal of the Electrochemical Society, 2019, 166(3): A5090-A5098.

[86] Balasundaram M, Ramar V, Yap C, et al. Heat loss distribution: Impedance and thermal loss analyses in $LiFePO_4$/graphite 18650 electrochemical cell[J]. Journal of Power Sources, 2016, 328: 413-421.

[87] Samadani E, Farhad S, Scott W, et al. Empirical modeling of lithium-ion batteries based on electrochemical impedance spectroscopy tests[J]. Electrochimica Acta, 2015, 160: 169-177.

[88] Itagaki M, Kobari N, Yotsuda S, et al. In situ electrochemical impedance spectroscopy to investigate negative electrode of lithium-ion rechargeable batteries[J]. Journal of Power Sources, 2004, 135(1-2): 255-261.

[89] Huang J, Ge H, Li Z, et al. Dynamic electrochemical impedance spectroscopy of a three-electrode lithium-ion battery during pulse charge and discharge[J]. Electrochimica Acta, 2015, 176: 311-320.

[90] Westerhoff U, Kroker T, Kurbach K, et al. Electrochemical impedance spectroscopy based estimation of the state of charge of lithium-ion batteries[J]. Journal of Energy Storage, 2016, 8: 244-256.

[91] Deng Z, Zhang Z, Lai Y, et al. Electrochemical impedance spectroscopy study of a lithium/sulfur battery: Modeling and analysis of capacity fading[J]. Journal of the Electrochemical Society, 2013, 160(4): A553-A558.

[92] Wang L, Zhao J S, He X M, et al. Electrochemical impedance spectroscopy(EIS) study of $LiNi_{1/3}Co_{1/3}Mn_{1/3}O_2$ for Li-ion batteries[J]. International Journal of Electrochemical Science, 2012, 7(1): 345-353.

[93] Stroe D I, Swierczynski M, Stan A I, et al. Diagnosis of lithium-ion batteries state-of-health based on electrochemical impedance spectroscopy technique[C]//Proceedings of the IEEE Energy Conversion Congress and Exposition, Pittsburgh, 2014: 4576-4582.

[94] Zhang C, Jiang J, Zhang W, et al. Characterization of electrochemical impedance equivalent model and parameters for Li-ion batteries echelon use[J]. Automation of Electric Power Systems, 2013, (1): 54-58.

[95] Luo Y F, Gong C S A, Chang L X, et al. AC impedance technique for dynamic and static state of charge analysis for Li-ion battery[C]//The 17th International Symposium on Consumer Electronics, Hsinchu, 2013: 9-10.

[96] Cho S Y, Lee I O, Baek J I, et al. Battery impedance analysis considering DC component in sinusoidal ripple-current charging[J]. IEEE Transactions on Industrial Electronics, 2016, 63(3): 1561-1573.

[97] Wang Q K, He Y J, Shen J N, et al. State of charge-dependent polynomial equivalent circuit modeling for electrochemical impedance spectroscopy of lithium-ion batteries[J]. IEEE Transactions on Power Electronics, 2017, 33(10): 8449-8460.

[98] Barai A, Chouchelamane G H, Guo Y, et al. A study on the impact of lithium-ion cell relaxation on electrochemical impedance spectroscopy[J]. Journal of Power Sources, 2015, 280: 74-80.

[99] Troltzsch U, Kanoun O, Trankler H R. Characterizing aging effects of lithium ion batteries by impedance spectroscopy[J]. Electrochimica Acta, 2006, 51(8-9): 1664-1672.

[100] Schmitt J, Maheshwari A, Heck M, et al. Impedance change and capacity fade of lithium nickel

manganese cobalt oxide-based batteries during calendar aging[J]. Journal of Power Sources, 2017, 353: 183-194.

[101] Wang X, Wei X, Dai H. Estimation of state of health of lithium-ion batteries based on charge transfer resistance considering different temperature and state of charge[J]. Journal of Energy Storagc, 2019, 21(5): 618-631.

[102] Galeotti M, Cina L, Giammanco C, et al. Performance analysis and SOH (state of health) evaluation of lithium polymer batteries through electrochemical impedance spectroscopy[J]. Energy, 2015, 89(9): 678-686.

[103] Huang Q A, Shen Y, Huang Y H, et al. Impedance characteristics and diagnoses of automotive lithium-ion batteries at 7.5% to 93.0% state of charge[J]. Electrochimica Acta, 2016, 219(12): 751-765.

[104] Pastor-Fernández C, Uddin K, Chouchelamane G H, et al. A comparison between electrochemical impedance spectroscopy and incremental capacity-differential voltage as Li-ion diagnostic techniques to identify and quantify the effects of degradation modes within battery management systems[J]. Journal of Power Sources, 2017, 360(8): 301-318.

[105] Huang J, Zhang J, Li Z, et al. Exploring differences between charge and discharge of $LiMn_2O_4$/Li half-cell with dynamic electrochemical impedance spectroscopy[J]. Electrochimica Acta, 2014, 131(6): 228-235.

[106] Xiong R, Tian J P, Mu H, et al. A systematic model-based degradation behavior recognition and health monitoring method for lithium-ion batteries[J]. Applied Energy, 2017, 207(12): 372-383.

[107] Huhman B M, Heinzel J M, Mili L, et al. Investigation into state-of-health impedance diagnostic for 26650 4P1S battery packs[J]. Journal of the Electrochemical Society, 2017, 164(1): A6401-A6411.

[108] Li R, Wu J, Wang H, et al. Prediction of state of charge of lithium-ion rechargeable battery with electrochemical impedance spectroscopy theory[C]//Proceedings of the Industrial Electronics and Applications, Taichung, 2010: 684-688.

[109] Rodrigues S, Munichandraiah N, Shukla A K. AC impedance and state-of-charge analysis of a sealed lithium-ion rechargeable battery[J]. Journal of Solid State Electrochemistry, 1999, 3(7): 397-405.

[110] Schmidt J P, Chrobak T, Ender M, et al. Studies on $LiFePO_4$ as cathode material using impedance spectroscopy[J]. Journal of Power Sources, 2011, 196(12): 5342-5348.

[111] Mertens A, Vinke I C, Tempel H, et al. Quantitative analysis of time-domain supported electrochemical impedance spectroscopy data of Li-ion batteries: Reliable activation energy determination at low frequencies[J]. Journal of the Electrochemical Society, 2016, 163(7): H521-H527.

[112] Momma T, Matsunaga M, Mukoyama D, et al. AC impedance analysis of lithium ion battery

under temperature control[J]. Journal of Power Sources, 2012, 216: 304-307.

[113] Risse S, Canas N A, Wagner N, et al. Correlation of capacity fading processes and electrochemical impedance spectra in lithium/sulfur cells[J]. Journal of Power Sources, 2016, 323: 107-114.

[114] 王新洲. 非线性模型参数估计理论与应用[M]. 武汉：武汉大学出版社, 2002.

[115] Rahman M A, Anwar S, Izadian A. Electrochemical model parameter identification of a lithium-ion battery using particle swarm optimization method[J]. Journal of Power Sources, 2016, 307: 86-97.

[116] Hu X, Li S, Peng H. A comparative study of equivalent circuit models for Li-ion batteries[J]. Journal of Power Sources, 2012, 198: 359-367.

[117] 卞景季. 基于分数阶理论的锂离子动力电池建模研究[D]. 北京：北京交通大学, 2019.

[118] Li J, Sun D, Jin X, et al. Lithium-ion battery overcharging thermal characteristics analysis and an impedance-based electro-thermal coupled model simulation[J]. Applied Energy, 2019, 254: 113574.

[119] Wu H, Pang G K H, Choy K L, et al. A charging-scheme decision model for electric vehicle battery swapping station using varied population evolutionary algorithms[J]. Applied Soft Computing, 2017, 61: 905-920.

[120] Deb A, Roy J S, Gupta B. Performance comparison of differential evolution, particle swarm optimization and genetic algorithm in the design of circularly polarized microstrip antennas[J]. IEEE Transactions on Antennas and Propagation, 2014, 62(8): 3920-3928.

[121] Wei Z, Meng S, Xiong B, et al. Enhanced online model identification and state of charge estimation for lithium-ion battery with a FBCRLS based observer[J]. Applied Energy, 2016, 181: 332-341.

[122] Rahimian S K, Rayman S, White R E. Comparison of single particle and equivalent circuit analog models for a lithium-ion cell[J]. Journal of Power Sources, 2011, 196(20): 8450-8462.

[123] Zhang C, Allafi W, Dinh Q, et al. Online estimation of battery equivalent circuit model parameters and state of charge using decoupled least squares technique[J]. Energy, 2018, 142: 678-688.

[124] 董喜乐. 锂离子电池模型参数和荷电状态联合在线估计方法研究[D]. 北京：北京交通大学, 2019.

[125] Aurbach D, Markovsky B, Weissman I, et al. On the correlation between surface chemistry and performance of graphite negative electrodes for Li-ion batteries[J]. Electrochimica Acta, 1999, 45(1): 67-86.

[126] Zheng H, Qin J, Yang Z, et al. Temperature dependence of the electrochemical behavior of $LiCoO_2$ in quaternary ammonium-based ionic liquid electrolyte[J]. Solid State Ionics, 2005,

176(29): 2219-2226.

[127] Mingant R, Bernard J, Sauvant-Moynot V. Towards onboard Li-ion battery state-of-health diagnosis by a virtual sensor[J]. World Electric Vehicle Journal, 2012, 5(2): 405-411.

[128] Eddahech A, Briat O, Bertrand N, et al. Behavior and state-of-health monitoring of Li-ion batteries using impedance spectroscopy and recurrent neural networks[J]. International Journal of Electrical Power & Energy Systems, 2012, 42(1): 487-494.

[129] Yuan H F, Dung L R. Off-line state-of-health estimation for high power lithium-ion batteries using three-point impedance extraction method[J]. IEEE Transactions on Vehicular Technology, 2017, 66(3): 2019-2032.

[130] Srinivasan R, Carkhuff B G, Butler M H, et al. Instantaneous measurement of the internal temperature in lithium-ion rechargeable cells[J]. Electrochimica Acta, 2011, 56(17): 6198-6204.

[131] Srinivasan R. Monitoring dynamic thermal behavior of the carbon anode in a lithium-ion cell using a four-probe technique[J]. Journal of Power Sources, 2012, 198(198): 351-358.

[132] Zhu J G, Sun Z C, Wei X Z, et al. A new lithium-ion battery internal temperature on-line estimate method based on electrochemical impedance spectroscopy measurement[J]. Journal of Power Sources, 2015, 274: 990-1004.

[133] Zhu J, Sun Z, Wei X, et al. Battery internal temperature estimation for $LiFePO_4$ battery based on impedance phase shift under operating conditions[J]. Energies, 2017, 10(1): 1-17.

[134] Schmidt J P, Arnold S, Loges A, et al. Measurement of the internal cell temperature via impedance: Evaluation and application of a new method[J]. Journal of Power Sources, 2013, 243: 110-117.

[135] Raijmakers L H J, Danilov D L, van Lammeren J P M, et al. Sensorless battery temperature measurements based on electrochemical impedance spectroscopy[J]. Journal of Power Sources, 2014, 247: 539-544.

[136] Spinner N S, Love C T, Rose-Pehrsson S L, et al. Expanding the operational limits of the single-point impedance diagnostic for internal temperature monitoring of lithium-ion batteries[J]. Electrochimica Acta, 2015, 174: 488-493.

[137] Beelen H P G J, Raijmakers L H J, Donkers M C F, et al. A comparison and accuracy analysis of impedance-based temperature estimation methods for Li-ion batteries[J]. Applied Energy, 2016, 175: 128-140.

[138] Heubner C, Schneider M, Michaelis A. Investigation of charge transfer kinetics of Li-intercalation in $LiFePO_4$[J]. Journal of Power Sources, 2015, 288: 115-120.

[139] Thorat I V, Joshi T, Zaghib K, et al. Understanding rate-limiting mechanisms in $LiFePO_4$ cathodes for Li-ion batteries[J]. Journal of the Electrochemical Society, 2011, 158(11):

A1185-A1193.
[140] Tippmann S, Walper D, Balboa L, et al. Low-temperature charging of lithium-ion cells Part I: Electrochemical modeling and experimental investigation of degradation behavior[J]. Journal of Power Sources, 2014, 252: 305-316.
[141] Newman J. Electrochemical Systems[M]. New York: John Wiley & Sons, 1991.
[142] Murbach M D, Schwartz D T. Extending Newman's pseudo-two-dimensional lithium-ion battery impedance simulation approach to include the nonlinear harmonic response[J]. Journal of the Electrochemical Society, 2017, 164(11): E3311-E3320.
[143] Morris L, Weatherspoon M H, Stephens J F, et al. Pseudo-two-dimensional(P2D) reformulation modeling of Li-ion batteries using Kalman filter (KF), particle filter (PF), and hybrid particle filter (HPF) algorithms[J]. Meeting Abstracts, 2016, (1): 210.
[144] 韩雪冰. 车用锂离子电池机理模型与状态估计研究[D]. 北京：清华大学, 2014.
[145] Yan R, Ghilane J, Phuah K C, et al. Determining Li^+-coupled redox targeting reaction kinetics of battery materials with scanning electrochemical microscopy[J]. The Journal of Physical Chemistry Letters, 2018, 9(3): 491-496.
[146] Li J, Lotfi N, Landers R G, et al. A single particle model for lithium-ion batteries with electrolyte and stress-enhanced diffusion physics[J]. Journal of the Electrochemical Society, 2017, 164(4): A874-A883.
[147] Santhanagopalan S, Guo Q, Ramadass P, et al. Review of models for predicting the cycling performance of lithium ion batteries[J]. Journal of Power Sources, 2006, 156(2): 620-628.
[148] Rahimian S K, Rayman S, White R E. Extension of physics-based single particle model for higher charge-discharge rates[J]. Journal of Power Sources, 2013, 224: 180-194.
[149] Gaberscek M, Dominko R, Jamnik J. The meaning of impedance measurements of $LiFePO_4$ cathodes: A linearity study[J]. Journal of Power Sources, 2007, 174(2): 944-948.
[150] Fernández Pulido Y, Blanco C, et al. Determination of suitable parameters for battery analysis by electrochemical impedance spectroscopy[J]. Measurement, 2017, 106: 1-11.
[151] 曹楚南. 电化学阻抗谱导论[M]. 北京：科学出版社, 2002.
[152] Nobili F, Tossici R, Marassi R, et al. An AC impedance spectroscopic study of Li_xCoO_2 at different temperatures[J]. Journal of Physical Chemistry B, 2022, 106(15): 3909-3915.
[153] Hsieh C T, Pai C T, Chen Y F, et al. Electrochemical performance of lithium iron phosphate cathodes at various temperatures[J]. Electrochimica Acta, 2014, 115(3): 96-102.
[154] Kulova T L, Skundin A M, Nizhnikovskii E A, et al. Temperature effect on the lithium diffusion rate in graphite[J]. Russian Journal of Electrochemistry, 2006, 42(3): 259-262.
[155] 朱建功. 基于电极过程建模的锂离子动力电池低温交流加热理论与方法研究[D]. 上海：同济大学, 2017.
[156] 丛巍. 基于电化学阻抗谱模型的锂离子电池寿命预测研究[D]. 哈尔滨：哈尔滨工业大学,

2017.

[157] Hamann C H, Hamnett A, Vielstich W. Electrochemistry[M]. 2nd ed. New Jersey: John Wiley & Sons, 2007.

[158] Zhu J G, Sun Z C, Wei X Z, et al. Studies on the medium-frequency impedance arc for lithium-ion batteries considering various alternating current amplitudes[J]. Journal of Applied Electrochemistry, 2016, 46(2): 157-167.

[159] Crank J. The Mathematics of Diffusion[M]. Oxford: Oxford University Press, 1979.

[160] Smith K, Wang C Y. Solid-state diffusion limitations on pulse operation of a lithium ion cell for hybrid electric vehicles[J]. Journal of Power Sources, 2006, 161(1): 628-639.

[161] Ray J R. Identification of lithium-ion cell physics-model parameter values[D]. Colorado Springs: University of Colorado, Colorado Springs, 2016.

[162] Burrus C S, Gopinath R A, Guo H. 小波与小波变换导论[M]. 程正兴, 译. 北京: 机械工业出版社, 2013.

[163] Lin J, Qu L S. Feature extraction based on Morlet wavelet and its application for mechanica fault diagnosis[J]. Journal of Sound & Vibration, 2000, 234(1): 135-148.

[164] 张锐戈, 谭永红. 基于最优Morlet小波和隐马尔可夫模型的轴承故障诊断[J]. 振动与冲击, 2012, 31(12): 5-8.

[165] 张珺涵, 王学远, 魏学哲. 基于时频分析的锂离子电池阻抗计算方法[J]. 电池, 2018, 48(1): 8-12.

[166] Min C, Rincon-Mora G A. Accurate electrical battery model capable of predicting runtime and *I-V* performance[J]. IEEE Transactions on Energy Conversion, 2006, 21(2): 504-511.

[167] 文晞畅. 电动汽车双向 *LLC* 谐振式充电模块的研究与设计[D]. 南京: 南京理工大学, 2017.

[168] 魏学哲, 张怀禹, 王学远. 车载充电机用大功率全桥 *LLC* 变换器的建模与分析[J]. 机电一体化, 2018, 24(10): 24-30.

[169] 崔恒月. 双有源桥双向 DC-DC 变换器的研究[D]. 苏州: 江苏大学, 2016.

[170] 刘昌赫, 王学远. 采用 SiC MOSFET 与 Si MOSFET 的双有源桥效率仿真分析对比[J]. 电源学报, 2020, 18(4): 109-115.

[171] 李娟. 基于双有源桥的并网双向 AC/DC 变换器技术研究[D]. 南京: 南京航空航天大学, 2015.

[172] 魏学哲, 孙军, 王学远, 等. 基于多通道轮询的电池阻抗在线测量系统设计[J]. 机电一体化, 2018, 24(8): 51-56, 60.

[173] 孙志斌, 陈佳圭. 锁相放大器的新进展[J]. 物理, 2006, (10): 879-884.

[174] Qi C, Huang Y Y, Zhang W S, et al. Design of dual-phase lock-in amplifier used for weak signal detection[C]//The 42nd Annual Conference of the IEEE Industrial Electronics Society,

Florence, 2016: 883-888.

[175] 杨俊义. 基于 FPGA 的数字锁相放大器研究[D]. 杭州：浙江大学, 2012.

[176] 蒋晶，魏学哲，王学远. 基于 LTC6804 的锂离子电池阻抗测量系统设计[J]. 电源技术, 2016, 40(12): 2327-2331.

[177] 郎健. 数字锁相放大器关键技术研究[D]. 天津：天津大学, 2006.

[178] 王超，徐明，徐真真，等. 用于混频信号的双通道数字锁相放大器[J]. 电子器件，2007, 30(4): 1321-1324.

[179] Howey D A, Mitcheson P D, Yufit V, et al. Online measurement of battery impedance using motor controller excitation[J]. IEEE Transactions on Vehicular Technology, 2014, 63(6): 2557-2566.

[180] Huang J, Li Z, Zhang J. Dynamic electrochemical impedance spectroscopy reconstructed from continuous impedance measurement of single frequency during charging/discharging[J]. Journal of Power Sources, 2015, 273(23): 1098-1102.

[181] Bae S, Song H D, Nam I, et al. Quantitative performance analysis of graphite-$LiFePO_4$ battery working at low temperature[J]. Chemical Engineering Science, 2014, 118: 74-82.

[182] Peabody C, Arnold C B. The role of mechanically induced separator creep in lithium-ion battery capacity fade[J]. Journal of Power Sources, 2011, 196(19): 8147-8153.

[183] Love C T, Virji M B, Rocheleau R E, et al. State-of-health monitoring of 18650 4S packs with a single-point impedance diagnostic[J]. Journal of Power Sources, 2014, 266: 512-519.

[184] Zhu J, Sun Z, Wei X, et al. A new lithium-ion battery internal temperature on-line estimate method based on electrochemical impedance spectroscopy measurement[J]. Journal of Power Sources, 2015, 274: 990-1004.

[185] Fan J, Tan S. Studies on charging lithium-ion cells at low temperatures[J]. Journal of the Electrochemical Society, 2006, 153(6): A1081-A1092.

[186] Waag W, Fleischer C, Sauer D U. Critical review of the methods for monitoring of lithium-ion batteries in electric and hybrid vehicles[J]. Journal of Power Sources, 2014, 258: 321-339.

[187] USCAR. PNGV Battery Test Manual[M]. New York: USCAR, 1997.

[188] Environmental Idaho National Engineering and Laboratory. FreedomCAR Battery Test Manual For Power-Assist Hybrid Electric Vehicles[M]. Idaho Falls City: Lockheed Idaho Technologies Co., 2003.

[189] Leonide A, Sonn V, Weber A, et al. Evaluation and modeling of the cell resistance in anode-supported solid oxide fuel cells[J]. Journal of the Electrochemical Society, 2008, 155(1): B36-B41.

[190] Bisquert J, Compte A. Theory of the electrochemical impedance of anomalous diffusion[J]. Journal of Electroanalytical Chemistry, 2001, 499(1): 112-120.

[191] Schmidt J P, Berg P, Schönleber M, et al. The distribution of relaxation times as basis for generalized time-domain models for Li-ion batteries[J]. Journal of Power Sources, 2013, 221:

70-77.

[192] Huang J, Li Z, Zhang J B, et al. An analytical three-scale impedance model for porous electrode with agglomerates in lithium-ion batteries[J]. Journal of the Electrochemical Society, 2015, 162(4): A585-A595.

[193] Schichlein H, Müller A C, Voigts M, et al. Deconvolution of electrochemical impedance spectra for the identification of electrode reaction mechanisms in solid oxide fuel cells[J]. Journal of Applied Electrochemistry, 2002, 32(8): 875-882.

[194] Ciucci F, Chen C. Analysis of electrochemical impedance spectroscopy data using the distribution of relaxation times: A Bayesian and hierarchical Bayesian approach[J]. Electrochimica Acta, 2015, 167: 439-454.

[195] Wan T H, Saccoccio M, Chen C, et al. Influence of the discretization methods on the distribution of relaxation times deconvolution: Implementing radial basis functions with DRT tools[J]. Electrochimica Acta, 2015, 184: 483-499.

[196] Saccoccio M, Wan T H, Chen C, et al. Optimal regularization in distribution of relaxation times applied to electrochemical impedance spectroscopy: Ridge and lasso regression methods—A theoretical and experimental study[J]. Electrochimica Acta, 2014, 147: 470-482.

[197] Zhou X, Huang J, Pan Z, et al. Impedance characterization of lithium-ion batteries aging under high-temperature cycling: Importance of electrolyte-phase diffusion[J]. Journal of Power Sources, 2019, 426: 216-222.

[198] Zhu J G, Knapp M, Liu X Y, et al. Low-temperature separating lithium-ion battery interfacial polarization based on distribution of relaxation times (DRP) of impedance[J]. IEEE Transactions on Transportation Electrification, 2021, 7(2): 410-421.

[199] Illig J, Ender M, Chrobak T, et al. Separation of charge transfer and contact resistance in $LiFePO_4$-cathodes by impedance modeling[J]. Journal of the Electrochemical Society, 2012, 159(7): A952-A960.

[200] Illig J, Schmidt J P, Weiss M, et al. Understanding the impedance spectrum of 18650 $LiFePO_4$-cells[J]. Journal of Power Sources, 2013, 239: 670-679.

[201] Klotz D, Schmidt J P, Kromp A, et al. The distribution of relaxation times as beneficial tool for equivalent circuit modeling of fuel cells and batteries[J]. ECS Transactions, 2012, 41(28): 25-33.

[202] Ciucci F. Modeling electrochemical impedance spectroscopy[J]. Current Opinion in Electrochemistry, 2019, 13: 132-139.

[203] Zic M, Pereverzyev S, Subotic V, et al. Adaptive multi-parameter regularization approach to construct the distribution function of relaxation times[J]. GEM—International Journal on Geomathematics, 2020, 11(1): 1-23.

[204] Hahn M, Schindler S, Triebs L C, et al. Optimized process parameters for a reproducible distribution of relaxation times analysis of electrochemical systems[J]. Batteries-Basel, 2019,

5(2): 1-21.

[205] Wei Y, Zhang N, Ng M K, et al. Tikhonov regularization for weighted total least squares problems[J]. Applied Mathematics Letters, 2007, 20(1): 82-87.

[206] Monje C A, Chen Y Q, Vinagre B M, et al. Fundamentals of Fractional-order Systems[M]. London: Springer, 2010.

[207] Dai H, Jiang B, Hu X, et al. Advanced battery management strategies for a sustainable energy future: Multilayer design concepts and research trends[J]. Renewable and Sustainable Energy Reviews, 2021, 138(3): 110480.

[208] Unterrieder C, Zhang C, Lunglmayr M, et al. Battery state-of-charge estimation using approximate least squares [J]. Journal of Power Sources, 2015, 278: 274-286.

[209] Frey H C, Patil S R. Identification and review of sensitivity analysis methods[J]. Risk Analysis, 2010, 22(3): 553-578.

[210] Swamidass P. Sensitivity Analysis[M]//Swamidass P M. Encyclopedia of Production and Manufacturing Management. Boston: Springer, 2000: 676-677.

[211] Zhou D, Zhang K, Ravey A, et al. Parameter sensitivity analysis for fractional-order modeling of lithium-ion batteries[J]. Energies, 2016, 9(123): 1-26.

[212] Schindler S, Danzer M A. A novel mechanistic modeling framework for analysis of electrode balancing and degradation modes in commercial lithium-ion cells[J]. Journal of Power Sources, 2017, 343: 226-236.

[213] Bloom I, Christophersen J, Gering K. Differential voltage analyses of high-power lithium-ion cells: 2. Applications[J]. Journal of Power Sources, 2005, 139(1): 304-313.

[214] Kato H, Kobayashi Y, Miyashiro H. Differential voltage curve analysis of a lithium-ion battery during discharge[J]. Journal of Power Sources, 2018, 398: 49-54.

[215] 齐腾飞. 基于多因素分析的锂离子电池寿命研究[D]. 长春：吉林大学, 2017.

[216] Li J Q, Fang L, Shi W, et al. Layered thermal model with sinusoidal alternate current for cylindrical lithium-ion battery at low temperature[J]. Energy, 2018, 148: 247-257.

[217] Hwang I, Lee C W, Kim J C, et al. Particle size effect of Ni-rich cathode materials on lithium ion battery performance[J]. Materials Research Bulletin, 2012, 47(1): 73-78.

[218] 李日康, 王学远, 戴海峰, 等. 不同温度与荷电状态下锂离子电池传荷电阻估计[J]. 汽车工程, 2020, 42(4): 445-453, 490.

[219] Zhang L, Wang X, Dai H, et al. A novel fitting method of electrochemical impedance spectroscopy for lithium-ion batteries based on random mutation differential evolution algorithm[J]. SAE International Journal of Electrified Vehicles, 2021, 11(2): 1-16.

[220] Zhuang Q C, Wei T, Du L L, et al. An electrochemical impedance spectroscopic study of the electronic and ionic transport properties of spinel $LiMn_2O_4$[J]. The Journal of Physical

Chemistry C, 2010, 114(18): 8614-8621.

[221] Hsieh C T, Pai C T, Chen Y F, et al. Electrochemical performance of lithium iron phosphate cathodes at various temperatures[J]. Electrochimica Acta, 2014, 115: 96-102.

[222] Gao P, Zhang C, Wen G. Equivalent circuit model analysis on electrochemical impedance spectroscopy of lithium metal batteries[J]. Journal of Power Sources, 2015, 294: 67-74.

[223] Guo M, Sikha G, White R E. Single-particle model for a lithium-ion cell: Thermal behavior[J]. Journal of the Electrochemical Society, 2011, 158(2): A122-A132.

[224] Anseán D, Dubarry M, Devie A, et al. Fast charging technique for high power $LiFePO_4$ batteries: A mechanistic analysis of aging[J]. Journal of Power Sources, 2016, 321: 201-209.

[225] Bronssely M, Biensan P, Bonhomme F, et al. Main aging mechanisms in Li-ion batteries[J]. Journal of Power Sources, 2005, 146(1-2): 90-96.

[226] Zhang S, Xu K, Jow T. Charge and discharge characteristics of a commercial $LiCoO_2$-based 18650 Li-ion battery[J]. Journal of Power Sources, 2006, 160(2): 1403-1409.

[227] Saha B, Goebel K, Poll S, et al. Prognostics methods for battery health monitoring using a Bayesian framework[J]. IEEE Transactions on Instrumentation and Measurement, 2008, 58(2): 291-296.

[228] 董汉成, 凌明祥, 王常虹, 等. 锂离子电池健康状态估计与剩余寿命预测[J]. 北京理工大学学报, 2015, 248(10): 88-92.

[229] 刘亚姣. 基于粒子滤波的锂离子电池剩余使用寿命预测[D]. 长春: 吉林大学, 2018.

[230] 马彦, 陈阳, 张帆, 等. 基于扩展 H_∞ 粒子滤波算法的动力电池寿命预测方法[J]. 机械工程学报, 2019, 55(20): 36-43.

[231] Wang Y, Gao G, Li X, et al. A fractional-order model-based state estimation approach for lithium-ion battery and ultra-capacitor hybrid power source system considering load trajectory[J]. Journal of Power Sources, 2020, 449: 227543.

[232] Guha A, Patra A. State of health estimation of lithium-ion batteries using capacity fade and internal resistance growth models[J]. IEEE Transactions on Transportation Electrification, 2017, 4(1): 135-146.

[233] Kalman R E. A new approach to linear filtering and prediction problems[J]. Journal of Basic Engineering, 1960, 82(1): 35-45.

[234] Saha B, Goebel K, Christophersen J. Comparison of prognostic algorithms for estimating remaining useful life of batteries[J]. Transactions of the Institute of Measurement and Control, 2009, 31(3-4): 293-308.

[235] Wei J W, Dong G Z, Chen Z H. Remaining useful life prediction and state of health diagnosis for lithium-ion batteries using particle filter and support vector regression[J]. IEEE Transactions on Industrial Electronics, 2018, 65(7): 5634-5643.

[236] Li Z, Zhang J, Wu B, et al. Examining temporal and spatial variations of internal temperature in large-format laminated battery with embedded thermocouples[J]. Journal of Power Sources, 2013, 241: 536-553.

[237] Vetter J, Novak P, Wagner M R, et al. Ageing mechanisms in lithium-ion batteries[J]. Journal of Power Sources, 2005, 147 (1-2): 269-281.

[238] Barré A, Deguilhem B, Grolleau S, et al. A review on lithium-ion battery ageing mechanisms and estimations for automotive applications[J]. Journal of Power Sources, 2013, 241 (11): 680-689.

[239] 林喜. 矿石体重的多元线性回归分析及其检验[J]. 福建地质, 2010, 29 (2): 157-163.

[240] 刘玉金. 基于主成分分析与多元线性回归分析的灌溉水利用效率影响因素分析[D]. 呼和浩特: 内蒙古农业大学, 2014.

[241] 颜鲁林. 利用 SPSS 对大学生学习注意力集中程度进行多元线性回归分析[D]. 兰州: 兰州大学, 2012.

[242] 赵明. 多元线性回归预测及其检验在 EXCEL 中的实现[J]. 吉林化工学院学报, 2003, (2): 85-87.